MARX

Wechselwirkungen
zwischen Umweltschutz und Raumordnung/Landesplanung

CIP-Kurztitelaufnahme der Deutschen Bibliothek

Marx, Detlef:
Wechselwirkungen zwischen Umweltschutz und Raumordnung/Landesplanung/Detlef Marx. - Hannover: Vincentz, 1988.

(Veröffentlichungen der Akademie für Raumforschung und Landesplanung: Abhandlungen; Bd. 91)
ISBN 3-87870-958-7

NE: Akademie für Raumforschung und Landesplanung (Hannover): Veröffentlichungen der Akademie für Raumforschung und Landesplanung/Abhandlungen

VERÖFFENTLICHUNGEN
DER AKADEMIE FÜR RAUMFORSCHUNG UND LANDESPLANUNG

Abhandlungen
Band 91

DETLEF MARX

Wechselwirkungen zwischen Umweltschutz und Raumordnung/Landesplanung

CURT R. VINCENTZ VERLAG · HANNOVER · 1988

Zu dem Autor dieses Bandes

Detlef Marx, Dr.rer.pol., o. Prof., Geschäftsführer der DEMA-CONSALT GmbH u. CO KG, München, Ordentliches Mitglied der Akademie für Raumforschung und Landesplanung

Best.-Nr. 958
ISBN-3-87870-958-7
ISSN 0587-2642

Druck: poppdruck, 3012 Langenhangen
Auslieferung durch den Verlag

Vorwort

Die Akademie hat sich das Ziel gesetzt, zu einer verbesserten Integration der Umweltbelange in die Raumplanung beizutragen. Einen aktuellen Anlaß hierzu gibt die notwendige Umsetzung europäischer Regelungen zur Umweltverträglichkeitsprüfung in das deutsche Recht. Die Akademie hat sich in zwei Arbeitskreisen mit dieser Problematik beschäftigt. Die Ergebnisse dieser Arbeit sind in den Bänden "Wechselseitige Beeinflussung von Umweltvorsorge und Raumordnung" (FuS 165) und "Umweltverträglichkeit im Raumordnungsverfahren nach Europäischem Gemeinschaftsrecht" (FuS 166) veröffentlicht. Der vorliegende Band enthält vertiefende Beiträge zum Zusammenwirken von Umweltschutz und Raumordnung/Landesplanung insbesondere zur Entwicklung praktikabler Instrumente für eine integrierte Umweltverträglichkeitsprüfung. Im Rahmen eines Forschungsauftrages der Akademie wurde von Prof. Dr. Detlev Marx die Fragestellung an drei Fallbeispielen, dem Ruhrgebiet, Nordostbayern und dem Saarland, dargestellt. Dabei stützt sich der Verfasser sowohl auf die einschlägige aktuelle Literatur als auch auf Informationen, die er in Feldarbeit "vor Ort" gesammelt hat. Die hier vorgelegten, Mitte 1987 abgeschlossenen Analysen bringen neue Erkenntnisse für die aktuelle Diskussion. Die Akademie möchte mit der Veröffentlichung einen Beitrag zu Methoden und Instrumenten vorsorgender Umweltplanung leisten.

Akademie für Raumforschung
und Landesplanung

INHALTSVERZEICHNIS

Tabellenverzeichnis

Abbildungsverzeichnis

Kartenverzeichnis

I. Vorbemerkungen

1.1 Allgemeine Vorbemerkung

(1) Raumordnung und Landesplanung haben seit Anbeginn Umweltschutz und Schutz der natürlichen Lebensgrundlagen betrieben. In der heutigen Zeit muß jedoch die Integration dieser Ziele in den Aufgabenkanon von Raumordnung und Landesplanung auf andere Weise erfolgen als in den 20er Jahren dieses Jahrhunderts, als die Landesplanung mit Flächensicherung im Ruhrgebiet begann.

Empirische Erhebungen und zahlreiche Gespräche haben den Eindruck gefestigt, daß es im Hinblick auf das gewählte Thema "Wechselbeziehungen zwischen Umweltschutz und Raumordnung/Landesplanung" zweckmäßig ist, nicht so sehr auf historische Analysen, sondern vor allem auf die Erfordernisse einer künftig verbesserten Zusammenarbeit zwischen Umweltschutz und Raumordnung/Landesplanung abzustellen.

Die Ergebnisse meiner Untersuchungen im Saarland, im Ruhrgebiet und Nordostoberfranken, die im Abschnitt III wiedergegeben werden, legen es nahe, darüber nachzudenken, wie

- raumordnungspolitische Ziele konkretisiert,
- die laufende Raumbeobachtung detailliert,
- die Instrumente verbessert und
- die Verfahren zur Prüfung der Umweltverträglichkeit von Projekten verfeinert

werden können (IV), nachdem die Grundsätze, Ziele und Erkenntnisse von Umweltschutz und Raumordnung/Landesplanung im Abschnitt II dargestellt wurden[1]).

(2) Luft, Wasser, Boden, Tier- und Pflanzenwelt sind heute vielfach durch Immissionen gefährdet. Im folgenden soll deshalb kurz und knapp, im Sinne eines kursorischen Überblicks, auf diese Bausteine oder Elemente einer gesunden Umwelt eingegangen werden, um gewissermaßen definitorisch darzulegen, worüber im folgenden detailliert berichtet und nachgedacht wird. (Saubere Luft, klares unbelastetes Wasser, Boden, der seine Funktion erfüllen kann, und eine ungestörte Tier- und Pflanzenwelt sind gewissermaßen die Meßlatte der folgenden Ausführungen. Die Abweichungen vom normalen, d.h. natürlichen Zustand zeigen den Handlungsbedarf!)

Für den Aufbau der Untersuchung und ihr Verständnis sollte daher davon ausgegangen werden, daß die Abschnitte I und II sich mit abnehmender Abstraktion dem Abschnitt III nähern, in dem empirische Befunde mitgeteilt werden. Abschnitt IV zieht daraus die Konsequenzen, und in Abschnitt V werden die Ergebnisse der Arbeit in Schlußfolgerungen zusammengefaßt.

(3) Gesetze, Verordnungen, Rechts- und Verwaltungsvorschriften, Richtwerte und Grenzwerte haben in den letzten Jahrzehnten nicht ausgereicht, Natur und Landschaft, Tier- und Pflanzenwelt, Vielfalt, Eigenart und Schönheit von Natur und Landschaft als Lebensgrundlagen des Menschen und der wildlebenden Tiere und Pflanzen um ihrer selbst willen nachhaltig zu schützen, geschweige denn zu entwickeln.

Wenn die Bundesregierung ihre Politik künftig unter die Maxime stellt: "Die Schöpfung bewahren - die Zukunft gewinnen", dann kann das nur - wenn die Bundesregierung glaubwürdig sein will - heißen, daß künftig verstärkte Anstrengungen unternommen werden, das "Ökosystem Bundesrepublik vor irreversiblen Schäden zu bewahren"[2].

Wenn im folgenden auf Luft, Wasser, Boden, Tier- und Pflanzenwelt kurz eingegangen wird, so sollte deutlich sein, daß nach den hier zugrundegelegten Maßstäben, menschliches Verhalten, Fortbewegung, d.h. Raumüberwindungen mit Hilfe von Verbrennungsmotoren, und Produktionsprozesse, die Luft, Wasser und Boden beanspruchen, unter Umständen die Tier- und Pflanzenwelt tangieren, nur dann umweltfreundlich sein können, wenn diese fehlerfreundlich sind und wenn nach dem Stand des Wissens human- und ökotoxikologische Nachteile ausgeschlossen werden können. Die Tatsache, daß der unzureichende Stand unseres Wissens größte Vorsicht und Zurückhaltung bei der Feststellung human- oder ökotoxikologischer Unbedenklichkeit erfordert, muß allen anderen Bemerkungen vorangestellt werden.

1.2 Bevölkerungsentwicklung[3]

M.E. wird von Planern und Naturschutzpolitikern bisher die Frage nach den Konsequenzen der künftigen Bevölkerungsentwicklung weitgehend verdrängt.

Das künftig bessere Zusammenwirken von Raumordnung/Landesplanung und Umweltschutz kann jedoch nur dann auf einem guten Fundament stehen, wenn klare Vorstellungen über die künftige Entwicklung, d.h. auch die demographische Entwicklung in die jeweiligen Entscheidungen eingehen. Wie die folgende Tabelle 1 zeigt, verliert die Bundesrepublik Deutschland von 1985 bis zum Jahr 2030, also in 45 Jahren rd. 20 % ihrer Bevölkerung unter der Voraussetzung, daß die bisherigen Schätzungen und Fortschreibungen durch die Volkszählung vom 25.5.1987 nicht in großem Umfang modifiziert werden müssen.

Tab. 1: Bevölkerungsentwicklung in der Bundesrepublik Deutschland in den Jahren 1985, 2000, 2030 in Mio EW

	1985	2000	2030
Deutsche	56,64	54,87	42,60
Ausländer	4,40	5,60	5,80
insgesamt	61,04	60,47	48,40
Entwicklung in %	100 %	99,06 %	79,20 %

Quelle: Bericht zur Bevölkerungsentwicklung in der Bundesrepublik Deutschland, Bulletin des Presse- und Informationsamtes der Bundesregierung, Jg. 1987, Nr. 16, S. 121 (v. 12.2.1987).

Tabelle 1 zeigt, daß sich die Bevölkerung bis zur Jahrtausendwende vergleichsweise geringfügig verringert, dann aber sehr erheblich abnimmt.

Wenn die Bevölkerung zwischen dem Jahr 2000 und 2030 jährlich um rd. 423 000 abnimmt, dann hat das nicht nur Konsequenzen für die Finanzierung der gesetzlichen Altersrentenversicherung, sondern auch erhebliche Bedeutung für

- die Erhaltung städtebaulicher Erscheinungsbilder,
- die Erhaltung städtebaulicher Qualität im Hinblick auf Modernisierung und Sanierung von Altbauten,
- die Nutzung von Gewerbeflächen,
- die Nutzung von Verkehrsflächen,
- die Auslastung der Infrastruktur,
- das Verhältnis von Freiflächen zu naturnahen Flächen zu der jeweiligen Einwohnerzahl.

Im Hinblick auf Flächenengpässe und Flächenrecycling, beispielsweise im Ruhrgebiet, sollte bedacht werden, daß das zeitliche Aufschieben oder Verschieben von dringenden Arbeiten zur Beseitigung von Altlasten sicher nicht dazu beiträgt, die Lösung dieser schwierigen Aufgaben zu erleichtern.

Leider war es nicht möglich, für die untersuchten Regionen der Bundesprognose entsprechende Vorausschätzungen für die Länder Bayern und Nordrhein-Westfalen bis zum Jahr 2030 zu erhalten. (Für das Saarland liegen entsprechende Daten, aber keine Szenarien vor). Unabhängig davon, ob die Regionalisierungen der Bundesprognose tatsächlich noch nicht erarbeitet wurden oder aus sog. politischen Gründen noch zurückgehalten werden, erscheint es dringend erforderlich, diese Zahlen - sobald sie vorliegen - zu nutzen, um damit Szenarien zu entwickeln, die denkbare Zukünfte skizzieren und es ermöglichen, rechtzeitig auf diese gänzlich neuartigen Entwicklungen zu reagieren (vgl. hierzu auch Abschnitt IV dieser Untersuchung).

1.3 Luft

Saubere Luft ist die selbstverständliche Grundlage des Lebens auf diesem Planeten. Ist die Luft durch Hausbrand, Verkehr und/oder Produktionsverfahren verschmutzt und belastet, gefährdet sie:

- das menschliche Wohlbefinden, häufig sogar die Gesundheit,
- das Wohlbefinden und die Existenz von Tieren und Pflanzen,
- zerstört sie durch "Materialfraß" Sachgüter wie Kunstdenkmäler oder korrodiert Metalle.

Nach der VDI Richtlinie 2104 wird folgende Zusammensetzung der Luft als natürlich bezeichnet:

Tab. 2: Natürliche Zusammensetzung der Atmosphäre

Sauerstoff (O)	20,93	Vol %
Stickstoff (N_2)	78,10	Vol %
Argon (Ar)	0,9325	Vol %
Kohlendioxid (CO_2)	0,03	Vol %
Wasserstoff (H_2)	0,01	Vol %
Neon (Ne)	0,0018	Vol %
Helium (He)	0,0005	Vol %
Krypton (Kr)	0,0001	Vol %

Quelle: VDI - Richtlinie 2104[4].

Wicke hat in seiner Untersuchung "die ökologischen Milliarden"[5] folgende Schadensposition als Folgen verschmutzter Luft angeführt (s. Tab. 3).

Wicke beurteilt die Schätzung als eine "verläßliche Untergrenze der Umweltschäden durch die Luftverschmutzung"; im einzelnen führt er aus:

Bei den einzeln aufgeführten Schadenspositionen fehlen eine Reihe sehr wichtiger Schadenskomponenten wie z.B. im Bereich "Gesundheit" die luftverschmutzungsbedingten Herz- und Kreislauferkrankungen und im Bereich "Materialien" die Schäden an kulturhistorischen Baudenkmälern. Außerdem sind die allermeisten immateriellen Schäden wie die Beeinträchtigung des menschlichen Wohlbefindens und die Schadenspositionen "Verminderung des Options-, Existenz- und

Tab. 3: Kosten der Luftverschmutzung in Mrd. DM pro Jahr

Schadenspositionen	Schadenskosten
Gesundheit	2,5-5,8
Materialien	2,3
Tierwelt	0,1
Freilandvegetation	1,0
Wald	5,5-8,8
Gesamter "erfragter" Schaden	48,0

Quelle: Wicke, L.: Die ökologischen Milliarden, a.a.O., S. 56.

Vermächtniswertes" darin nicht enthalten. Auf diese groben Unterschätzungen ist die Diskrepanz zwischen dem Gesamtwert der Einzelpositionen und den 48 Milliarden DM erfragten Schäden zurückzuführen. Auch diese 48 Milliarden DM stellen die absolute Untergrenze des Schadens dar, da die "Zahlungsbereitschaft für bessere Luft" und nicht die wesentlich höhere "Entschädigungsforderung für schlechtere Luft" erfragt worden ist.

Fazit: Insgesamt rund 48 Milliarden DM kostet unsere Volkswirtschaft und damit uns alle jährlich die verschmutzte Luft. Diese Zahl bringt auch zum Ausdruck, daß sich die sehr viel niedrigeren Kosten der Luftreinhaltung (Kraftwerke, Industrieanlagen, Autos, Heizöl usw.) auszahlen, und zwar mehr als auszahlen[6])!

Schon an dieser Stelle kann festgestellt werden, daß Umweltschutz und Raumordnung/Landesplanung darauf hinzuwirken haben, daß die luftbelastenden Emmissionen kontinuierlich

- reduziert werden (Politik an der Quelle) und
- durch Sammlung und Abfuhr von Kaltluft,
- Luftfeuchtigkeitserhöhung und
- durch Steigerung des Luftaustausches

Verdünnungen von Luftverunreinigungen möglich werden[7]).

Das ist auch dann notwendig, wenn die Prognose des Umweltbundesamtes für 1995 (s. Abb. 1) in Erfüllung geht und sich die gegenwärtigen Emissionen (s. Tab. 4) deutlich verringern.

Tab. 4: Emissionsstruktur der Bundesrepublik 1984

Emmitenten	SO_2 Tausend Tonnen	%	NOK Tausend Tonnen	%
Kraftwerke	1650	62,9	840	27,7
Industrie	630	24,0	330	10,7
Haushalte/Kleinverbr.	250	9,5	130	4,3
Verkehr	96	3,6	1750	57,3
insgesamt	2626	100	3050	100

Quelle: Daten zur Umwelt 1986/87, hrgs. v. Umweltbundesamt, Berlin, 1987, S. 228.

Abb. 1: Hoffnung für die Luft in der Bundesrepublik Deutschland

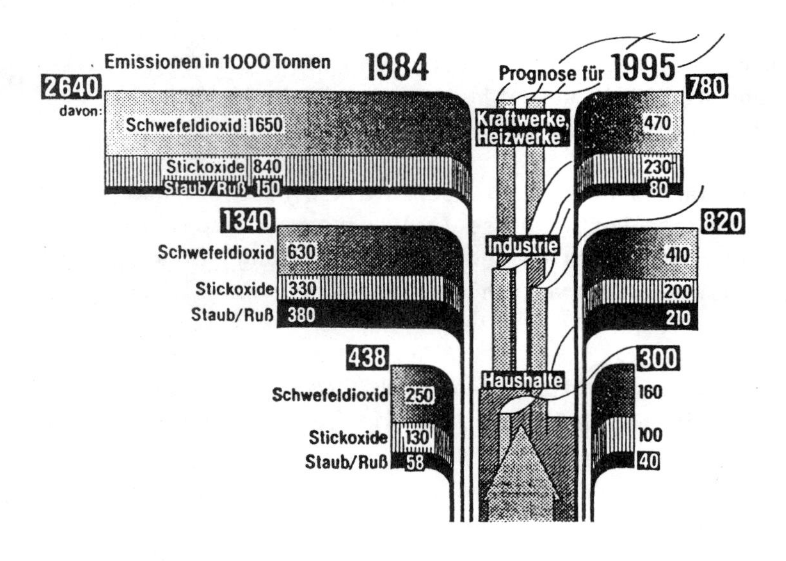

Bei den größten Luftverschmutzern ist auch die Hoffnung auf Besserung am größten. Die Kraft- und Heizwerke, die 1984 noch 2 640 000 Tonnen Schwefeldioxid, Stickxride und Staub in die Luft pusteten, sollen nach einer Prognose des Umweltbundesamtes bis zum Jahre 1995 die Umwelt nur noch mit 780 000 Tonnen dieser Schadstoffe belasten. Das entspräche einem Rückgang der Schadstoffmenge auf weniger als ein Drittel. Aus den Schornsteinen der Industrie entwich 1984 nur halb soviel Luftschmutz wie aus jenen der Kraftwerke. Bis zum Jahre 1995 erscheint eine Reduzierung auf zwei Drittel dieser Menge erreichbar. Die privaten Schornsteine sind offenbar am schwersten zu säubern. Aber immerhin, auch sie werden statt 438 000 Tonnen im Jahre 1984 elf Jahre später schätzungsweise nur noch 300 000 Tonnen Schadstoffe in die Luft entweichen lassen.
SZ v. 23.2.1987

1.4 Wasser

Der Wasserverbrauch beträgt in der Bundesrepublik täglich pro Kopf der Bevölkerung rd. 140 Liter, das entspricht einem Gesamtvolumen von rd. 2,7 Billionen Liter, also dem Inhalt des Starnberger Sees[8]. Zum privaten Verbrauch kommt der industrielle Wasserbedarf. Man geht davon aus, daß der Bedarf an Trinkwasser

- zur Hälfte aus dem Grundwasser,
- zu einem Drittel etwa aus Quellen und
- der Rest aus dem Oberflächenwasser der Seen und Flüsse gedeckt wird[9].

Je nach der Art der Wassergewinnung schwanken die Stoffanteile des abgegebenen Trinkwassers.

In den folgenden Tabellen 5, 6 u. 7 werden die Richt-, Grenz- und Standardwerte für anorganische und organische Wasserinhaltsstoffe und für allgemeine Meßdaten von Oberflächengewässern, die zur Trinkwassergewinnung verwendet werden, die Werte des anerkannt guten Münchener Trinkwassers[10] und die Grenzwerte der Trinkwasserverordnung[11] wiedergegeben. Der Leser erhält so die Möglichkeit, sich - unter Berücksichtigung seiner örtlichen Werte- ein Bild von der Wasserqualität seiner eigenen Region zu machen.

Nach den Feststellungen des Umweltbundesamtes bedrohen rd. 60 000 Stoffe und Substanzen die Gewässer der Bundesrepublik Deutschland[12]. So kann beispielsweise der Sauerstoffgehalt des Wassers durch eine starke Zufuhr von Pflanzennährstoffen wie Phosphaten und des dadurch hervorgerufenen massenhaften Algenwachstums stark abnehmen. Das Wasser verschlammt und fängt an, übelriechende Faulgase zu entwickeln: kurz, es "eutrophiert" und "kippt um", wenn seine Selbstreinigungskraft versagt. Aber auch eingebrachte Giftstoffe in Form von Pestiziden (Sammelbezeichnung für Stoffe, die zur Bekämpfung pflanzlicher oder tierischer Schädlinge verwendet werden), Schwermetallen wie Blei, Quecksilber und Kadmium, Salzen, Kohlenwasserstoffen usw. können die Lebensvorgänge in Gewässern erheblich stören oder zerstören. Schließlich verschmutzen die Gewässer nicht nur direkt durch Abwässer, sondern auch durch Ablagerung der verschmutzten Luft im Wasser und des Abtrages von vergifteten (kontaminierten) Böden. In den Sedimenten unserer Flüsse und Seen liegen Tausende von Tonnen prinzipiell wieder aktivierbarer, für Natur und Mensch giftiger Schwermetalle[13].

Die Folgen der Gewässerverschmutzung sind Kosten der Trink- und Brauchwasserreinigung, vor allem bei Oberflächengewässern, die 1985 ca. 6 Milliarden DM betragen haben[14].

Tab. 5.: Richt-, Grenz- und Standardwerte für anorganische und organische Wasserinhaltsstoffeund für allgemeine Meßdaten von Oberflächengewässern, die zur Trinkwasser-Gewinnung verwendet werden

	I A W R		D V G W		E G - R I C H T L I N I E N					
	A	B	A	B	A1		A2		A3	
					I	G	I	G	I	G
Allgemeine Meßdaten										
- Temperatur (^{0}C)					25	22	25	22	25	22
- Sauerstoffdefizit (%)	20	40	20	40		30		50		70
- elektrische Leitfähigkeit (mS/m)	70	100	50	100		100		100		100
- Farbe (mg Pt/l)	5	35	5	50	20	10	100	50	200	50
- Geruchsbelastung (Schwellenwert)	10	100	5	50		3		10		20
- Geschmacksbelastung (Schwellenwert)	5	35	5	50						
Anorganische Wasserinhaltsstoffe										
- pH						6,5-8,5		5,5-9,0		5,5-9,0
- Gesamtgehalt an gelösten Stoffen (mg/l)	500	800	400	800						
- Gesamtgehalt an suspendierten Stoffen (mg MES/l)						25				
- Chlorid (mg/l)	100	200	100	200		200		200		200
- Sulfat (mg/l)	100	150	100	150	250	150	250	150	250	150
- Nitrat (mg/l)	25	25	25	50	50	25	50		50	
- Ammonium (mg/l)	0,2	1,5	0,2	1,5		0,05	1,5	1,0	4,0	2,0
- Gesamt-Eisen (mg/l)	1,0	5,0								
- gelöstes Eisen (mg/l)	0,1	1,0	0,1	1,0	0,3	0,1	2,0	1,0		1,0
- Gesamt-Fluorid (mg/l)	1,0	1,0	1,0	1,0	1,5	0,7/1,0		0,7/1,7		0,7/1,7
- Gesamt-Arsen (mg/l)	0,01	0,05	0,01	0,01	0,05	0,01	0,05		0,1	0,05
- Gesamt-Blei (mg/l)	0,03	0,05	0,01	0,05	0,05		0,05		0,05	
- Gesamt-Chrom (mg/l)	0,03	0,05	0,03	0,05	0,05		0,05		0,05	
- Gesamt-Cadmium (mg/l)	0,005	0,01	0,005	0,005	0,005	0,001	0,005	0,001	0,005	0,001
- Gesamt-Kupfer (mg/l)	0,03	0,05	0,03	0,05	0,05	0,02		0,05		1,0
- Gesamt-Quecksilber (mg/l)	0,0005	0,001	0,0005	0,001	0,001	0,0005	0,001	0,0005	0,001	0,0005
- Gesamt-Zink (mg/l)	0,5	1,0	0,5	1,0	3	0,5	5,0	1,0	5,0	1,0
- Selen (mg/l)	0,01	0,01			0,01		0,01		0,01	
- gelöstes Mangan (mg/l)	0,05	0,5								
- Gesamt-Mangan (mg/l)						0,05		0,1		1,0
- Bor (mg/l)	1,0	1,0				1,0		1,0		1,0
- Barium (mg/l)	1,0	1,0			0,1		1,0		1,0	
- Zyanide (mg/l)	0,01	0,05			0,05		0,05		0,05	
- Phosphate (mg P2O5/l)						0,4		0,7		0,7
- Beryllium (mg/l)	0,0001	0,0002								
- Kobalt (mg/l)	0,05	0,05								
- Nickel (mg/l)	0,03	0,05								

	IAWR A	IAWR B	DVGW A	DVGW B	EG-Richtlinien A1 I	A1 G	A2 I	A2 G	A3 I	A3 G
Organische Wasserinhaltsstoffe										
- suspendierte organische Stoffe (mg/l)	5	25								
- gelöster organischer Kohlenstoff (mg/l)	4	8	4	8						
- chemischer Sauerstoffbedarf (mg/l)	10	20	10	20						30
- biochemischer Sauerstoffbedarf (mg/l)						3		5		7
- Kohlenwasserstoffe (mg/l)	0,05	0,2	0,05	0,2	0,05		0,2		1,0	0,5
- Detergentien (mg TSB/l)	0,1	0,3								
- grenzflächenaktive Stoffe (mg Laurylsulfat/l)						0,2		0,2		0,5
- wasserdampfflüchtige Phenole (mg/l)	0,005	0,01			0,001		0,005	0,001	0,1	0,01
- organisches Gesamtchlor	0,05	0,1								
- lipophile organische Chlorverbindungen (mg Cl/l)	0,01	0,02								
- Gesamt-Organochlorpestizide (mg Cl/l)	0,005	0,01								
- einzelne Organochlorpestizide (mg Cl/l)	0,003	0,005								
- Gesamtpestizide (mg/l)					0,001		0,0025		0,005	
- cholinesterasehemmende Stoffe (als Parathionäquivalent) (mg/l)	0,03	0,05								
- polyzyklische Aromate (mg/l)	0,0002	0,0003			0,0002		0,0002		0,001	
- chloroformextrahierbare Stoffe (mg SEC/l)						0,1		0,2		0,5
- Kjeldahl-Stickstoff (mg N/l)						1		2		3

IAWR: A: Grenzwerte bei Anwendung natürlicher Reinigungsverfahren; B: Grenzwerte bei Anwendung weitergehender Wasseraufbereitung; Internationale Arbeitsgemeinschaft der Wasserwerke im Rheineinzugsgebiet (Hrsg.), Rheinwasserverschmtzung und Trinkwassergewinnung, Amsterdam 1973.

DVGW: A,B: Grenzwerte gemäß unterschiedlicher Aufbereitungsverfahren; Deutscher Verein des Gas- und Wasserfaches (Hrsg.), Arbeitsblatt Nr. 151 (1975).

EG-Richtlinie: A 1, A 2, A 3: Werte entsprechen verschiedenen Aufbereitungsverfahren; I: imperativer (zwingender) Wert, G: guide-(Leit-)Wert; Richtlinie des Rates vom 16.6.1975 über die Qualitätsanforderungen an Oberflächenwasser für die Trinkwassergewinnung in den Mitgliedsstaaten, Amtsblatt der Europäischen Gemeinschaften, Nr. L 194: 34 - 39 (1975).

Quelle: Grommelt, Wasser, fischer alternativ, Magazin Brennpunkte Bd. 24, Frankfurt 1982.

Tab. 6: Chemische Beschaffenheit des Münchener Trinkwassers - Härtebereich 3 (Innenstadt, München-Nord und alle Stadtgebiete östlichd der Isar)

	Mittelwert		Schwankungsbereich		
pH-Wert	7,60		7,40	-	7,70
elektrische Leitfähigkeit mS/m	50,6		45,2	-	54,5
Abdampfrückstand mg/l	316,4		303,5	-	331,5
Säurekapazität pH 4,3	°KH	$mmol/m^3$	°KH		
	14,4	5127,0	14,1	-	14,8
Summe der Erdalkalien	°dH	$mmol/m^3$	°dH		
	16,2	2894,9	16,0	-	16,6
Basekapazität pH 8,2	mg/l	$mmol/m^3$	mg/l		
	17,3 (freie CO_2)	392,3	12,3 (freie CO_2)	-	21,4
Calcium (Ca^{++})	77,4	1932,3	74,4	-	79,2
Magnesium (Mg^{++})	22,9	943,9	21,2	-	24,6
Natrium (Na^+)	4,3	188,9	3,4	-	6,8
Kalium (K^+)	1,2	29,8	0,9	-	1,5
Eisen gesamt (Fe)	0,01	0,179	0,01		
Mangan gesamt (Mn)	0,01	0,18	0,01		
Ammonium (NH_4^+)	0,05	2,8	0,05		
Nitrit (NO_2^-)	0,005	0,11	0,005		
Nitrat (NO_3^-)	8,5	130,5	6,6	-	11,3
Chlorid (Cl^-)	9,3	262,0	8,5	-	12,6
Sulfat (SO_4^{--})	20,0	208,6	18,7	-	21,4
Gesamtphosphat (PO_4^{---})	0,01	0,105 (P)	0,01	-	0,04
Silizium (Si)	5,0 (SiO_2)	83,0	3,7 (SiO_2)	-	6,3
Oxidierbarkeit Mn VII-II (als O_2)	1,0 ($KMnO_4$)	8,0	0,6 ($KMnO_4$)	-	1,9
Sauerstoff	10,8	338,0	10,0	-	11,3
Fluorid (F^-)	0,11	5,6	0,07	-	0,14
Blei (Pb)	0,0005	0,0024	0,0005		
Cadmium (Cd)	0,0001	0,00089	0,0001		
Arsen (As)	0,0003	0,0040	0,0003		
Quecksilber (Hg)	0,0005	0,0025	0,0005		
Zink (Zn)	0,32	4,82	0,08	-	0,55
Chrom (Cr)	0,0005	0,0096	0,0005		
Cyanid (CN^-)	0,001	0,04	0,001		

Die Verschmutzung der Oberflächengewässer verteuert aber nicht nur die Kosten der Trink- und Brauchwasserversorgung[15], sie führt auch

- zur Stagnation (Niedergang) der deutschen Binnenfischerei,
- einem verringerten Freizeit- und Erholungswert der Gewässer und
- einer verschlechterten Ästhetik (Optik und Geruch) dieser Gewässer.

Läßt man die Kosten der Stagnation (Niedergang) der Binnenfischerei außer Betracht, kommt Wicke (andere Untersuchungsergebnisse zusammenfassend) zu dem Ergebnis, daß der verringerte Freizeit- und Erholungswert der Gewässer in einer Größenordnung von rd. 7 Milliarden DM und der ökonomische Gegenwert der verschlechterten Ästhetik mit etwa 1 Milliarde DM anzusetzen sind[16].

Angesichts dieser enormen Beträge ist aus umweltpolitischen Gründen vor allem dem Einleiten von Abwasser in die Kanalisation bzw. in die Oberflächengewässer (und dabei wiederum dem Abwasser aus chem. Produktionsverfahren) mit strengeren Normen zu begegnen[17].

1.5 Boden

"Böden sind Naturkörper und als solche vierdimensionale Ausschnitte aus der Erdkruste, in denen sich Gestein, Wasser, Luft und Lebewesen durchdringen[18]."
"Böden haben ein biotisches, ein abiotisches und ein Flächenpotential. Dem biotischen Potential wird zugeordnet:

- Nahrungsproduktion,
- Rohstoffproduktion,[19]
- Energiegewinnung,
- Artenerhaltung.

Zum abiotischen Potential zählen vor allem:

- Wassergewinnung,
- Rohstoffgewinnung,
- Luftreinhaltung.

Flächenpotential können sein:

- Standplatz,
- Verkehrsfläche,
- Entsorgungsfläche,
- Regenerationsfläche[20].

Tab. 7: Trinkwasserverordnung

Kenngrößen und Grenzwerte zur Beurteilung der Beschaffenheit des Trinkwassers

I. Sensorische Kenngrößen

Lfd. Nr.	Bezeichnung	Grenzwert	berechnet als	zulässiger Fehler des Meßwertes	festgelegtes Verfahren/ Bemerkungen
a	b	c	d	e	f
1	Färbung *) (spektraler Absorptionskoeff. Hg 436 nm)	0,5 m^{-1}	–	–	Bestimmung des spektralen Absorptionskoeffizienten mit Spektralphotometer oder Filterphotometer
2	Trübung *)	1,5 Trübungseinheit/Formazin	–	–	Bestimmung der spektralen Streukoeffizienten
3	Geruchsschwellenwert	2 bei 12 °C 3 bei 25 °C	– –	– –	Prüfung auf Geruch des Wassers und stufenweise Verdünnung mit geruchsfreiem Wasser

II. Physikalisch-chemische Kenngrößen

Lfd. Nr	Bezeichnung	Grenzwert	berechnet als	zulässiger Fehler des Meßwertes	festgelegtes Verfahren/ Bemerkungen
a	b	c	d	e	f
4	Temperatur	25 °C	–	± 1 °C	Messung der Temperatur mit Quecksilber-Flüssigkeits- oder elektrischem Thermometer. Höchstwert gilt nicht für erwärmtes Trinkwasser
5	pH-Wert	nicht unter 6,5 und nicht über 9,5 a) bei metallischen oder zementhaltigen Werkstoffen darf im pH-Bereich 6,5–8,0 der pH-Wert des abgegebenen Wassers nicht mehr als 0,2 pH-Einheiten unter dem pH-Wert der Calciumcarbonatsättigung liegen; b) bei Asbestzement-Werkstoffen darf im pH-Bereich 6,5–9,5 der pH-Wert des abgegebenen Wassers nicht mehr als 0,2 pH-Einheiten unter dem pH-Wert der Calciumcarbonatsättigung liegen;	–	± 0,1	elektrometrische Messung mit Glaselektrode. Der pH-Wert der Calciumcarbonatsättigung wird durch Marmorlöseversuch experimentell oder durch Berechnung bestimmt.
6	Leitfähigkeit	2000 μ S cm^{-1} bei 25 °C	–	± 100 μ S cm^{-1}	elektrometrische Messung
7	Oxidierbarkeit	5 mg/l	O_2	–	Maßanalytische Bestimmung der Oxidierbarkeit mittels Kaliumpermanganat/Kaliumpermanganatverbrauch

Tab. 7 (Forts.)

III. Grenzwerte für chemische Stoffe

Lfd. Nr.	Bezeichnung	Grenzwert mg/l	berechnet als	entsprechend etwa mmol/m³	zulässiger Fehler des Meßwertes ± mg/l	festgelegtes Verfahren/ Bemerkungen
a	b	c	d	e	f	g
8	Aluminium	0,2	Al	7,5	0,04	–
9	Ammonium	0,5	NH_4^+	30	0,1	ausgenommen bei Wässern aus stark reduzierendem Untergrund
10	Eisen *)	0,2	Fe	3,5	0,01	gilt nicht bei Zugabe von Eisensalzen für die Aufbereitung von Trinkwasser
11	Kalium	12	K	300	0,5	ausgenommen bei Wasser aus kaliumhaltigem Untergrund
12	Magnesium	50	Mg	2050	2	ausgenommen bei Wasser aus magnesiumhaltigem Untergrund
13	Mangan *)	0,05	Mn	0,9	0,01	–
14	Natrium	150	Na	6500	6	–
15	Silber	0,01	Ag	0,1	0,004	gilt nicht bei Zugabe von Silber oder Silberverbindungen für die Aufbereitung von Trinkwasser
16	Sulfat	240	SO_4^{2-}	2500	5	ausgenommen bei Wasser aus calciumsulfathaltigem Untergrund
17	Oberflächenaktive Stoffe a) anionische b) nicht ionische	0,2	a) Methylenblauaktive Substanz b) Bismutaktive Substanz	–	0,1	a) Bestimmung anionischer Tenside mittels Methylenblau gegen Dodecylbenzolsulfonsäuremethylester Standard b) Bestimmung nicht ionischer Tenside mit modifiziertem Dragendorff-Reagens gegen Nonylphenoldekaethoxylat

*) Kurzzeitige Überschreitungen bleiben außer Betracht.

Stahr macht eine wichtige Unterscheidung zwischen Potential und Funktion:

"In natürlichen wie anthropogenen Ökosystemen besteht eine nahezu unbegrenzte Zahl von Möglichkeiten (Potentialen) für die Nutzung von Böden. Solange ein solches Potential von der Nutzung noch nicht in Anspruch genommen wird, erscheint dieser Begriff berechtigt. Wird das Potential dagegen in Anspruch genommen, so erhält der Boden eine Funktion. In diesem Sinne hat ein Boden sämtliche Potentiale, aber zu einem bestimmten Zeitpunkt nur eine begrenzte Anzahl von Funktionen[21]."

Emissionen führen über Transmissionen zu Immissionen, d.h. alle Schadstoffe, die über den Luft- und/oder Wasserpfad aufgenommen werden, gelangen letztlich in den Boden.

Für den Boden bestehen deshalb zwei große Gefahrenbereiche:

- eine Verringerung des Flächenpotentials durch Versiegelung mit Asphalt und Beton[22],
- die Vergiftung des biotischen und des abiotischen (Wassergewinnungs-) Potentials durch
  - radioaktive Strahlung[23],
  - biologisch schwer abbaubare chemische Stoffe,
  - Schwermetalle[24] und
  - Abfälle[25].

Neben den Umweltbelastungen durch Haushalte und Verkehr erfolgen "Vergiftungen" durch gewerbliche und industrielle, häufig chemische Produktionsverfahren. Eine Neuorientierung der Industrie- und Gewerbepolitik, vor allem aber eine veränderte Chemiepolitik ist deshalb unabdingbar[26].

Den Daten zur Umwelt 1986/87[27] ist zu entnehmen, daß rd. 55 % der Fläche der Republik landwirtschaftlich genutzt wird. Entgegen der Vermutung des § 8,7 BNatSchG[28] erfolgen wesentliche Eingriffe in Natur und Landschaft durch die moderne, chemieorientierte Landwirtschaft, worauf der Rat von Sachverständigen für Umweltfragen nachdrücklich hingewiesen hat.

In seinem Gutachten "Umweltprobleme der Landwirtschaft" hat der Rat festgestellt, daß die schwerwiegendsten Auswirkungen moderner Landwirtschaft folgende sind:

"Die Beeinträchtigung, Verkleinerung, Zersplitterung und Beseitigung naturbetonter Biotope und Landschaftsbestandteile des von der Landwirtschaft geprägten ländlichen Raumes. Sie ist die Hauptursache des starken Rückganges wildlebender Pflanzen- und Tierarten, deren weitere Existenz gemäß den Roten Listen zu 30 bis 50 % ihrer Artenzahl bedroht ist. Der Flächenanteil ihrer Biotope ist in intensiv genutzten Agrarlandschaften auf 2 bis 3 % gesunken. Die einzelnen Biotope sind oft so klein, daß sie keine sicheren Lebensräume für viele Tiere mehr darstellen[29]."

"An zweiter Stelle der landwirtschaftlich verursachten Umweltbelastungen steht die zunehmende Gefährdung des Grundwassers durch Eintrag von Nitrat und neuerdings, wenn auch noch vereinzelt, von Pestiziden. Sie steht in engem Zusammenhang mit der Intensivierung der Stickstoffumsetzungen in landwirtschaftlich genutzten Böden, die viele Wassereinzugsgebiete bedecken[30]."

"Die dritte Gefährdungsstufe der landwirtschaftlichen Umweltbelastung nimmt der Boden ein, im wesentlichen nur die Ackerböden, d.h. ca. 29 % der Fläche der Bundesrepublik. Die intensivierte Bodenbearbeitung im Wechsel von Bodenverdichtung durch schwere Maschinen und häufiges Befahren und ständiger Wiederauflockerung verschlechtert das Bodengefüge, wozu auch die Verengung der Fruchtfolgen mit Wegfall tiefwurzelnder Pflanzen beiträgt[31]."

"Der vierte Platz unter den landwirtschaftlichen Umweltbelastungen kommt der Beeinträchtigung der Oberflächengewässer zu. Kleine Fließgewässer werden häufig verrohrt oder in Vorflutrinnen umgewandelt, büßen dadurch ihre Selbstreinigungskraft ein und gehen zugleich als Biotope verloren, was auch die Folge der Zuschüttung von Teichen und Weihern ist. Nährstoffreiche Dränwässer und Bodenabschwemmungen erhöhen die ohnehin große Nährstoffbelastung der Gewässer, die zur Verkrautung, zu erhöhtem Algenwuchs und in der Folge zu Sauerstoffmangel und der Möglichkeit des "Umkippens" der Gewässer führt, insbesondere in stehenden Gewässern. Immer häufiger werden auch Pflanzenschutzmittel in Oberflächengewässern nachgewiesen[32]."

Angesichts dieser Sachverhalte ist die Antinomie zwischen hochproduktiver Landwirtschaft und Naturschutz ebenso offensichtlich wie der Handlungsbedarf einer anderen, dem Schutz der natürlichen Lebensgrundlagen verpflichteten Agrarpolitik, die keine Neben- und Nachwirkungen wie Bodenerosion, Grundwasserbelastung, Landschaftszerschneidung, Überschußproduktion, Gewässerverschmutzung, Lärm und Geruchsbelästigung mehr auslöst[33]."

In ihrer Bodenschutzkonzeption fordert die Bundesregierung:

- eine Trendumkehr im Flächenverbrauch und
- eine Minimierung von qualitativ oder quantitativ problematischen Stoffeinträgen aus Industrie, Gewerbe, Verkehr, Landwirtschaft und Haushalten[34]."

"Die Erfordernisse des Bodenschutzes sind noch zu konkretisieren und die notwendigen Schutzmaßnahmen nach Inhalten, Prioritäten, Zeit- und Kostenrahmen festzulegen[35]."

Wicke hat in seiner bereits mehrfach erwähnten Arbeit festgestellt:

"Im Vergleich zu den Kosten der Luft- und Gewässerverschmutzung sowie des Lärms sind die Kosten der Bodenbelastung noch am wenigsten erforscht. Dabei können die Kosten der Sanierung alter Deponien und vergifteter Industriestandorte mit rund 17 Milliarden DM in den nächsten zehn Jahren noch am genauesten angegeben werden. Praktisch "unschätzbar" sind zum gegenwärtigen Zeitpunkt noch die Krankheiten und Todesfälle, die auf bodenseitige Chemikalien in Lebensmitteln zurückzuführen sind. Aus diesem Grunde wurden die Gesundheitsschäden beim Menschen nur als "Erinnerungswert" in die Schadensbilanz hineingenommen[36]."

Die folgende Tabelle 8 zeigt, welche Ergebnisse eine "sehr vorsichtige, noch bruchstückhafte Berechnung der Kosten der Bodenzerstörung" (Wicke) erbringt.

Tab. 8: Kosten der Bodenzerstörung ("rechenbare" Schäden) in Mrd. DM pro Jahr

Schadenspositionen	Schadenskosten (in Mrd. DM pro Jahr)
- Reaktorkatastrophe in Tschernobyl	0,1
- Tschernobyl "Vermeidungskosten"	2,3
- Waldsterben	unbekannter Anteil der in Tabelle 1 genannten Kosten
- Schädigung der Freilandvegetation	unbekannter Anteil der in Tabelle 2 genannten Kosten
- Gesundheitsschäden beim Menschen ("Erinnerungswert")	0,1
- Kosten der Altlastensanierung	1,7
- Kosten der Biotop- und Artenhaltung	1,0
- Gesamter monetarisierter Schaden	5,2

Quelle: Wicke, L. a.a.O., S. 107.

Am 26.3.1987 hat der zuständige Bundesminister Wallmann erklärt: "Eine TA Abfall wird es in dieser Legislaturperiode geben. Eine TA Boden wollen wir, erwarten[37]."

(7) Der Bodenschutzkonzeption der Bundesregierung ist zu entnehmen, daß "die Flächennutzung für Wohn-, Gewerbe- und Industriebereiche sowie für den Verkehr insgesamt 10,5 % des Bundesgebietes (umfaßt) ... Der Flächenverbrauch für Wohnen, Industrie, Gewerbe und Verkehr ist stetig angestiegen. Im Mittel der vergangenen Jahre betrug das Wachstum der Siedlungsfläche täglich etwa 113 ha[38]."

Der Landschaftsverbrauch von täglich etwa 113 ha führt zur Vernichtung von z.T. unersetzbaren Biotopen und ökologisch und ökonomisch wertvollen Tier- und Pflanzenarten[39].

Neben dem Verbrauch an Flächen für

- Wohnen,
- Industrie und Gewerbe,
- Infrastruktureinrichtungen, wie Schulen, Bibliotheken, Krankenhäuser, Altenheime etc. und den Verkehrstrassen (Straßen, Eisenbahnlinien etc.)

werden Tier- und Pflanzenarten vor allem - wie bereits erwähnt - durch die Landwirtschaft ausgerottet, deren Produktionstechnik dem Ziel der Erhaltung der Artenvielfalt fundamental entgegensteht[40]. Im Gegensatz zur Lautstärke der öffentlichen Diskussion und der zum Teil unverständlichen Anteilnahme, die Landwirte durch die Politiker erfahren, muß festgestellt werden, daß in der Bundesrepublik Deutschland laut Agrarbericht 1986/87 nur noch 730 000 Bauern gezählt werden. Davon sind 365 000 Nebenerwerbslandwirte. Nach dem gegenwärtigen Stand der Erkenntnis sind rd. 100 000 Bauernhöfe wirtschaftlich gefährdet[41].

Haber hat kürzlich darauf hingewiesen, daß " in der derzeitigen Bodenschutz-Diskussion auch nicht deutlich genug herausgearbeitet wird, daß die Ackerböden, d.h. 29,7 % der Fläche der Bundesrepublik Deutschland, an zweiter Stelle nach den Böden der städtisch-industriellen Gebiete das Höchstma an Belastungen empfangen, die großenteils durch die Landwirtschaft selbst verursacht werden."

"Die moderne Landbewirtschaftung verließ den Bereich der Umweltverträglichkeit in dem Augenblick, als in der Behandlung der von ihr hervorgebrachten Produkte der Gedanke der Beseitigung, d.h. des "Loswerdens", den der Verwertung überwog. Dies gilt für sogenannte Abfälle wie Stroh, tierische Exkremente oder Silagereste genau so wie für im Überschuß erzeugte Nahrungsmittel, für die kein Bedarf besteht. Wenn für solche unnötigen Überschüsse auch noch Arten und Biotope beseitigt werden, hört jedes Verständnis für "moderne" Landwirtschaftung auf."

"Befremdlich ist es aber, daß Vertreter der Landwirtschaft manchmal den Eindruck erwecken, als ob die Landwirte ein Recht zur Beseitigung naturbetonter Biotope haben, das sie nach Belieben nutzen dürften - oder sogar von der Gesellschaft eine Bezahlung dafür erwarten, auf die Biotopbeseitigung zu verzichten[42)]."

Tier- und Pflanzenwelt sind nach dem BNatSchG und den in Frage kommenden Landesgesetzen in ihrer Existenz nachhaltig zu sichern. Wildwachsende Pflanzen und wildlebende Tiere sind als Teil des Naturhaushaltes zu schützen und zu pflegen (§§ 1.3 u. 2.10 BNatSchG).

Der im BNatSchG formulierte Schutz gilt den in der Bundesrepublik vorkommenden rd. 27 350 Pflanzen- und 38 900 Tierarten[43)].

Den tatsächlichen Sachverhalt geben sehr eindrucksvoll die folgenden Tabellen 9 und 10 wider, die Abbildungen 2 und 3 die Ursachen bzw. die Verursacher des Artenrückgangs.

In den Daten zur Umwelt 1986/87 wird zu den Verursachern ausgeführt:

"Die Verursacher der Artengefährdung und des Artenrückgangs führt mit weitem Abstand die Landwirtschaft an, und zwar vor allem durch ihre struktur- und standortverbessernden Maßnahmen. 519 Arten oder 75 % aller Arten der Roten Liste, deren Gefährdungsursachen ermittelt wurden, sind davon betroffen.

Tab. 9: Gefährdung der Tierwelt in der Bundesrepublik Deutschland

Organismengruppe	Zahl der einheimischen Arten ca.	Ausgestorbene Arten		gefährdete Arten	
		Anzahl	%	Anzahl	%
Wirbeltiere	486	28	6	188	39
Säugetiere	87	7	8	41	47
Vögel	238	19	8	86	36
Kriechtiere	12	-	-	8	67
Lurche	19	-	-	11	58
Fische	130	2	2	42	32
Wirbellose Tiere	38 000	?	?	?	?
Insekten*	(3 715)*	39	1	1184	32
Weichtiere	479	1	0,2	66	14

* Bei den angegebenen Zahlen handelt es sich nur um einige wenige Insektengruppen aus der Gesamtzahl von 29 000 Arten, die auf ihre Gefährdung besonders untersucht wurden.

An zweiter Stelle der Verursacher stehen Forstwirtschaft und Jagd (225 Arten), besonders durch Aufforstung von Trockenrasen- und Heideflächen sowie durch die Umwandlung von Laubwäldern in Nadelholzforste. Hinzu kommen Vollumbruch, Entwässerung, Forstwegebau, Wildäcker u.a. Es folgt der Tourismus (146 Arten) mit seinen Aktivitäten wie Wassersport, Wintersport, Reiten, Zelten und den Begleiterscheinungen von Bergbahnen, Skiliften, Aussichtspunkten und ähnlichen Einrichtungen sowie die städtisch-industrielle Nutzung (130 Arten), Rohstoffgewinnung und Kleintagebau (122), vor allem Kiesabbau, Wasserwirtschaft (104) sowie Abfall- und Abwasserbeseitigung (75). Alle übrigen Verursacher sind weniger bedeutend[44]."

Tab. 10: Gefährdung heimischer Pflanzenformationen (Biotope)

	Anteil verschollener und gefährdeter Arten	
	am Artenbestand der Formation %	an der Gesamtzahl verschollener und %
Oligotrophe Moore, Moorwälder und Gewässer mit den Uferrandzonen	58,9	12,9
Trocken- und Halbtrockenrasen	41,2	20,0
Küstenbiotope	44,4	4,3
Hygrophile Therophytenfluren	39,7	3,8
Eutrophe Gewässer mit den Uferrandzonen	35,5	6,6
Feuchtwiesen	33,8	7,4
Alpine Biotope	28,5	9,2
Ackerunkrautfluren und kurzlebige Ruderalvegation	24,2	9,2
Zwergstrauchheiden und Borstgrasrasen	28,4	4,5
Außeralpine Felsbiotope	28,9	1,9
Xerotherme Gehölzbiotope	24,0	6,6
Kriechpflanzenrasen	23,7	2,1
Subalpine Biotope	18,3	3,9
Quellfluren	19,4	0,5
Bodensaure Laub- und Nadelwälder	16,2	1,1
Ausdauernde Ruderal- und Schlagfluren	10,6	3,0
Feucht- und Naßwälder	10,5	1,1
Frischwiesen und -weiden	9,5	0,2
Quecken-Trockenfluren	9,6	0,1
Mesophile Fallaubwälder einschließlich Tannenwälder	8,0	1,5

Quelle: Umweltbrief, Abschlußbericht der Projektgruppe "Aktionsprogramm Ökologie", hrsg. v. Bundesminister des Innern, Bonn, 1983, S. 18 u. 19.

Ursachen und Verursacher des Artenrückganges nach der Zahl der betroffenen Pflanzenarten der Roten Liste

Abb. 2: Ursachen (Faktoren) des Artenrückganges (angeordnet nach der Zahl der betroffenen Pflanzenarten der Roten Liste)

250 Beseitigung von Sonderstandorten
200 Nutzungsaufgabe
194 Bodenauffüllung, Überbauung
173 Entwässerung
170 Nutzungsänderung
133 Abbau, Abgrabung
107 Herbizidanwendung
105 Mechanische Einwirkung wie Tritt, Lagern, Wellenschlag
102 Eingriffe wie Entkrautung, Roden, Brand
101 Sammeln
72 Gewässerausbau
60 Gewässereutrophierung
49 Aufhören periodischer Bodenverwundungen
33 Gewässerverunreinigung
18 Verstädterung von Dörfern

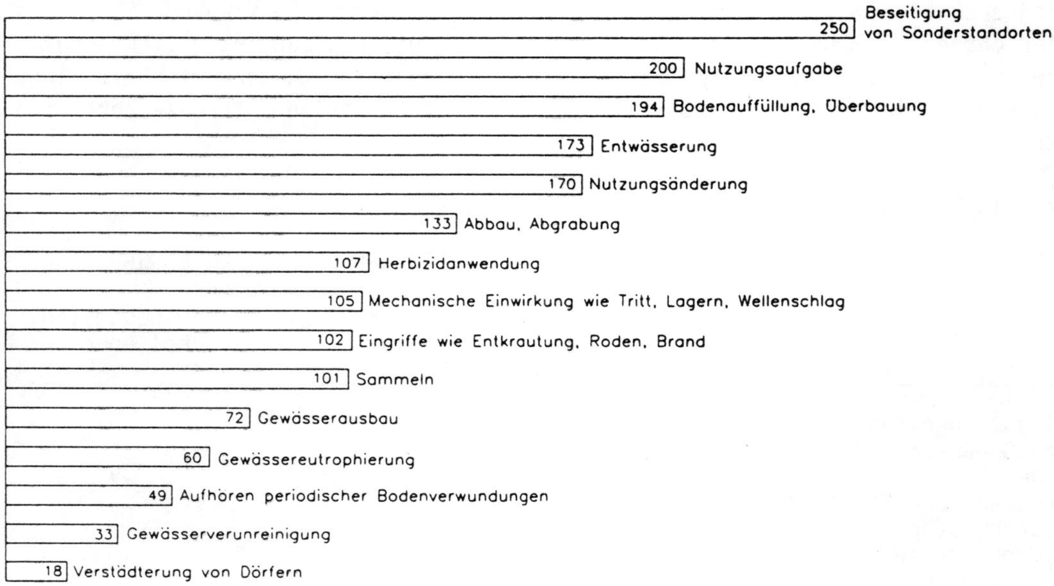

Abb. 3: Verursacher (Landnutzer und Wirtschaftszweige) des Artenrückganges (angeordnet nach der Zahl der betroffenen Pflanzenarten der Roten Liste)

519 Landwirtschaft
225 Forstwirtschaft und Jagd
146 Tourismus
130 Städtische- industrielle Nutzung
122 Rohstoffgewinnung
104 Wasserwirtschaft
75 Abfall- und Abwasserbeseitigung
58 Teichwirtschaft
36 Militär
33 Verkehr und Transport
9 Wissenschaft

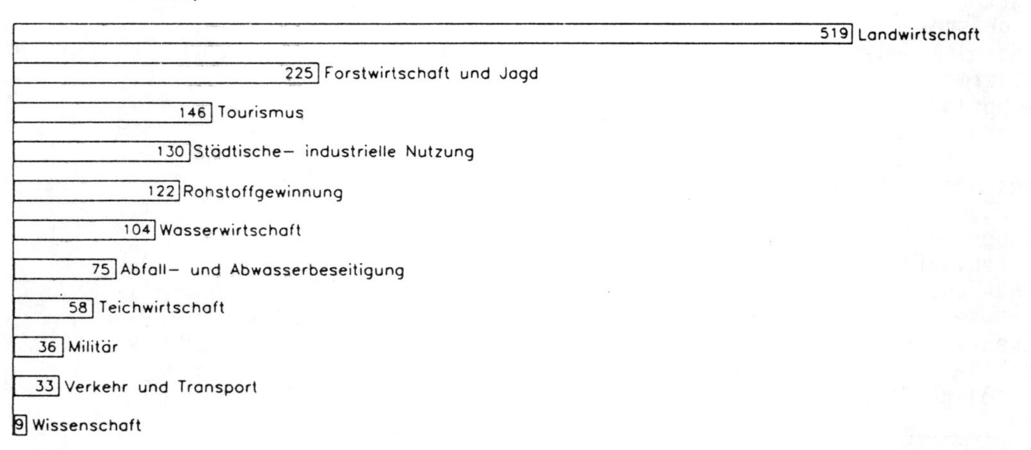

Quelle: Bundesforschungsanstalt für Naturschutz und Landschaftsökologie, hrsg. v. Umweltbundesamt, Daten zur Umwelt 1986/87, S. 93.

1.6 Schutz der natürlichen Lebensgrundlagen

An dieser Stelle soll und kann nicht ausführlich auf die Frage eingegangen werden, warum Arten- und Biotopschutz überhaupt notwendig ist. Der Rat von Sachverständigen für Umweltfragen "vertritt die Auffassung, daß die Natur um ihrer selbst willen zu schützen ist, und damit grundsätzlich auch alle Arten Schutz verdienen. Ausgehend von ethischen oder religiösen Grundhaltungen bedarf diese Feststellung keiner weiteren Erläuterung[45]."

"Mit ausreichend großer Wahrscheinlichkeit ist zwar anzunehmen, daß alle Arten Funktionsträger der Ökosysteme sind, aber die unterschiedliche Bedeutung und Rolle der Arten in diesem Geschehen ist höchstens teilweise abzuschätzen

Finke hat an anderer Stelle[47] die einschlägige Literatur ausgewertet und folgende Argumente für Arten- und Biotopschutz angeführt:

- Erzeugung von Nahrungsmitteln
- Erhaltung der Stabilität von Ökosystemen
- biologische Schädlingsbekämpfung
- Bestäubung der Blüten vieler Kulturpflanzen
- Erhaltung der biologischen Filterfunktion
- Erhaltung der biologischen Entgiftungsfunktion
- Erhaltung des Bioindikationspotentials
- Erhaltung der Evolution, des evolutiven Anpassungspotentials der Lebewelt, an die sich ständig und immer schneller ändernden Umweltbedingungen; auch zur Züchtung neuer Sorten bzw. Rassen mit ganz bestimmten Fähigkeiten
- Energiegewinnung durch biotechnische Verfahren
- Erhaltung bzw. Wiederherstellung des Erholungspotentials der Landschaft durch Vielfalt des Landschaftsbildes, der Raumgestalt, der Farben, Formen und Bewegungsmuster.

Vor diesem Hintergrund wird erst richtig deutlich, wie dramatisch das Artensterben zu beurteilen ist, worauf neben anderen Engelhardt ständig hinweist. Nach Engelhardt hat das Artensterben in Mitteleuropa in den letzten Jahren eine Geschwindigkeit erreicht, die etwa 1000fach schneller abläuft als in den letzten Eiszeiten. "Hochrechnungen haben ergeben, daß zur Zeit der Eiszeiten in Mitteleuropa, also bei extremen Klimaverschlechterungen, von rd. 30 000 Arten der Region alle 108 Jahre nur eine ausgestorben ist. Heute wird mit einer Rate von 11 % gerechnet, was bedeutet, daß rd. 850 Arten pro Jahr aussterben[48]."

Im Hinblick auf die Erfassung gefährdeter und schutzwürdiger Biotope muß festgestellt werden, daß "sich eine fundierte Aussage zum Rückgang und zur aktuellen Gefährdung der einzelnen Biotoptypen erst machen läßt, wenn der heutige

Bestand mit dem Zustand von vor ca. 50 bis 100 Jahren verglichen wird. Danach schneiden Moor- und oligotrophe Binnengewässerbiotope, Feucht- und Naßwiesen, Zwergstrauchheiden, Magerwiesen, naturnahe Wälder, Waldmäntel einschl. Staudensäume sowie Strukturelemente der freien Landschaft besonders schlecht ab."

"Da es sich bei allen erfaßten schutzwürdigen Biotopen mehr oder weniger um Restflächen handelt, sind für deren Erhaltung größte Anstrengungen zu unternehmen. In die Schutzmaßnahmen sind dabei auch weniger oder bisher nicht gefährdete Biotope einzubeziehen, da solche Biotopkomplexe eher die Gewähr für das Überleben gefährdeter Tier- und Pflanzenarten bieten[49]."

Um dieser Entwicklung Einhalt zu gebieten, fordert Heydemann ein auf 20 Jahre ausgelegtes Artenschutz- und Biotopprogramm, das er hochdotiert sehen möchte, um den Artentod zu beenden[50].

Wicke setzt - aus gleichen Beweggründen - einen Finanzierungsbedarf von 1,0 Mrd. DM pro Jahr an[51].

Angesichts dieser Beiträge stellt sich die Frage, mit welchem Stellenwert wir eigentlich die Umwelt versehen? Richard v. Weizsäcker hat kürzlich die rhetorische Frage gestellt: "Gehört der Schutz der Umwelt zu den Bedürfnissen, an die wir erst dann denken müssen und dürfen, wenn die unmittelbarsten Lebensbedingungen gewährleistet sind?

Sind wir frei zu entscheiden, ob wir mehr oder weniger Umweltbeeinträchtigungen hinnehmen, um im Ausgleich dafür mehr oder weniger Wünsche befriedigen zu können? Ist die Erhaltung der Umwelt nur ein Kriterium neben anderen für unseren Standard an Lebensqualität?" Seine Antwort war: "Über solche Relativierung geht die Entwicklung mit Macht hinweg. Die Frage lautet nicht mehr, ob wir uns aus Qualitätsbewußtsein eine mehr oder weniger schöne und saubere Umwelt schaffen oder auch zugunsten anderer Ziele darauf verzichten wollen. Die Umweltfrage ist selbst zur Überlebensfrage der Menschheit geworden.

Das grundlegende Ziel ist es, die Schöpfung zu bewahren. Nur wenn wir die Natur um ihrer selbst willen schützen, wird sie uns Menschen erlauben zu leben[52]."

Der Mensch braucht eine unzerstörte, eine "gesunde" Natur, um selbst "gesund" leben zu können, denn er ist nur ein Teil der Natur, nicht mehr. Mit diesen Überlegungen werden die Vorbemerkungen dieser Untersuchung abgeschlossen. Sie mußten vergleichsweise breit angelegt sein, um klar herauszuarbeiten, daß sich das Gefüge unserer Wertordnung in den letzten 20 Jahren durch die in dieser Periode gemachten Erfahrungen grundlegend geändert hat. Es ist deshalb nicht verwunderlich, daß die im folgenden Abschnitt zu behandelnden Grundsätze,

Ziele und Erkenntnisse von Raumordnung/Landesplanung und Umweltschutz sich nur allmählich der in diesen Vorbemerkungen dargelegten Richtung angenähert haben. Die Skizzierung des heutigen Erkenntnisstandes in diesem Abschnitt und die noch vergleichsweise allgemeinen Erkenntnisse v.a. über Umweltschutz, wie sie der Umweltpolitik des letzten Jahrzehntes zugrunde lagen und die im nächsten Abschnitt erkennbar werden, machen m.E. die Erfordernisse künfig verbesserten Zuammenwirkens zwischen Umweltschutz und Raumordnung/Landesplanung, v.a. bei der Formulierung der Ziele deutlich.

II. Grundlegung

1. Grundsätze, Ziele und Erkenntnisse des Umweltschutzes

1.1 Grundsätze

Umweltpolitik wird hier verstanden als die Gesamtheit aller Maßnahmen, die darauf gerichtet sind, Existenz und Gesundheit des Menschen zu sichern, Luft, Wasser, Boden, Tier- und Pflanzenwelt um ihrer selbst willen vor nachteiligen Wirkungen anthropogener Eingriffe zu schützen und Schäden oder Nachteile aus anthropogenen Eingriffen zu verhindern oder wenigstens zu verringern.

Zu den Grundsätzen des Umweltschutzes zählen:

- Vorsorge
- Verursacherhaftung
- Kooperation.

Im Hinblick auf die inhaltliche Bestimmung des Vorsorgeprinzips haben Hartkopf/Bohne, die wohl beiden kompetentesten Verfasser, ausgeführt:

"Das Vorsorgeprinzip fordert eine systembezogene Betrachtung der natürlichen Umwelt, da nur durch Berücksichtigung medienübergreifender Wirkungsbeziehungen Eintritt und Ausmaß von Umweltbelastungen für den Menschen und für andere Lebewesen minimiert werden können. Demzufolge muß Schutzzweck von Umweltgesetzen, Programmen und Einzelaktionen Menschen, Pflanzen- und Tierwelt sowie alle Umweltmedien umfassen, zumindest aber bei medialen Zielsetzungen die Auswirkungen von Wasser-, Boden- und Luftnutzungen auf jeweils andere Medien mitberücksichtigen.

Diese Zielanforderungen erfüllen z.B. das Abfallbeseitigungsgesetz (§2) und das Chemikaliengesetz (§1), deren Schutzbereich medienübergreifend ist und sich auf Menschen, Pflanzen und Tiere erstreckt. Das gleiche gilt für das Bundesnaturschutzgesetz (§§1,2), das zwar primär auf den Schutz wildlebender

Pflanzen und Tiere, des Bodens und der Landschaftsstruktur gerichtet ist, das jedoch durch die Bezugnahme auf die Leistungsfähigkeit des Naturhaushalts die Berücksichtigung der medienübergreifenden Wirkungen von Landschaftsnutzungen ausdrücklich fordert.

Ferner verlangt das Vorsorgeprinzip, daß sich umweltpolitische Ziele auf die Minimierung von Umweltbelastungen bei ordnungsgemäßer und bei nicht ordnungsgemäßer Umweltnutzung erstrecken[1)]".

Hartkopf/Bohne vertreten die Ansicht, "daß die Schutzbereiche der neuesten Umweltgesetze hinter den Anforderungen des Vorsorgeprinzips zurückbleiben[2)]". Hartkopf/Bohne haben die aus ihrer Sicht wichtigsten Anforderungen des Vorsorgeprinzips bei der Inanspruchnahme von Umweltgütern in der folgenden Übersicht (Abb. 4) zusammengefaßt.

Umweltbelastungen führen zu Schäden, Qualitätsminderungen, zu Beseitigungs- oder Ausgleichskosten. Vereinfacht formuliert: Umweltbelastungen führen zu Kosten. Schon 1971 legte die Bundesregierung fest: "Die Kosten der Umweltbelastungen hat grundsätzlich der Verursacher zu tragen".

Im Hinblick auf die Definition der Kosten der Umweltbelastungen führen Hartkopf/Bohne aus:

"Die sozialen (externen) Kosten von Umweltbelastungen bestehen theoretisch in der Summe aller gegenwärtigen und zukünftigen Nachteile, die für dritte oder für die Allgemeinheit aus der Inanspruchnahme von Umweltgütern entstehen. Hierzu gehören Gesundheits- und Sachschäden, Schädigungen der Pflanzen- und Tierwelt, Aufwendungen zum Schutz von Mensch und Umwelt vor dem Entstehen von Umweltbelastungen und vor den Auswirkungen bestehender Umweltbelastungen (z.B. Kosten für Abwasser- und Abgasreinigung, Abfallbehandlung sowie für die Aufbereitung verschmutzter Gewässer zur Trinkwasserversorgung, Lärmschutzwälle, Umsiedlung gefährdeter Personen (etc.), Minderungen des Erlebniswertes von Landschaften oder die Verluste an mineralischen oder biologischen Ressourcen, die künftigen Generationen nicht mehr zur Verfügung stehen. Es ist offenkundig, daß sich die Gesamtheit nutzungsbedingter sozialer Umweltkosten gegenwärtig nicht genau ermitteln und bewerten, geschweige denn in Geldeinheiten ausdrücken läßt. Angesichts des begrenzten menschlichen Erkenntnisvermögens ist auch zweifelhaft, ob die umfassende Ermittlung und Bewertung von Umweltkosten je gelingen wird (SRU 1978, Rdnr. 1771). Der Kostenbegriff im Sinne des Verursacherprinzips wird daher pragmatisch verstanden und auf die Kosten zur Vermeidung und Beseitigung oder zum Ersatz von Schäden beschränkt, deren Verursacher bekannt ist. Die definitorische Abgrenzung der Kostenkategorien erfolgt nicht einheitlich, braucht aber hier nicht vertieft zu werden. Denn in

Abb. 4: Anforderungen des Vorsorgeprinzips an die Inanspruchnahme von Umweltgütern

Inanspruchnahme von Umweltgütern	Mögliche Umweltbelastungen	
	erkennbar und nicht tolerierbar	erkennbar und weniger schwerwiegend oder wahrscheinlich gegenwärtig nicht erkennbar
Ordnungsgemäß[a)]	Verhindern[c)] von Umweltbelastungen durch Minimierung der Nutzungsintensität nach fortschrittlichen professionellen Standards[d)] Beispiele: § 5 Nr. 1 BlmSchG § 7 Abs. 2 Nr. 3 AtG § 8 Abs. 1 PflSchG - Verhindern[c)] von Umweltbelastungen durch Minimierung der Eintrittswahrscheinlichkeit nicht ordnungsgemäßer Umweltnutzungen	Vermindern verbleibender Umweltbelastungen durch Minimierung der Nutzungsintensiät nach fortschrittlichen professionellen Standards[d)] Beispiele: §§ 5 Nr. 2; 50 BlmSchG § 7 Abs. 2 Nr. 3 AtG i.V.m. § 28 Abs. 1 Nr. 2 StrlSchV
Nicht ordnungsgemäß[b)]	- Für den Fall des Eintritts: Minimierung der Umweltbelastungen nach fortschrittlichen professionellen Standards[d)] Beispiele: § 5 Nr. 1 BlmSchG i.V.m. § 3 Störfallverordnung § 7 Abs. 2 Nr. 3 AtG	Inkaufnahme

a) Bestimmungsgemäßer Anlagenbetrieb, bestimmungsgemäße Produktverwendung, ordnungsgemäße Landbewirtschaftung etc.

b) Störungen des Anlagenbetriebs, bestimmungswidrige Produktverwendung, nicht ordnungsgemäße Landbewirtschaftung etc.

c) Eintritt bestimmter Umweltbelastungen ist naturgesetzlich ausgeschlossen, oder die Eintrittswahrscheinlichkeit ist so gering, daß Umweltbelastungen nach der Lebenserfahrung bzw. nach dem wissenschaftlichen Erkenntnisvermögen nicht auftreten.

d) Stand der Technik, Stand von Wissenschaft und Technik, Stand der wissenschaftlichen Erkenntnisse etc.

Entnommen aus: Hartkopf/Bohne, a.a.O., S. 109.

der Sache besteht Einigkeit, daß die dem Verursacher zuzurechnenden und in Geldeinheiten auszudrückenden (SRU 1974, Rdnr. 617) Umweltkosten die Kosten

1) für umweltschonende Produktionsverfahren, Abfallbeseitigung, Emissionsbegrenzung, Rekultivierungsmaßnahmen und sonstige Vermeidungs- und Beseitigungsmaßnahmen sowie

2) für Beseitigung oder Ersatz zurechenbarer Umweltschäden und Rechtsgutbeeinträchtigungen

umfassen. Die erste Kostenkategorie bezeichnet die Kosten für die Verwirklichung des Vorsorgeprinzips. Denn die Vermeidung oder Beseitigung von Umwelteingriffen minimiert die Intensität der Umweltnutzung im oben dargelegten Sinne und verhindert den Eintritt von Umweltbelastungen[4]."

"Sehr schwierige Bereiche des Umweltschutzes sind die Anwendung des Verursacherprinzips auf

- Umweltschäden aus der Vergangenheit (Altlasten), wenn die Verursacher nicht mehr bekannt oder zahlungsunfähig sind
- optimale Strategien zur Vermeidung von Umweltbelastungen (Vermeidungskosten).

Ökonomisch betrachtet, werden Maßnahmen im Rahmen der Anwendung des Verursacherprinzips immer auf die Kalkulation des Verursachers, d.h. sie belasten Umwelteingriffe finanziell. Instrumentell wird das besonders deutlich am Beispiel der Abwasserabgabe[5]."

Im Hinblick auf das umweltpolitiche Ziel, den "Verbrauch" von knappen Umweltgütern zu vermeiden, gibt es leider kein Instrument, "das in jeder Entscheidungssituation allen übrigen Instrumenten an ökonomischer Effizienz und ökologischer Wirksamkeit prinzipiell überlegen wäre[6]."

Im Hinblick auf die Probleme der Altlasten im Ruhrgebiet und die grenzüberschreitenden Luftbelastungen in Nordostoberfranken muß bereits an dieser Stelle darauf hingewiesen werden, daß das Verursacherprinzip instrumentell dann nicht greift, wenn man - aus welchen Gründen auch immer - die Verursacher von Umweltbelastungen nicht belangen kann. Ist diese Situation gegeben, gilt der Grundsatz der Gemeinlast (Gemeinlastprinzip), wobei zu unterscheiden ist zwischen:

- "privater" oder verbandsorientierter Gemeinlast (z.B. alle im Verband der chemischen Industrie zusammengefaßten Betriebe tragen die Kosten der Wasserverschmutzung durch chemische Stoffe) und dem

- "öffentlichen" oder gebietskörperschaftlichem Gemeinlastprinzip (Umweltschutzmaßnahmen oder Umweltschutzkosten werden von einer Gebietskörperschaft bzw. dem Staat übernommen, um ökologische Notstände schnell zu beseitigen bzw. notwendige Maßnahmen dann zu finanzieren, wenn die Verursacher nicht (mehr) haftbar gemacht werden können.

Der Grundsatz der Vorsorge führt zu Anforderungen an den Inhalt der Umweltpolitik, der Grundsatz der Verursacherhaftung bestimmt, wer die Kosten der Umweltbelastung zu tragen hat, der Grundsatz der Kooperation bildet "ein Leitbild für die Ausgestaltung umweltpolitischer Entscheidungsprozesse[7)]".

Die Bundesregierung hat den Grundsatz der Kooperation (Kooperationsprinzip) 1976 so formuliert:

"Das Kooperationsprinzip ist an sich keine Besonderheit des Umweltschutzes. Erscheinungsformen des Kooperationsprinzips finden sich fast in allen Politikbereichen. Gleichwohl verdient es, im Umweltschutz besonders hervorgehoben zu werden. Denn in kaum einem anderen Politikbereich sind staatliche und gesellschaftliche Kräfte so stark aufeinander angewiesen wie im Umweltschutz. Die Komplexität technischer und wirtschaftlicher Prozesse, die Abhängigkeit umweltpolitischer Zielsetzungen und Maßnahmen von naturwissenschaftlichen Erkenntnissen sowie die Vielzahl der betroffenen Interessen machen eine einseitige staatliche Umweltpolitik faktisch unmöglich. Andererseits sind auch Industrie und andere gesellschaftliche Gruppen sowie der einzelne Bürger in hohem Maße von staatlichen Entscheidungen abhängig. Insbesondere die Industrie muß stets staatlicher Regelungen gewärtig sein, wenn sie notwendige Umweltschutzmaßnahmen unterläßt. Kooperation ist also für beide Seiten zugleich nützlich als auch unabdingbar[8)]".

Hartkopf/Bohne stellen zum Kooperationsprinzip fest:

"Das Kooperationsprinzip fordert eine "frühzeitige Beteiligung der gesellschaftlichen Kräfte am umweltpolitischen Willensbildungs- und Entscheidungsprozeß". Kooperation heißt also rechtzeitige Verfahrensbeteiligung aller betroffenen Gruppen und Bürger und ist eine Ausprägung des Demokratieprinzips. Erfolgt Kooperation zu spät oder zu selektiv - z.B. nur mit mächtigen Wirtschaftsverbänden -, so liegt ein Verstoß gegen das Kooperationsprinzip und damit auch gegen das Demokratieprinzip vor. Zahlreiche Konflikte im Verkehrswegebau, in der Energieversorgung oder im Bereich der Industrieansiedlung sind durch Verstöße gegen das Kooperationsprinzip mit verursacht worden.

Das Kooperationsprinzip richtet sich allerdings nicht nur an staatliche Stellen, sondern legt den betroffenen gesellschaftlichen Gruppen die politische Pflicht auf, Staat und Öffentlichkeit rechtzeitig und zutreffend über umwelterhebliche Vorhaben und Sachverhalte zu unterrichten sowie im demokratischen Willensbildungs- und Entscheidungsprozeß ordnungsgemäß zustandegekommene Entscheidungen zu respektieren. Gegen diese "Spielregeln" eines kooperativen Verhaltens wird von Verbänden, Unternehmen und Umweltorganisationen häufig verstoßen. Aus der Kennzeichnung des Kooperationsprinzips als Gebot rechtzeitiger und umfassender Verfahrensbeteiligung ergeben sich auch seine Grenzen für die staatliche Umweltpolitik. Das Kooperationsprinzip enthält kein Konsensgebot. Es räumt den verfahrensbeteiligten Gruppen und Bürgern keine Vetoposition beim Zustandekommen von Entscheidungen ein. Zwar ist eine rechtzeitige und umfassende Verfahrensbeteiligung auf einvernehmliche Problemlösungen gerichtet; läßt sich aber im konkreten Fall Einvernehmen nicht erzielen, so müssen die staatlichen Stellen die für notwendig gehaltenen Entscheidungen einseitig treffen. Würde das Kooperationsprinzip als Konsensgebot mißverstanden, so wäre die Umweltpolitik weitgehend zur Unwirksamkeit verurteilt. Demzufolge läßt sich aus dem Kooperationsprinzip keine Bevorzugung vertraglicher oder auf freiwilligen Absprachen beruhender Umweltschutzmaßnahmen ableiten. Auch ordnungsrechtliche Ge- und Verbote stehen in Einklang mit dem Kooperationsprinzip, wenn alle betroffenen Gruppen und Bürger rechtzeitig und umfassend am Entscheidungsverfahren beteiligt worden sind[9)].

Betrachtet man die Diskussion um die konstitutive Bedeutung der Öffentlichkeitsbeteiligung bei der Umweltverträglichkeitsprüfung nach der EG-RL[10)] und die Bemühungen der Industrie, diese Öffentlichkeitsbeteiligung möglichst gering zu halten[11)] vor dem Hintergrund der Ausführungen von Hartkopf/Bohne, dann erhält das "Kooperationsprinzip als Gebot rechtzeitiger und umfassender Verfahrensbeteiligung" ein Gewicht, das mancher Teilnehmer der Diskussion über optimale Strategien der Umweltpolitik noch nicht recht zur Kenntnis genommen zu haben scheint. Mir erscheint jedoch die Öffentlichkeitsbeteiligung sehr niedrig, weshalb in Abschnitt V darauf detailliert eingegangen wird.

Die Koalitionsvereinbarungen, die der Regierungserklärung des Bundeskanzlers am 18.3.1987 vorausgegangen sind, haben nach einer Zusammenstellung der Frankfurter Allgemeinen Zeitung vom 16.3.1987 (Nr. 63, S. 17) dazu geführt, daß "die Bundestagsfraktionen der Koalition ... im Einvernehmen mit den Bundesländern einen Vorschlag erarbeiten (werden - D.M.) mit dem Ziel, den Umweltschutz als Staatsziel in das Grundgesetz aufzunehmen". Es ist an dieser Stelle zu früh, über mögliche Auswirkungen dieser Grundgesetzänderung zu spekulieren.

1.2 Ziele

Versucht man, die bisherigen Überlegungen zusammenzufassen, so steht nach Storm einer Grundsatz- oder Prinzipientrias, die durch

1. Vorsorgeprinzip (Vermeidung von Umweltbelastungen an der Quelle),
2. Verursacherprinzip (Wer verschmutzt, zahlt) und
3. Kooperationsprinzip (Mitwirkung der Betroffenen verbessert umweltpolitische Entscheidungen)

gebildet wird, eine "Zieltrias" gegenüber, die sich aus der Definition von Umweltpolitik ergibt.

1. Dem Menschen eine Umwelt sichern, wie er sie für seine Gesundheit und für ein menschenwürdiges Dasein braucht,
2. Luft, Wasser, Boden, Tier- und Pflanzenwelt sind vor nachteiligen Wirkungen menschlicher Eingriffe zu schützen und
3. Schäden oder Nachteile aus menschlichen Eingriffen sind zu beseitigen.

Es ist an dieser Stelle nicht möglich und wohl auch nicht sinnvoll, alle Detaillierungen der drei Hauptziele des Umweltschutzes hier wiederzugeben.

Neben dem allgemeinen Ziel, alle anthropogen verursachten Eingriffe auf Luft, Wasser, Tier- und Pflanzenwelt auf das Ausmaß der natürlichen, d.h. geogenen Einflüsse zu reduzieren, finden sich weitere, auf die Pflege der Umwelt bezogene, unterschiedlich präzis formulierte Ziele in den einschlägigen Gesetzen, wie z.B.

- Gesetz über Naturschutz und Landschaftspflege (BNatSchG),
- Gesetz zur Ordnung des Wasserhaushaltes (WHG),
- Gesetz über die Vermeidung und Entsorgung von Abfällen (AbfG),
- Gesetz zum Schutz vor schädlichen Umwelteinwirkungen durch Luftverunreinigungen, Geräusche, Erschütterungen und ähnliche Vorgänge (BImSchG),
- Gesetz über die friedliche Verwendung der Kernenergie und den Schutz ihrer Gefahren (Atomgesetz),
- Baugesetzbuch (BauGB).

Die Zerstörungen der Umwelt wie z.B.

- Zunahme des Waldsterbens,
- Zunahme der Atemwegserkrankungen,
- Zunahme großflächiger Schädigungen ökologischer Naturräume wie Nordsee, Ostsee, Alpen,
- Zunahme der Altlasten der Industriegesellschaft, die sich zu ökologischen

"Zeitbomben" entwickeln,
- Zunahme der Müllberge,
- Zunahme der SO_2-Belastung,
- Zunahme der Stickoxidbelastung,
- Zunahme der Zerstörungn der natürlichen Lebensbedingungen durch die Landwirtschaft,

die trotz dieser Gesetze eingetreten sind, machen deutlich, daß die Ziele zum Schutz der natürlichen Lebensgrundlagen weiter zu detaillieren und die verfügbaren Instrumente der Maßnahmen zu verbessern sind (vgl. hierzu Abschnitt IV, S. 163ff.).

Umweltpolitik wird in der Bundesrepublik mehr oder minder intensiv seit rd. 16 Jahren betrieben. Eine der wichtigsten Erkenntnisse dürfte dabei sein, daß das Umweltbewußtsein der Bevölkerung und entsprechende Aktivitäten der Bevölkerung das wichtigste Instrument zum Schutz der natürlichen Lebensgrundlagen ist. Offenbar gelingt es nur durch aktives Bürgerengagement, was ja auch typisch für eine Demokratie sein sollte, das Kooperationsprinzip mit Leben zu erfüllen und die zuständigen Bürger-Vertreter in den Parlamenten bei ihrem Bemühen zu unterstützen:

- umweltfreundliche Technologien zu fördern,
- die grenzüberschreitende Zusammenarbeit zu intensivieren und
- das erforderliche Rechtsinstrumentarium fortzuentwickeln.

1.3 Erkenntnisse

Versucht man, die hier wiedergegebene Diskussion der Grundsätze und Ziele des Umweltschutzes im Sinne eines Zwischenergebnisses unter "Erkenntnisse" zu subsumieren, so ist m.E. besonders hervorzuheben:

Grundsätze und Ziele des Umweltschutzes sind zu sehen im Hinblick auf:

- Umweltschutz
- Mitweltschutz
- Nachweltschutz.

Diese m.W. erstmalig von v. Lersner in die Diskussion gebrachte Unterscheidung stellt ab auf die hoheitliche Pflicht der Daseinsvorsorge für die jetzt Lebenden (Umweltschutz); sie wird erweitert um die Erhaltung der Umwelt künftiger Generationen (Nachweltschutz) und um den Schutz der Natur um ihrer selbst willen (Mitweltschutz)[12].

Damit wird deutlich, daß der bislang anthropozentrische Ansatz, (z.B. im BNatSchG: "als Lebensgrundlage des Menschen und als Voraussetzung für seine Erholung in Natur und Landschaft ... § 1 (1), inzwischen als aufgegeben gelten kann zugunsten eines ökologieorientierten (geogenen) Ansatzes. Über diese Aussage läßt sich lange und trefflich streiten. Möglicherweise greift sie der Entwicklung partiell voraus. Aber selbst wenn dem so wäre, bildet diese Frage nicht den Kern des hier zu diskutierenden Problems. Hier ist vielmehr zu diskutieren:

- welche Erkenntnisse sind verfügbar und wie
- lassen sich diese Erkenntnisse in die Praxis umsetzen?

Verfügbare Erkenntnisse

Die m.E. wichtigste und gravierendste Erkenntnis dürfte sein, daß trotz aller Forschungen und Bemühungen in vielen Bereichen unklar ist, welche kurz- und langfristigen Wirkungen von anthropogen bedingten Belastungen der Luft, des Wassers, des Bodens, des Naturhaushaltes insgesamt als human- und ökotoxikologisch anzusehen sind.

Sich selbst Unwissenheit attestieren zu müssen ist immer und auf jedem Feld etwas Mißliches. M.E. wären aber alle gut beraten, die Entscheidungen fällen, die mittelbar oder unmittelbar die natürlichen Lebensgrundlagen betreffen, wenn sie sich diese Unwissenheit (trotzdem!) eingestehen würden.

Aus dieser grundsätzlichen Erkenntnis, die natürlich durch vielfältige Einzelforschungsergebnisse eingeschränkt werden kann, ergibt sich m.E. zwingend das Gebot, grundsätzlich darauf hinzuarbeiten, die anthropogen bedingte Belastung der Naturgüter und des Naturhaushaltes soweit wie möglich zu reduzieren, d.h. auf das Niveau der geogenen Belastungen "herunterzufahren".

Vielen mag das als ein frommer Wunsch erscheinen, den sie belächeln und der sie erheitert. M.E. ist diese "Heiterkeit" durch nichts begründet, denn Umweltschutz oder Naturschutzpolitik muß sich Orientierungsziele und Orientierungswerte setzen, und es erscheint deshalb durchaus sinnvoll, sich das Ziel zu setzen: Die Belastungen des Naturhaushaltes müssen aufgrund human- und ökotoxikologischer Befürchtungen über unbekannte Langzeitwirkungen vielfach unbekannter Stoffe[13)] soweit wie möglich, möglichst gegen Null reduziert werden.

Auch in der Wirtschaftspolitik, deren Grundsätze und Ziele letztlich über das tägliche Glück von Millionen Menschen entscheiden, hat man sich abstrakte Ziele gesetzt, die niemals vollständig erreicht werden können, wie die Erfahrung zeigt, die aber andererseits eine unverzichtbare Orientierung ermöglichen. Es sei deshalb nur kurz auf die Ziele

- Vollbeschäftigung
- Zahlungsbilanzausgleich
- Wachstum
- Stabiles Preisniveau

verwiesen.

Der Blick zu den Wirtschaftswissenschaftlern läßt aber noch etwas anderes deutlich werden, was möglicherweise noch nicht opinio communis ist: der Unterschied zwischen theoretischer Forschung und Politik, die auf Forschungsergebnissen wertend aufbaut. Es erscheint nützlich, darauf hinzuweisen, daß auch beim Schutz der natürlichen Lebensgrundlagen zwischen ökologischer Forschung, die Zusammenhänge zu analysieren versucht und bei entsprechend gesicherten Erkenntnissen zu Wenn-Dann-Ausagen im Sinne von Prognosen gelangen kann, und wertenden, naturschutzpolitischen Entscheidungen bzw. Zielbestimmungen zu unterscheiden ist.

Insbesondere Erz vertritt die einleuchtende Ansicht, daß zwischen wertfreier, grundlagenorientierter Ökologie und wertender anwendungsorientierter Naturschutzpolitik zu unterscheiden ist[14]. Erz differenziert zwischen wissenschaftlicher Ökologie, Naturschutz und ökologischer Naturschutzforschung und unterscheidet nach Zielsetzung, Aufgaben, Grundlagen, Motiv, Basiselementen, Basisstrukturen, Basismethodik und Handlungsformen. Daraus ergibt sich die nachstehend wiedergegebene Matrix von Erz.

Umsetzbare bzw. anwendbare Erkenntnisse

Zieht man aus der vorangegangenen Matrix die richtigen Konsequenzen, so ist zwischen allgemeinen ökologischen Erkenntnissen, im Sinne wertfreier naturwissenschaftlicher Erkenntnis und der Anwendung dieser Erkenntnis auf einen ganz spezifischen, mit unterschiedlichen, d.h. spezifischen Tieren und Pflanzen ausgestatteten Naturraum zu unterscheiden, der unter Zuhilfenahme der allgemeinen ökologischen Grundlagen-Erkenntnisse zu analysieren ist. Aber nur unter den spezifischen Naturraumbedingungen, seinen Bedrohungen, Gefahren, einmaligen Tier- und Pflanzenvorkommen kann bewertet werden oder in Wert gesetzt werden, wie z.B. Schäden am Landschaftsbild oder Verluste von Tier- und/oder Pflanzenarten zu beurteilen sind, wenn durch anthropogene Einflüsse die ökologischen Zusammenhänge gestört werden. Um auf diesen Überlegungen aufbauend eine spezifische "Naturraum-Schutzpolitik" betreiben zu können, ist es erforderlich, aus den ökologischen Grundlagen die wesentlichen Erkenntnisse abzuleiten, die naturraumspezifische Bedeutung haben und gleichzeitig und gleichrangig naturraumspezifische Schutzziele bzw. Naturschutz-Strategien zu entwickeln. Beispiele für anwendbare naturschutzpolitische Erkenntnisse sind die ökologischen Fachbeiträge zu den Gebietsentwicklungsplänen Nordrhein-Westfalens der Landesanstalt für Ökologie, Landschaftsentwicklung und Forstplanung Nordrhein-Westfalen (Lölf)[15] und die im Bayerischen Staatsministerium für Landesentwicklung und Umweltfragen in Arbeit befindlichen Arten- und Biotopschutzprogramme für jeden einzelnen bayerischen Landkreis[16].

Abb. 5: Differenzierung zwischen wissenschaftlicher Ökologie, Naturschutz und Naturschutzforschung

Differenzierungsmerkmale	Wissenschaftliche Ökologie	Naturschutz	ökologische Naturschutzforschung* (angewandte Naturschutz-Ökologie)
Zielsetzung	Ermittlung der objektiven Realität in Form wahrer (begründbarer) Aussagen	Erhaltung, Pflege und Entwicklung von Natur und Landschaft unter ökologischen Gesichtspunkten und nach gesellschaftlichen Bedürfnissen	Wissenschaftliche Lösung von Problemen des Naturschutzes (objektivierte Erkenntnis und Lösung von Problemen sowie subjektiv aktualisierte Erkenntnisse für gedankliche und gegenständliche Tätigkeiten)
Aufgaben	Gewinnung, Verarbeitung und Vermittlung von Erkenntissen über Fakten und gesetzmäßige Zusammenhänge der objektiven Realität	Vermeidung und Steuerung von die Toleranz (Belastbarkeit) von Ökosystemen überschreitenden Nutzungen und technischen Eingriffen	Ermittlung und Bewertung von Störungen in Ökosystemen und von ökologischen Methoden* ihrer Vermeidung und Steuerung
Grundlagen (Anlaß)	Aus wissenschaftlichen Zusammenhängen sich ergebende Erkenntnisdezifite	Probleme in den Wechselbeziehungen zwischen Natur (Umwelt) und Gesellschaft	Problemstellungen des Naturschutzes (gesellschaftlicher Anforderungen an die Natur)
Motiv	Wissenschaftliche Neugier	Kulturelle (z.B. moralische) und ökonomische Bedürfnisse der Gesellschaft gegenüber der Natur	Rationale Lösungen gesellschaftlicher Bedürfnisse gegenüber der Natur
Basiselemente	Fakten	Werte, Normen	Normierte Fakten
Basisstrukturen	(Wert-)freie Erkenntissysteme	Wertbezogene Handlungssysteme	Handlungsorientierte Erkenntnis- und Erfahrungssysteme
Basismethodik	Hypothesen- und Theorienbildung und deren experimentelle Überprüfung	Aufstellung gesellschaftlicher Normen und gesellschaftliche Willensbildung	Bereitstellung wertbezogener (sozialbezogener) Hypothesen und Theorien
Handlungsformen	Abstrahieren	Realisieren	Konkretisieren, Generalisieren

* Ohne sozialwissenschaftliche, geisteswissenschaftliche und philosophische Disziplinen.

2. Grundsätze, Ziele und Erkenntnisse von Raumordnung/Landesplanung

(1) Als 1965 das Raumordnungsgesetz verabschiedet wurde, konnte damit eine lange Periode intensiver Diskussionen, insbesondere zwischen dem Bund und den Ländern über inhaltliche und kompetenzrechtliche Fragen als vorläufig abgeschlossen gelten.

Geprägt von der Phase des Wiederaufbaus und der offensichtlich regional sehr unterschiedlichen Effizienz wirtschaftlichen Handelns, z.B. zwischen Nordrhein-Westfalen einerseits und z.B. Bayern und dem Saarland andererseits, vergl. hierzu auch die folgende Tabelle 11: Bruttoinlandsprodukt in DM/Ew., stand zur Zeit der Verabschiedung des Gesetzes im Mittelpunkt der Grundsätze der Raumordnung die räumliche Struktur eines Gebietes "mit gesunden Lebens- und Arbeitsbedingungen sowie ausgewogenen, wirtschaftlichen, sozialen und kulturellen Verhältnissen" (§ 2, (1), 1 ROG).

Tab. 11: Bruttoinlandsprodukt (zu jeweiligen Preisen) DM/EW. im Bundesdurchschnitt und in ausgewählten Bundesländern 1965 und 1985

	1965		1986	
	DM	%	DM	%
Bund	7640	100	30 150	100
Nordrhein-Westfalen	8050	105	29 380	97
Saar	6500	85	26 540	88
Bayern	6970	90	29 640	98

Nach Angaben des Stat. Amts der Landeshauptstadt München.

Wie Heigl/Hosch zu Recht feststellen[17], umfassen "gesunde Lebens- und Arbeitsbedingungen" ... "alle Daseinsgrundfunktionen des Menschen, nämlich Wohnung, Arbeit, Versorgung, Bildung, Erholung, Verkehr, Kommunikation" und "Maßstab für gesunde Lebens- und Arbeitsbedingungen müssen in erster Linie die Bedürfnisse der Bevölkerung sein", die sich im Zeitablauf wandeln[18].

Heigl/Hosch kamen 1974 zu dem Ergebnis, daß gesunde Lebens- und Arbeitsbedingungen dann gegeben sind, wenn

- den menschlichen Lebensbedürfnissen entsprechende Umwelt- und Wohnverhältnisse vorliegen,
- angemessene Verdienstmöglichkeiten gegeben sind und die Arbeitsstätten mit zeitlich und kostenmäßig zumutbarem Aufwand erreicht werden können,
- die für die Lebensführung erforderlichen öffentlichen und privaten Versor-

gungseinrichtungen vorhanden sind und wenn
- "zwischen den Einrichtungen und der vorhandenen Bevölkerungszahl ein ausgeglichenes Verhältnis besteht"[19].

22 Jahre nach Verkündung des ROG kann es nicht Aufgabe dieser Untersuchung sein, die inzwischen häufig genug kommentierten Grundsätze des ROG ein weiteres Mal zu kommentieren. Auf die Grundsätze und Ziele von Raumordnung/Landesplanung und ihrer Fixierung im ROG wird an dieser Stelle ohnehin nur eingegangen, um den Wandel des Verständnisses dieser Grundsätze zu verdeutlichen und die Grundlagen für den Abschnitt IV dieser Untersuchung zu schaffen.

Um dieses Ziel zu erreichen, ist es erforderlich, noch kurz auf das Postulat der Chancengleichheit und der gleichwertigen Lebens- und Arbeitsbedingungen einzugehen. Es ist herrschende Lehre, die allerdings nicht von allen Wissenschaftlern geteilt wird, daß die wichtigste Aufgabe der Raumordnungspolitik darin besteht, gleichwertige Lebensbedingungen in allen Teilräumen des Bundesgebietes zu schaffen. Die Verpflichtung zu dieser Aufgabe leitet sich aus den Art. 20 Abs. 1 und 28 Abs. 1 GG ab.

Gleichwertige Lebens- und Arbeitsbedingungen sollten nach § 2 (3) ROG im ganzen Gebiet der Bundesrepublik bestehen. Dabei war man sich stets darüber im klaren, daß Gleichwertigkeit nicht Gleichheit bedeutet. Allerdings soll durch die Gewährleistung von "infrastrukturellen Mindeststandards" die Lebensqualität in den unterschiedlichen Teilräumen gleichwertig gestaltet werden. Nimmt man - zur Verdeutlichung - die Begriffe

- Lohnwert
- Wohnwert
- Freizeitwert und
- Umweltwert

als denkbare Meßgrößen, dann besteht in der Raumordnung/Landesplanung ein weitgehender Konsens darüber, daß diese Begriffe in einem gewissen "kompensatorischen Verhältnis" stehen, d.h. einem hohen Lohnwert (meßbar z.B. in DM je Arbeitsstunde einschließlich Überstundenentgelt) wird in der Regel ein suboptimaler Wohn- und ein möglicherweise niedriger Freizeitwert (meßbar z.B. in qm Naherholungsfläche pro Ew.) und Umweltwert (meßbar z.B. in durchschnittlichen Luft- und Lärmbelastungen pro Arbeitstag) zugeordnet.

Demgegenüber kann in gewerblich weniger verdichteten Regionen mit hohem Wohnwert (meßbar z.B. in verfügbarer Wohn- und Gartenfläche pro 1000 DM Jahresmiete eines festzulegenden Standards) mit guten Freizeitmöglichkeiten (Skifahren/Segeln etc.) ein vergleichsweise niedriger Lohnwert zugeordnet werden.

Die "Meßlatte" unserer weiteren Überlegungen wird unter Berücksichtigung der vorangestellten Ausführungen und der kompensatorischen Effekte von Lohn-, Wohn-, Freizeit- und Umweltwert so definiert, daß Chancengleichheit und gleichwertige Lebens- und Arbeitsbedingungen aus der Sicht der Lebensbedürfnisse der Bevölkerung im Normalfall angegeben sind, wenn negative Entwicklungen bei Lohn-, Wohn-, Freizeit- und Umweltwerten nicht zu interregionalen Wanderungen führen. Andersherum definiert: Wenn - zu Recht - für Chancengleichheit und gleichwertige Lebens- und Arbeitsbedingungen die Lebensbedürfnisse der jeweiligen Menschen ausschlaggebend sind, dann sind nach der hier vertretenen Ansicht die Grundsätze der Raumordnung verletzt, wenn sich aus der Qualität der örtlichen/regionalen Lebens- und Arbeitsbedingungen heraus der "Zwang" zur räumlichen Mobilität ergibt[20)21)].

(2) Die Grundsätze der Raumordnung wurden inzwischen durch das Bundesraumordnungsprogramm (BROP), das seiner Rechtsnatur nach als eine Konkretisierung der Raumordnungsgrundsätze des ROG aufzufassen ist und die Ziele der Raumordnung und Landesplanung auf Landesebene konkretisiert und spezifiziert. Wie Müller zu Recht hervorhebt, lassen sich die Ziele der Raumordnung nur aus dem Gesamtsystem der Grundsätze des § 2 ROG ableiten[22)].

Abgesehen von dem Zonenrandgebiet spricht das ROG von

- Verdichtungsräumen
- ländlichen Räumen und
- zurückgebliebenen Räumen.

Nimmt man als "Meßlatte" für zurückgebliebene Gebiete den Zwang zur räumlichen Mobilität an, weil Chancengleichheit und gesunde Lebens- und Arbeitsbedingungen nicht gegeben sind, dann können sowohl

- Verdichtungsgebiete, z.B. sog. altindustrialisierte Gebiete als auch
- ländliche Gebiete "zurückgeblieben" sein.

Im Sinne einer "raumordnungspolitisch strategischen Aufgabe" ist deshalb zu unterscheiden zwischen:

- Problemgebieten,
- Gebieten, in denen ausreichende Chancengleichheit und gesunde Lebens- und Arbeitsbedingungen bestehen (Gebiete mit "gesunder" Struktur),
- Gebieten, die noch nicht Problemgebiet sind, aber auch nicht mehr über eine "gesunde" Struktur verfügen[23)].

Anders formuliert: es gibt Gebiete, mit deren Entwicklung man unter den Aspekten der gesunden Lebens- und Arbeitsbedingungen sowie der Wirtschafts- und

Sozialstruktur "zufrieden" sein kann und Problemgebiete unterschiedlicher Problemdringlichkeit.

Raumordnung hat nach § 1 ROG die räumlichen Voraussetzungen für die Zusammenarbeit im Europäischen Raum zu schaffen, die Verwirklichung der Wiedervereinigung des gesamten Deutschlands zu fördern und das Bundesgebiet in seiner allgemeinen räumlichen Struktur so zu entwickeln, wie es der freien Entfaltung der Persönlichkeit in der Gemeinschaft am besten dient, wobei die natürlichen Gegebenheiten sowie die wirtschaftlichen, sozialen und kulturellen Erfordernisse zu beachten sind (§ 1 ROG).

Es ist unmittelbar einleuchtend, daß angesichts der unterschiedlichen Situation in den einzelnen Teilräumen der Republik und aufbauend auf den Grundsätzen § 2 (1) - (10) ROG die Ziele der Raumordnung entsprechend zu differenzieren sind. An dieser Stelle kann nicht mit Anspruch auf Vollständigkeit der Katalog der aus heutiger Sicht "reformbedürftigen Regelungen" diskutiert werden, es erscheint jedoch sinnvoll - ausgehend von dem Hintergrund der Beobachtungen und Erfahrungen in den drei Untersuchungsgebieten - an dieser Stelle einige Überlegungen wiederzugeben, die im Abschnitt IV weiter zu vertiefen sind.

Gesunde Lebens- und Arbeitsbedingungen waren sicher beim Gesetzesgeber nie im Sinne von medizinisch "gesund", etwa nach der Definition von Gesundheit der WHO, gemeint. Müller führt aus, daß die "strukturelle Gesundheit" im wesentlichen durch die folgenden - bereits erwähnten - Elemente definiert ist:

"- ausgeglichenes Verhältnis zwischen Bevölkerungszahl und regionaler Tragfähigkeit
  - ausgewogene wirtschaftliche Struktur
  - ausreichende Grundausstattung mit den für die Lebensführung erforderlichen öffentlichen und privaten Einrichtungen
  - angemessene Verdienstmöglichkeiten, Erreichbarkeit der Arbeitsstätten bei vertretbarem Aufwand an Zeit und Geld"[24]

M.E. ergeben sich Möglichkeiten der "Verbesserung" im Hinblick auf die Differenzierung der Beurteilung von "Gebieten". In der Bundesrepublik gibt es nicht nur Verdichtungsräume und ländliche Räume, die entweder "gesund", "zurückgeblieben" oder mit schlechter Umwelt belastet sind. Die laufende Raumbeobachtung unterscheidet:

- Regionen mit großen Verdichtungsräumen
  darunter:
  - altindustrialisierte Teilräume
  - Kernstädte
  - hochverdichtetes Umland

- ländliches Umland

- Regionen mit Verdichtungsansätzen
  darunter: - Kernstädte
  - ländliches Umland

- ländlich geprägte Regionen.
  Vergl. hierzu auch Karte 1 "Siedlungsstrukturelle Gebietstypen der Bundesrepublik Deutschland" und Karte 2 "Kreisgrenzen (Stand: 1.7.1983)"

Angesichts des erheblichen Rückgangs der landwirtschaftlichen Betriebe seit 1960 bis heute[25] hat sich das Dorf soziologisch und siedlungsstrukturell ganz erheblich gewandelt. Wenn das Dorf quasi zum aufgelockerten Siedlungsbereich mit gewerblichen und/oder kaufmännischen Arbeitnehmern als Bewohner geworden ist und darüber hinaus die Versorgung mit Bildungs-, Kultur- und Verwaltungseinrichtungen in den Gemeinden mit zentralörtlicher Bedeutung den "Sättigungsgrad" erreicht, vielfach schon überschritten hat[26], dann ist es dringend erforderlich, sich um die Definition der neuentstandenen Gebietskategorien zu bemühen und daraufhin die Relevanz raumordnungspolitischer Ziele zu überdenken bzw. zu modifizieren[27].

Dies erscheint auch deshalb geboten, weil die heute erkennbare Bevölkerungsentwicklung in den nächsten Jahrzehnten - wie in Abschnitt I bereits dargelegt wurde - vermutlich in einem Ausmaß sich verändern wird, das raumordnungspolitische Programme und Pläne erheblich tangieren wird. (Vgl. hierzu auch Abschnitt IV.)

(3) Fragt man angesichts der nunmehr 22 Jahre währenden Anwendung des Raumordnungsgesetzes nach den Erkenntnissen, die sich aus dieser Anwendung ergeben, sollte man zunächst die "Aufgabenstellung der Raumordnungspolitik als Maßstab der Aufgabenerfüllung" (Lowinski) betrachten[28].

Das Raumordnungsgesetz schuf 1965 in Form der Grundsätze (§ 2 ROG) und des Postulats der Verwirklichung der Grundsätze (§ 4) materielle Vorgaben und institutionalisierte Pflichten (Raumordnungsbericht, § 11 ROG).

1975 wurde mit dem Bundesraumordnungsprogramm[29] der erste Versuch einer koordinierten Raumordnungspolitik zwischen Bund und Ländern gestartet; zugleich sind im Raumordnungsprogramm Ansätze zur verstärkten Integration des Umweltschutzes (gem. § 2.7 ROG) enthalten. Das BROP wurde seinerzeit auf baldige Fortschreibung angelegt, um u.a. der sozialen und wirtschaftlichen Dynamik gerecht zu werden und die Ergebnisse der beabsichtigten Erfolgskontrolle der raum- und siedlungsstrukturellen Entwicklung zur Verbesserung des raumordnungspolitischen Instrumentariums zu nutzen.

Karte 1: Siedlungsstrukturelle Gebietstypen

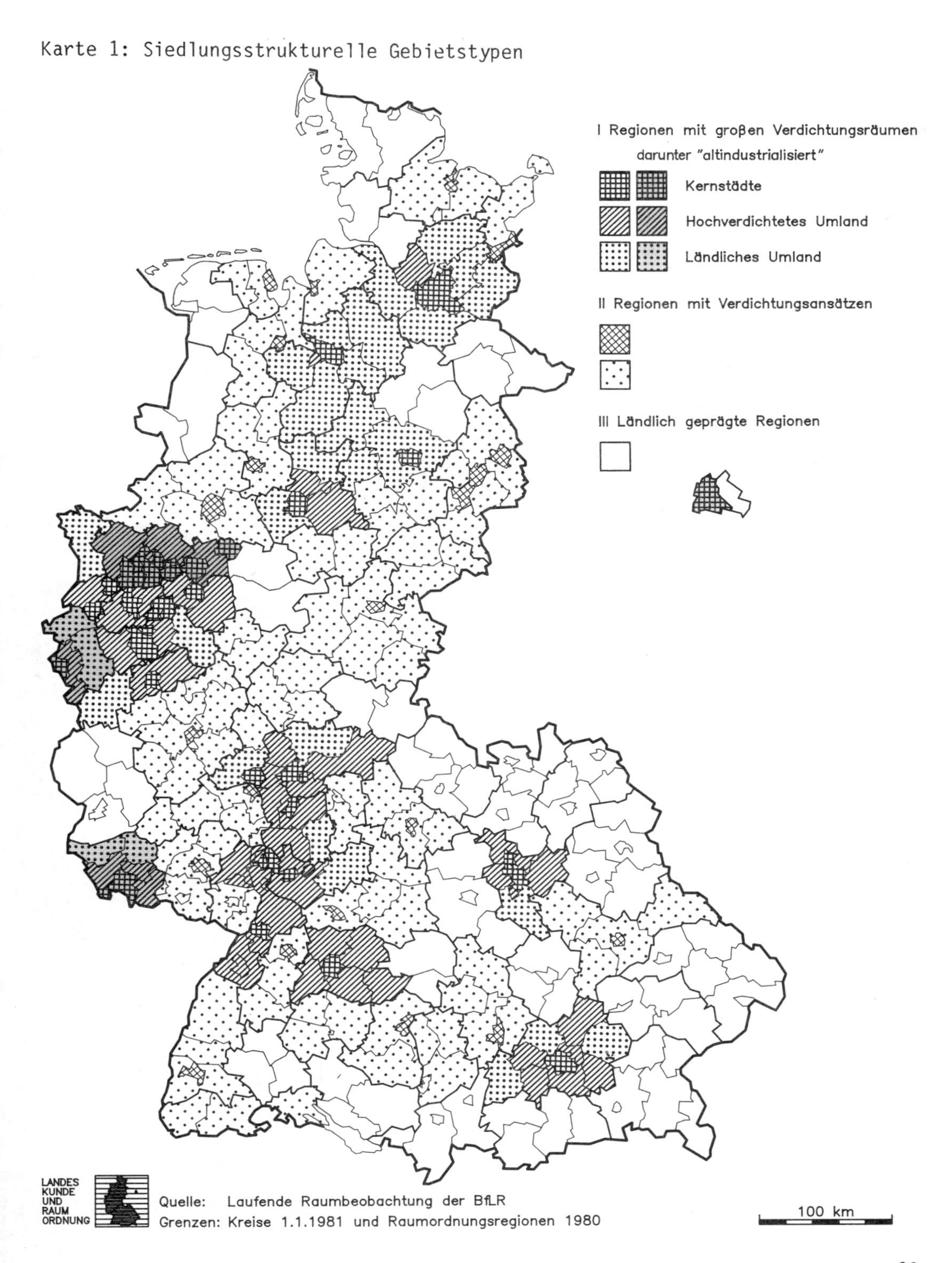

Quelle: Laufende Raumbeobachtung der BfLR
Grenzen: Kreise 1.1.1981 und Raumordnungsregionen 1980

Karte 2: Kreisgrenzenkarte 1.7.1983

Grenze der Bundesrepublik Deutschland

Landesgrenze

Regierungsbezirksgrenze

Kreisgrenze

0 50 100 km

Bundesforschungsanstalt für Landeskunde und Raumordnung

Karte 3: Raumordnungsregionen

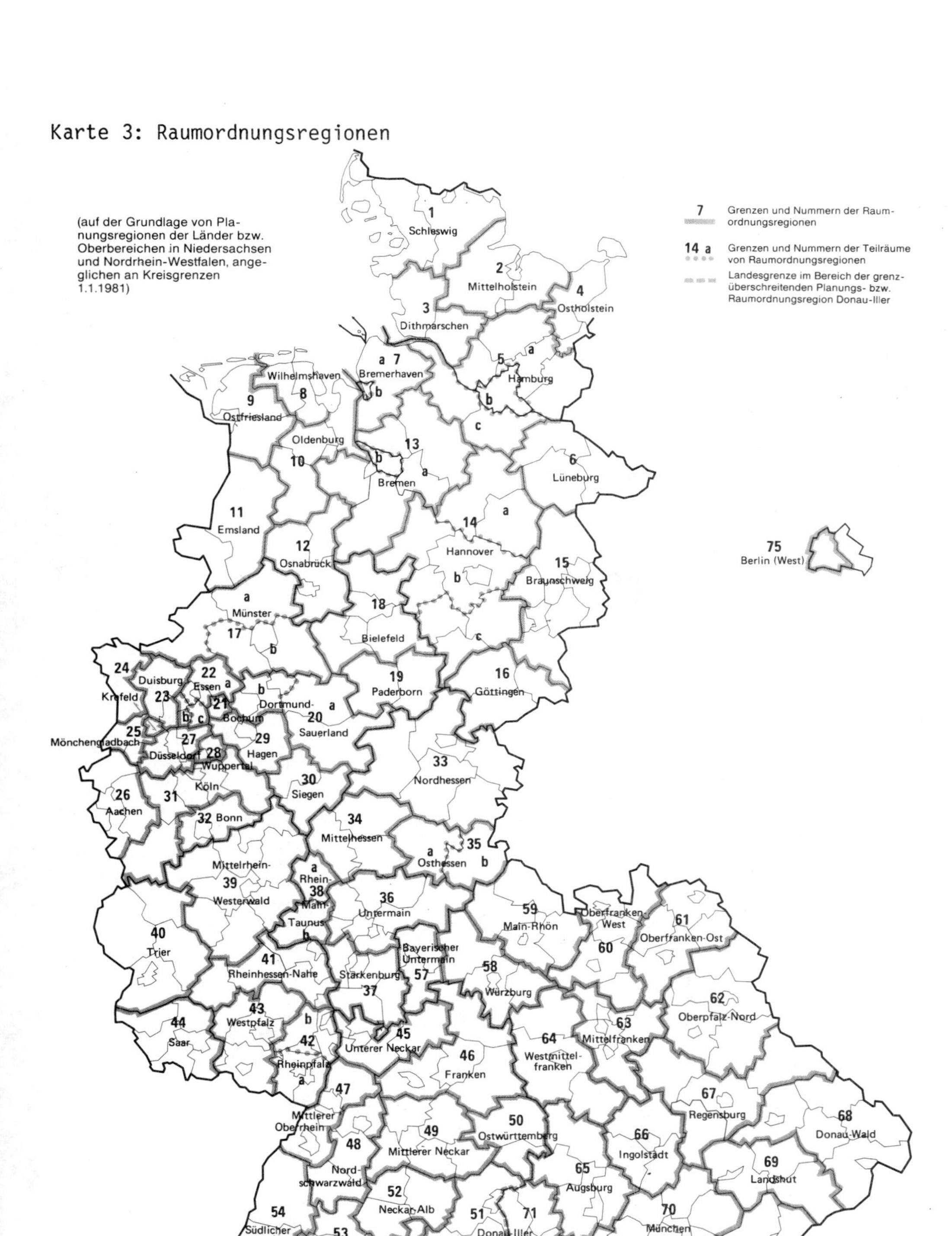

Tab. 12: Siedlungsstruktur der Bundesrepublik Deutschland

Siedlungskulturelle Gebietstypen	Abgrenzungskriterien	Fläche 1985 qkm	Fläche 1985 %	Bevölkerung 1985 in 1000	Bevölkerung 1985 %	E/qkm 1985
* Regionen mit großen Verdichtungsräumen	über 300 E/qkm und/oder OZ über 300 000 E	67 563	27,3	33 884	55,5	502
* darunter "alt-industrialisiert"	"altindustrialisiert", starke Arbeitsplatzverluste, hohe Arbeitslosigkeit, Wanderungsverluste	8 714	3,5	6 702	11,0	769
- Kernstädte	Kreisfreie Städte mit über 100 000 Einwohnern	7 727	3,1	16 367	26,8	2 118
- hochverdichtetes Umland	Umlandkreise mit einem höheren bzw.	28 275	11,4	12 262	20,1	434
- ländliches Umland	niedrigeren Verdichtungsgrad als der Durchschnitt aller Umlandkreise des Regionstyps	31 561	12,7	5 255	8,6	167
* Regionen mit Verdichtungsansätzen	durchschnittlich über 150 E/qkm und i.d.R. ein OZ über 100 000 E	96 253	38,7	17 531	28,7	182
- Kernstädte	Kreisfreie Städte mit über 100 000 Einwohnern	2 884	1,2	3 314	5,4	1 149
- ländliches Umland	Umlandkreise	93 369	37,5	14 216	23,3	152
* ländlich geprägte Regionen	geringe Verdichtung (ca. 100 E/qkm) und kein Oberzentrum über 100 000 E	84 862	34,1	9 635	15,8	114
Bundesgebiet		248 678	100,0	61 049	100,0	245

1) Aktuelle Daten und Prognosen zur räumlichen Entwicklung, hrsg. v. Bundesforschungsanstalt für Landeskunde und Raumordnung, Heft 11/12, Jg. 1985.

Nach der Regierungserklärung vom Mai 1983[30]) hatte die Raumordnungspolitik die Aufgabe, eine bessere Koordinierung der Raumordnung mit der Struktur- und Umweltpolitik herbeizuführen.

In den Programmatischen Schwerpunkten der Raumordnung von 1986[31]) erfolgte eine kritische Reaktion auf:

- die durch die soziale und wirtschaftliche Dynamik hervorgerufene Veränderung der gesellschaftlichen, wirtschaftlichen und umweltrelevanten Rahmenbeziehungen,
- die veränderten gesellschaftlichen Wertvorstellungen, besonders im Hinblick auf den Schutz der natürlichen Lebensgrundlagen,
- neue Engpaßfaktoren, z.B. Bodenschutz, neue Problemräume, z.B. Ruhrgebiet, Saarland, Standorte von Werften.

Zugleich wurde die Absicht deutlich, durch eine Verfeinerung der Verfahren, die Auswirkungen raumrelevanter Maßnahmen ex ante intensiv zu prüfen (ROV/UVP).

An dieser Stelle braucht nicht zu extensiv auf die Defizite der Raumordnungspolitik des Bundes eingegangen zu werden. Einige Stichworte mögen genügen:

- unzureichende Abstimmung und Koordinierung der raumwirksamen Maßnahmen des Bundes (angesichts der Bedeutung des öffentlichen Nah- und Fernverkehrs für die Raumordnungspolitik scheinen z.B. gewisse Entscheidungen der Deutschen Bundesbahn raumordnungspolitisch kontraproduktiv)
- starke Verrechtlichung der Fachplanungen als "Abwehrmittel" gegen Koordinierung
- Defizite an zusammenfassenden Darstellungen der langfristigen und großräumigen raumbedeutsamen Planungen und Maßnahmen, gem. § 3, (1) ROG
- nach Feststellung der Bundesregierung ergeben sich vor allem Probleme für:

  "- Berlin (West) und das Zonenrandgebiet, das sich durch die Teilung Deutschlands in einer ungünstigen Lage am Rand des Bundesgebietes und der Europäischen Gemeinschaften befindet;
  - Ländliche, überwiegend periphere Regionen, in denen ein ausgeprägter Mangel an Arbeitsplätzen im allgemeinen und qualitativ hochwertigen Arbeitsplätzen im besonderen besteht;
  - Verdichtungsräume, überwiegend altindustrialisierte, mit Entwicklungen, welche diese Räume mit überdurchschnittlichen Wachstumsproblemen belasten;
  - Räume mit hoher Umweltbelastung und entsprechendem Sanierungsbedarf. Hierbei handelt es sich nicht nur um die Belastungsgebiete nach § 44

BImSchG, sondern darüber hinaus auch um andere Teilräume mit besonderer Belastung;
- Räume mit hohem Anteil naturnaher Landschaftsstrukturen und natürlicher Ressourcen; sonstige umweltempfindliche Räume;
- land- und forstwirtschaftlich genutzte Flächen;
- Räume mit für den Rohstoffabbau geeigneten Flächen.

- Raumordnerische Bemühungen müssen vorrangig an derartigen ökonomischen und ökologischen Strukturproblemen ansetzen, um einen Ausgleich zur Herstellung gesunder und gleichwertiger Lebensbedingungen zu erreichen. Dies ist allerdings nicht als Nivellierung mißzuverstehen. Ebensowenig sollen dadurch Regionen bestimmte großräumige Funktionen zugewiesen bekommen. Es geht vielmehr darum, die individuellen wirtschaftlichen, ökologischen, geschichtlichen, sozialen und kulturellen Voraussetzungen und Erfordernisse der Räume bei deren Entwicklung zu berücksichtigen und nach Möglichkeit aktiv zu nutzen[32)33)]."

- In fast einem Vierteljahrhundert sind die Grundsätze und Ziele des ROG nicht autorisiert fortgeschrieben worden, obwohl sich deutliche Veränderungen in der Bevölkerung (Geburtenrückgang) und Wirtschaftsentwicklungen (sehr hohe Arbeitslosigkeit, starker struktureller Wandel im Agrar- und Industriebereich mit entsprechend räumlichen Konsequenzen) sowie im Umweltschutz (Waldsterben, Energiepolitik) ergeben haben. Es scheint, als ob der zuständige Fachminister die dadurch entstehenden Konfliktpotentiale nicht wahrnimmt, oder sich nicht zuständig für deren Abbau erachtet und/oder die entsprechenden Maßnahmen dem Wirtschaftsminister bzw. den Ländern überläßt.

In ähnliche Richtungen gehen Überlegungen von W. Hoppe, der kürzlich einen vielbeachteten (und publizierten) Vortrag "Zusammenfassende Übersicht über Vorschläge und Überlegungen zur Novellierung des ROG unter Berücksichtigung der Entstehungsgeschichte des Gesetzes" hielt[34)].

Hoppe sieht als besonders klärungsbedürftig (und damit als Gegenstand einer Novellierung des ROG):

- die Frage, ob es nicht zweckmäßig sei, bei Zielkonflikten eine Kollisionsnorm verfügbar zu haben, wie die der Entscheidung der MKRO "Raumordnung und Umweltschutz" aus dem Jahr 1972, die lautet: "Bei Zielkonflikten muß dem Umweltschutz dann Vorrang eingeräumt werden, wenn eine wesentliche Beeinträchtigung der Lebensverhältnisse droht oder die langfristige Sicherung der Lebensgrundlagen der Bevölkerung gefährdet ist..."
- die Frage, ob Raumordnungs-Grundsätze tatsächlich prinzipiell gleichwertig sind,

- die Notwendigkeit einer gesetzlichen Verankerung des Bodenschutzes (z.B. als Ergänzung zu § 2, (1), 7),
- die Sicherung der Rohstoffversorgung,
- die Frage, ob es nicht zweckmäßig sei, Begriffe wie "zurückgebliebene Gebiete" und "überlastete Verdichtungsräume" durch die Bundesregierung zu bestimmen, da in der Praxis geeignete Abgrenzungsmerkmale nicht verfügbar seien,
- die Notwendigkeit einer Intensivierung der grenzüberschreitenden Planung.

Angesichts der Ergebnisse meiner empirischen Untersuchungen "vor Ort" in den drei ausgewählten Untersuchungsräumen Nordostoberfranken, Ruhrgebiet, Saarland erschien es zweckmäßig, die hier vorgetragenen Überlegungen - gewissermaßen als gemeinsamen Ausdruck vor der Klammer - im Rahmen einer "Grundlegung" voranzustellen.

Im folgenden soll nun auf die räumlichen Details eingegangen werden, die das in diesem Abschnitt gezeichnete abstrakte Bild mit empirischen Details ergänzen.

III. Wechselwirkungen zwischen Umweltschutz und Raumordnung/Landesplanung, dargestellt an Beispielen

Vorbemerkung

Bei der Inangriffnahme der ausgesprochenen schwierigen Aufgabe, Wechselwirkungen zwischen Umweltschutz und Raumordnung/Landesplanung ex post zu erfassen und so darzustellen, daß sinnvolle Folgerungen für das künftige Zusammenwirken dieser beiden Aufgabenbereiche definiert werden können, waren sich das Präsidium der ARL und der Verfasser darüber einig, daß es zweckmäßig sei, sich um wichtige Problemräume dieser Republik zu bemühen. Deshalb kam es zur Auswahl von Nordostoberfranken, dem engeren Ruhrgebiet und dem Saarland.

Nordostoberfranken ist stark durch Luftverschmutzung belastet, die Wirtschaftskraft ist infolge der schwierigen Umstrukturierungsprobleme und der peripheren Lage Ursache für erhebliche Abwanderungen; das Ruhrgebiet hat zwar "blauen Himmel über der Ruhr", aber trotzdem erhebliche Immissionsbelastungen und alle Schwierigkeiten eines altindustrialisierten Gebietes, das die Umstrukturierung nicht rechtzeitig und nicht ausreichend geschafft hat; das Saarland ist nach dem Ruhrgebiet mit rd. einem Drittel der Bevölkerung des Ruhrgebietes (auf fast gleicher Fläche) als altindustrialisiertes Gebiet mit Kohle schlechter Qualität und nicht wettbewerbsfähigen Stahlprodukten vor allem im Bereich des Industriegürtels zwischen Völklingen, Saarbrücken und

Neunkirchen aufgrund seiner wirtschaftlichen Situation und der starken Immissionsbelastungen wirtschaftlich, landesplanerisch und umweltpolitisch nach dem engeren Ruhrgebiet Problemfall Nummer zwei der Republik.

Zu den Grunddaten der drei ausgewählten Untersuchungsräume, vgl. Tab. 13 sowie die Karte 4 (Schwefeldioxidimmission1979 - 1984, Langzeitwert), Karte 5 (Schwefeldioxidimmission 1979 - 1984, Kurzzeitwert), Karte 6 (Stickoxidimmission 1979 - 1984, Langzeitwert), Karte 7 (Stickoxidimmission 1979 - 1984, Kurzzeitwert)[1], die besonders eindrucksvoll die Immissionen der drei Untersuchungsräume erkennen lassen.

Die Auswahl der Untersuchungsräume gibt die Chance, die Probleme des Umweltschutzes, vor allem die Belastung der Luft, des Wassers, des Bodens und ihrer Konsequenzen für Menschen, Tiere und Pflanzen in ihren Beziehungen zur Raumordnung/Landesplanung dort zu untersuchen, wo sich wirtschaftliche Notwendigkeiten und ökologische Erfordernisse besonders hart im Raum stoßen.

Gleichwohl muß einleitend deutlich gemacht werden, daß es nicht die Absicht des Verfassers ist, die Entwicklung von Umweltpolitik und Raumordnung/Landesplanung der letzten 10 Jahre historisch detailliert nachzuzeichnen. Dies mag einer anderen Untersuchung vorbehalten bleiben. Es liegt auch nicht in der Absicht dieser Untersuchung, die Erwerbsbevölkerung der Untersuchungsräume detailliert den einzelnen Wirtschaftsbereichen zuzuordnen. Angesichts der Misere der amtlichen Statistik ist das gar nicht möglich. Es sollte aber deutlich sein, daß es auch gar nicht angestrebt wird, weil in diesem Kapitel beispielhaft an den drei Problem-Regionen der Republik versucht werden soll aufzuzeigen, welche Erfordernisse sich künftig für ein verbessertes Zusammenwirken zwischen Umweltschutz und Raumordnung/Landesplanung ergeben und wie man das Problem der Abwägung zwischen wirtschaftlichen Zielen und ökologischen Belangen in den Griff bekommen kann[2].

In dieser Arbeit geht es daher um die Frage, was kann man aus der Vergangenheit lernen, um es in Zukunft "besser" zu machen[3]. Obwohl bei einer Vielzahl von Gesprächen, z.T. auch auf Ministerebene[4], eine Fülle von Details zusammengetragen werden konnte, sollen diese Details in diesem Rahmen nicht behandelt werden. Sie sind wichtig als Hintergrundinformationen. Für diese Untersuchung wichtig erscheint nur die "generelle" Linie, die Frage nach dem Stellenwert von Umweltschutz und Raumordnung/Landesplanung in der täglichen Arbeit vor Ort, die jeweilige Durchsetzungs- und Überzeugungskraft bei schwierigen Investitionsprojekten bzw. die Frage: wie kann man Durchsetzungs- und Überzeugungskraft erhöhen, um Raumordnung/Landesplanung und Umweltschutz künftig im Gefüge unserer Werteordnung mehr Gewicht zu geben.

Tab. 13: Einwohner und Flächen in den Untersuchungsräumen im Jahr 1983

	St./Lkrs.		km^2	EW in Tsd.	EW/Fläche
I. Nordost-oberfranken	St.	Hof	58	52	908
	Lkrs.	Hof	892	108	121
	Lkrs.	Wunsiedel	606	91	150
	St.	Bayreuth	67	71	1067
	Lkrs.	Bayreuth	1274	96	75
	Lkrs.	Kulmbach	656	74	113
Insgesamt			3553	493	139
II. NRW/KVR	St.	Duisburg	233	536	2300
	St.	Oberhausen	77	225	2922
	St.	Mülheim	91	176	1934
	St.	Bottrop	101	113	1119
	St.	Essen	210	632	3009
	Lkrs.	Reckling-hausen	760	626	824
	St.	Gelsen-kirchen	105	293	2790
	St.	Herne	51	176	3450
	St.	Bochum	145	389	2683
	St.	Dortmund	280	590	2107
Insgesamt			2053	3756	1829
III. Saarland	St.	Saar-brücken	411	359	873
	Lkrs.	Saarlouis	457	205	337
	Lkrs.	Merzig-Wadern	555	99	179
	Lkrs.	Sankt-Wendel	476	89	188
	Lkrs.	Neunkirchen	250	148	592
		Saar-Pfalz-Kreis	241	151	358
Insgesamt			2390	1052	440
IV. 1. Insgesamt			7996	5301	
2. Bundesrepublik insgesamt			248 687	61 307	246
3. Anteil der Untersuchungsräume an der Bundesrepublik Deutschland			3,2 %		8,6 %

Quelle: Diercke, Lexikon Deutschland, Braunschweig 1985.

Karte 4: Schwefeldioxidimmissionen 1979-1984

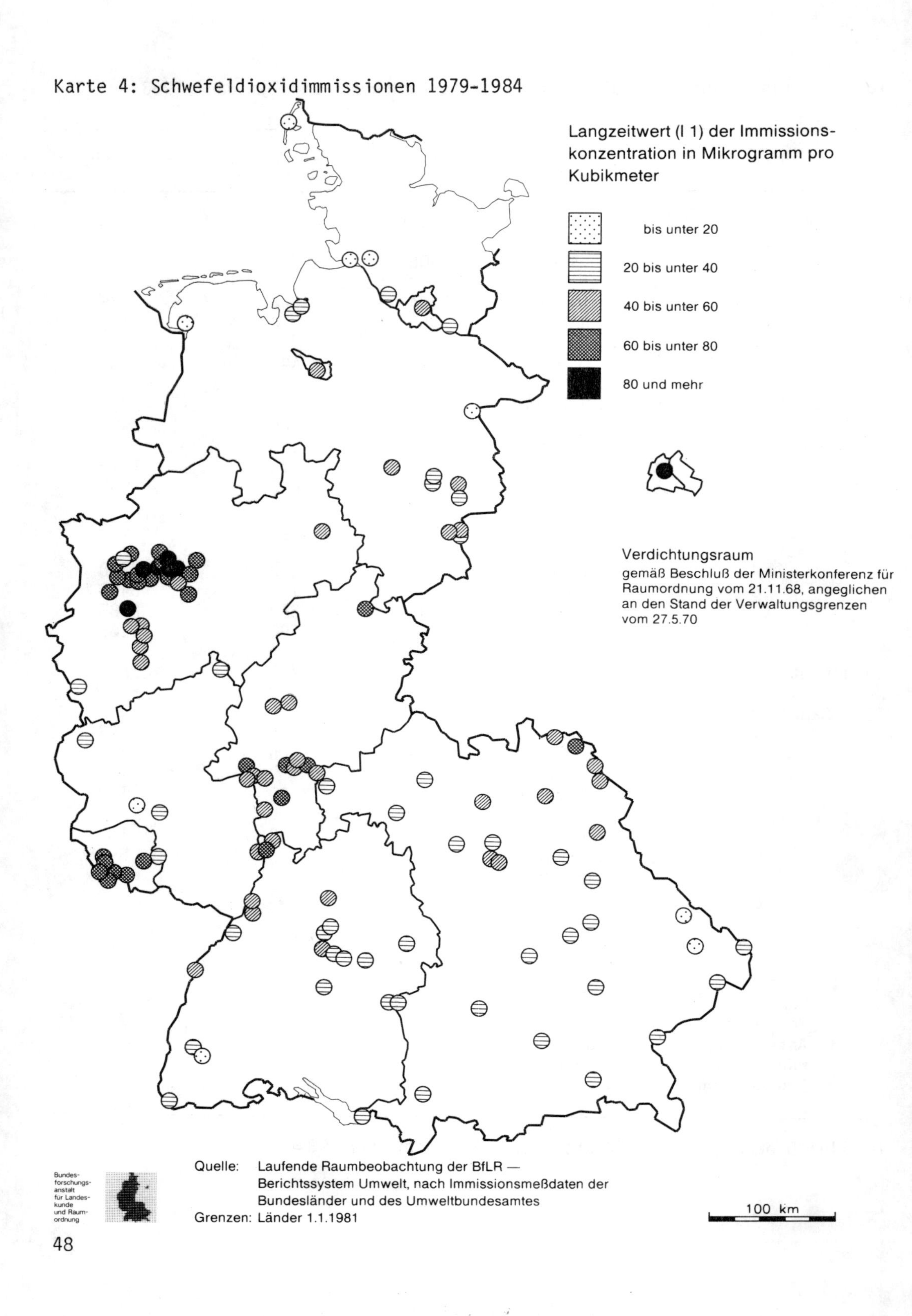

Quelle: Laufende Raumbeobachtung der BfLR — Berichtssystem Umwelt, nach Immissionsmeßdaten der Bundesländer und des Umweltbundesamtes
Grenzen: Länder 1.1.1981

Karte 5: Schwefeldioxidimmissionen 1979-1984

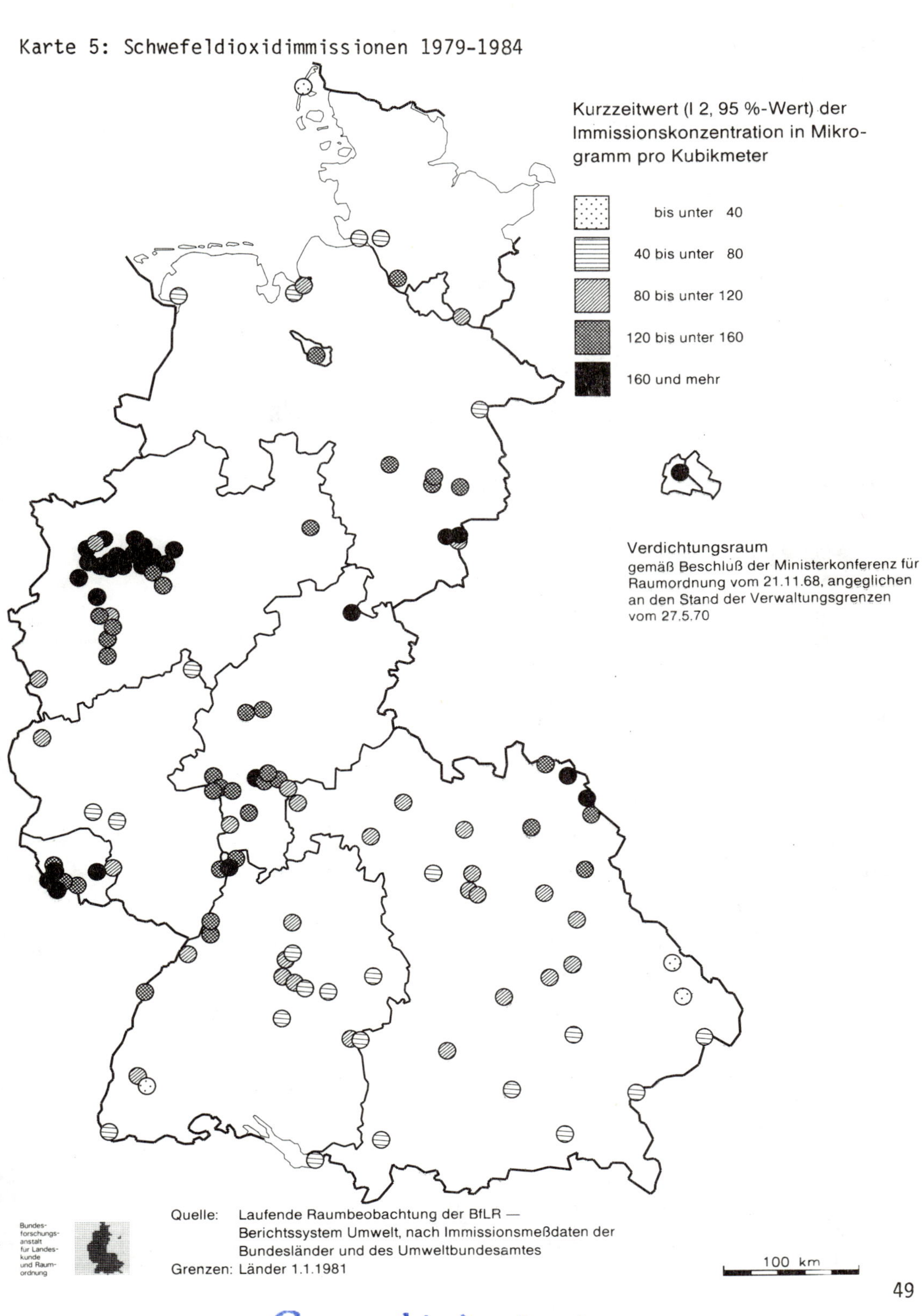

Karte 6: Stickoxidimmissionen 1979-1984

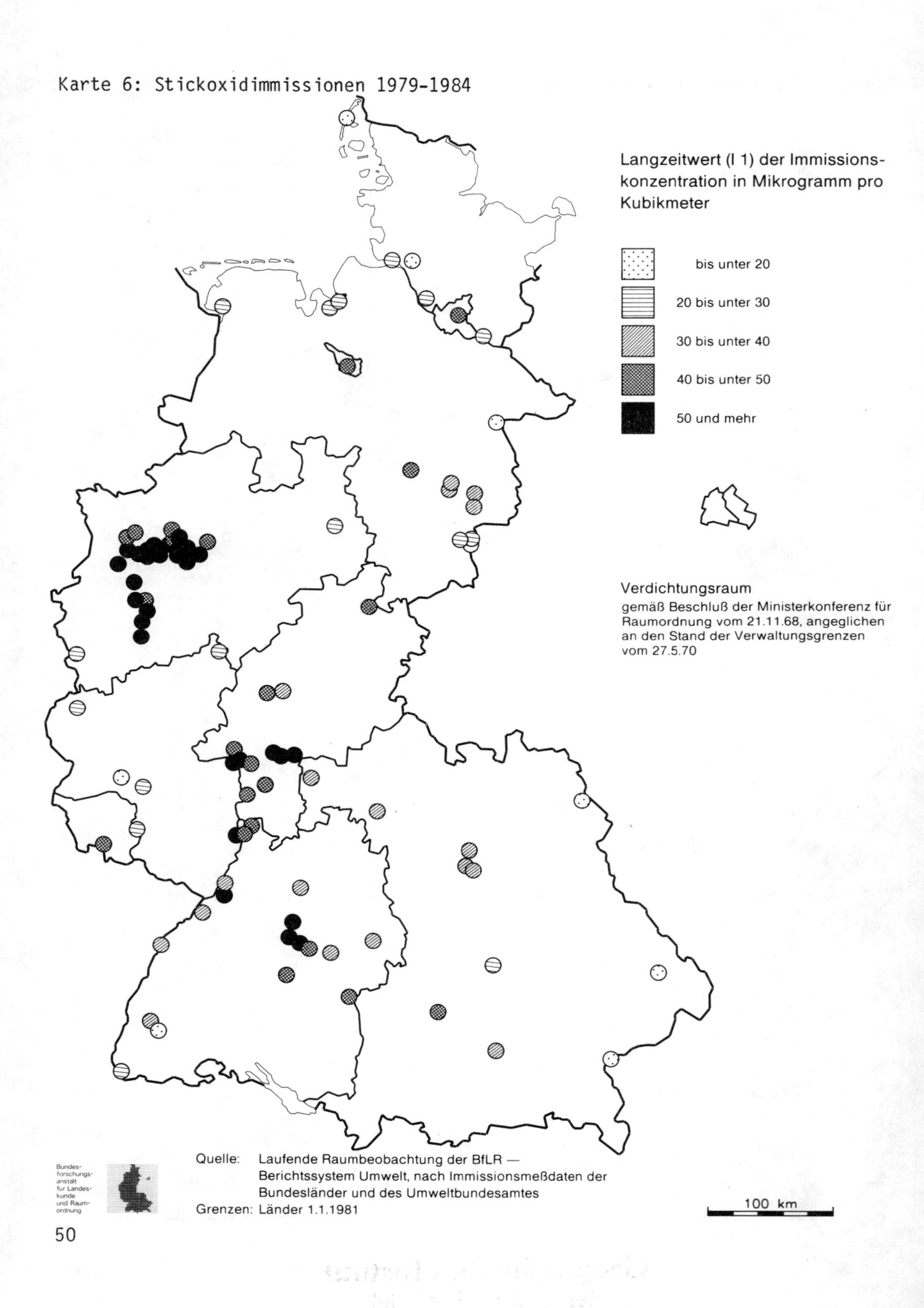

Quelle: Laufende Raumbeobachtung der BfLR — Berichtssystem Umwelt, nach Immissionsmeßdaten der Bundesländer und des Umweltbundesamtes
Grenzen: Länder 1.1.1981

Karte 7: Stickoxidimmissionen 1979-1984

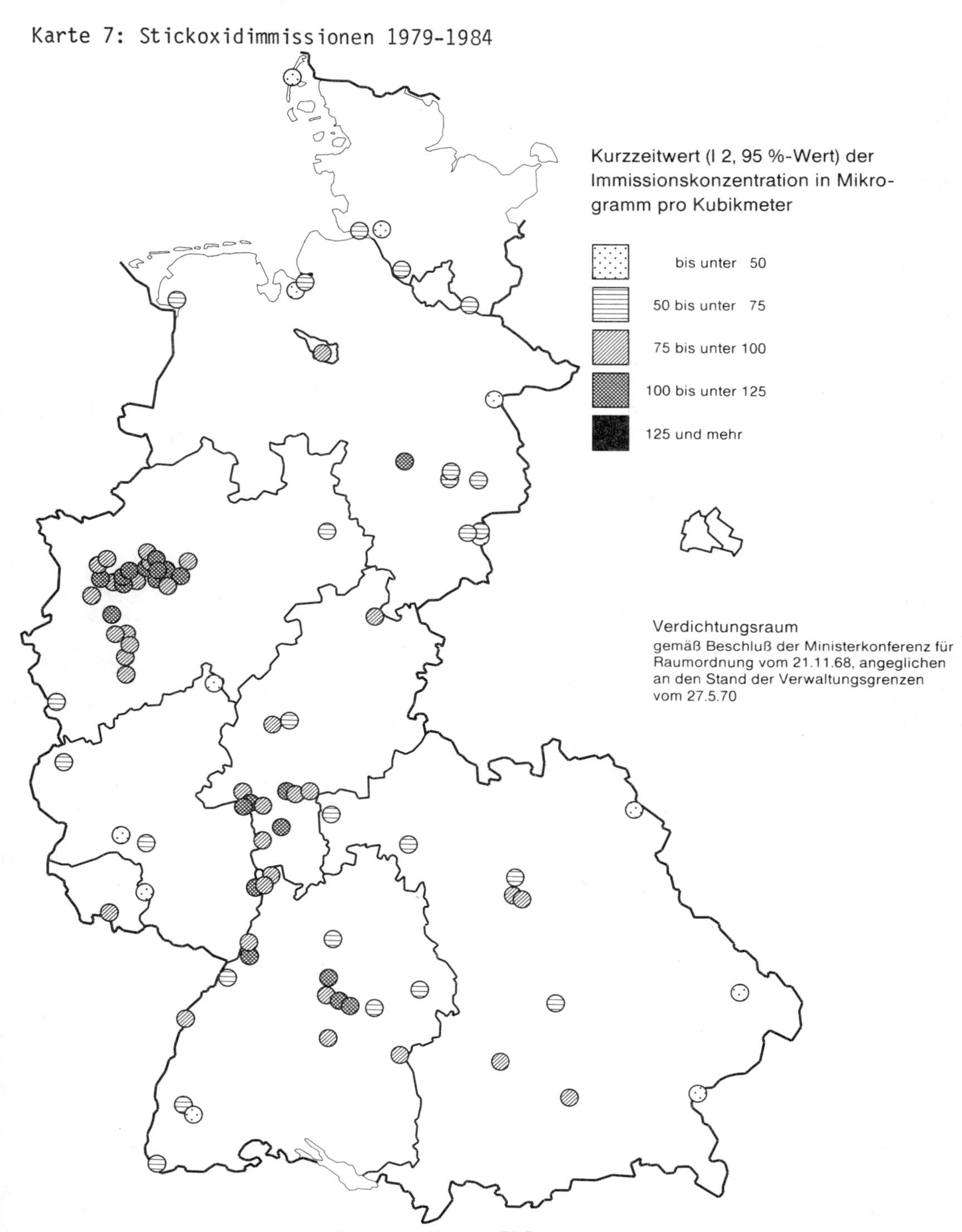

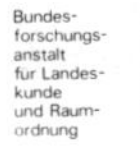

Quelle: Laufende Raumbeobachtung der BfLR — Berichtssystem Umwelt, nach Immissionsmeßdaten der Bundesländer und des Umweltbundesamtes
Grenzen: Länder 1.1.1981

1. Nordostoberfranken

Nordostoberfranken ist identisch mit der bayerischen Planungsregion 5, die mit den Stadt- und Landkreisen Hof und Bayreuth, den Landkreisen Kulmbach und Wunsiedel der Raumordnungsregion 61 entspricht, und auch als Oberfranken Ost bezeichnet wird.

1.1 Geographische Lage

Der Untersuchungsraum Nordostoberfranken umfaßt Stadt- und Landkreis Bayreuth, Stadt- und Landkreis Hof, den Landkreis Kulmbach sowie den Landkreis Wunsiedel, wie bereits erwähnt. Das Gebiet wird begrenzt im Norden durch den Frankenwald, im Nordnosten durch das Estergebirge, im Südosten und Süden durch das Fichtelgebirge, das einen hufeisenförmigen, nach Nordosten geöffneten Gebirgsrücken (über 1000 m Höhe) mit reinen Fichtenwäldern bildet (wobei auf den Kammhöhen des Hohen Fichtelgebirges die Grenzen des Landkreises Wunsiedel verlaufen), im Südwesten und Westen durch die Fränkische Schweiz/Veldensteiner Forst.

1.2 Demographische, wirtschaftliche und verkehrliche Ausgangslage

Tab. 13 zeigt, daß auf der rd. 3550 km^2 umfassenden Fläche des Untersuchungsraumes rd. 493 000 Menschen leben, die ihr Einkommen aus der (kargen) Landwirtschaft (Kartoffeln, Sommergerste, Rinderzucht), der Industrie durch die Produktion von elektronischen Geräten, Zigaretten, Bademoden, Ferngläser (Stadt Bayreuth), Erzeugnissen der Elektrotechnik, vom Maschinenbau, der Textil-, Glas- und Porzellanindustrie (Landkreis Bayreuth), berühmten Brauereien (Landkreis Kulmbach), der Metallindustrie (Stadt Hof) sowie den tertiären Sektoren (Verwaltung, Bildung, Kultur und Fremdenverkehr) beziehen.

Schwerpunkt der Textilindustrie ist die Stadt Hof, die den Beinamen "Stadt der Spindel" bzw. "Bayerisches Manchester" besitzt, während im Landkreis Wunsiedel etwa ein Drittel der Erwerbstätigen in der Porzellanindustrie arbeitet. (Weltweit bekannte Firmennamen wie Hutschenreuter, Philipp Rosenthal u.a.) Eisen-, Stahl- und Elektroindustrie haben eine vergleichsweise kurze Tradition, während die chemische Fabrik Marktredwitz[5)], die Steinindustrie (Verarbeitung von Granit) und die Zinngießerei eine lange Tradition haben.

Der Fremdenverkehr ist bedeutungsvoll für die Stadt und den Landkreis Bayreuth, den Landkreis Hof, die Landkreise Kulmbach und Wunsiedel. Bei dem Bemühen, den Fremdenverkehr auszubauen, wirken alle Meldungen über Luftbelastungen und daraus abzuleitende Atemwegserkrankungen kontraproduktiv. So kommt es zu einem gewissen Dilemma. Einerseits muß man auf die Belastungen hinweisen, um politische Hilfen aus München und Bonn zu erhalten, andererseits soll möglichst wenig darüber geredet werden, um nicht die "Fremden" abzuschrecken.

Verkehrlich ist der Untersuchungsraum durch die Eisenbahn gut erschlossen, die in Marktredwitz, Landkreis Wunsiedel einen wichtigen Kreuzungspunkt der Hauptbahnstrecken Paris - Nürnberg - Prag und Kopenhagen - München - Rom hat. Das Netz der Bundesstraßen ist hinreichend ausgebaut und wird durch die Autobahn A 9 München - Nürnberg - Hof ergänzt. Besonders in der Stadt Hof sowie in den Landkreisen Hof und Wunsiedel wird von den Vertretern der "exportierenden" Betriebe das Fehlen einer Autobahnanknüpfung an den Würzburger und Frankfurter Raum, also eine schnelle West-Anbindung bedauert.

1.3 Indikatoren der Laufenden Raumbeobachtung

Die Laufende Raumbeobachtung der BFLR hat für die Raumordnungsregionen der Bundesrepublik eine Reihe von sehr wichtigen Indikatoren 1981 und 1985 veröffentlicht. Diese Indikatoren werden nachfolgend (für jeden Untersuchungsraum) wiedergegeben und den Indikatoren für die Bundesrepublik bzw. das jeweilige Bundesland (hier also Bayern) gegenübergestellt. Sie sprechen weitgehend für sich (s. Tab. 14).

Es erscheint sinnvoll, aus der Tab. 14 folgende Indikatoren besonders zu betrachten:

a) Wanderungssaldo je 1000 Ew.
b) Arbeitslosenquote
c) Dauerarbeitslosigkeit
d) Ältere Arbeitslose
e) Binnenwanderungssaldo der Erwerbspersonen
f) Siedlungsdichte
g) Bebaute Fläche
h) Freifläche in m^2 je Ew.
i) Naturnahe Fläche in m^2 je Ew.

(Zur Definition dieser Indikatoren, vergl. S. 232 im Anhang).

Konzentriert man sich auf diese, m.E. wichtigsten Indikatoren, so ist festzustellen:

zu a) Wanderungssaldo
Der Wanderungssaldo ist in allen drei Untersuchungsräumen negativ, in Oberfranken-Ost sogar stärker als im Saarland.

Tab. 14: Indikatoren der Laufenden Raumbeobachtung 1985

	BRD	Bayern	Oberfranken-Ost (ROR 61)
Bevölkerungsstruktur und -entwicklung			
- Bevölkerungsbestand in 1000	61 049	10 958	490,0
- Bevölkerungsdichte (E je qkm)	245,0	155,0	138,0
- natürliche Zuwachsziffer	- 1,8	- 1,0	- 5,5
- Wanderungssaldo je 1000 Einwohner	- 2,4	- 0,1	- 1,6
- Abhängigkeitsverhältnis	42,9	43,3	47,0
- Ausländerquote	7,2	6,1	3,2
- Erwerbsfähigenquote	70,0	69,8	68,0
Arbeitsplatzangebot und -qualität			
- abhängig Beschäftigte je 1000 Erwerbsfähige	477,0	489,0	515,0
- Industriebeschäftigte je 1000 Erwerbsfähige	162,0	170,0	221,0
- Beschäftigte im sekundären Sektor	48,6	51,2	59,7
- Beschäftigte im tertiären Sektor	50,3	47,4	39,3
- offene Stellen je 1000 Arbeitslose	43,0	56,0	23,0
- Beschäftigte ohne abgeschlossene Berufsausbildung	36,1	36,4	39,2
- Beschäftigte mit hochqualifizierter Berufsausbildung	4,7	4,6	2,4
- Verdienstmöglichkeiten in der Industrie	3 512	3 230	2 584
Arbeitsmarktsituation und Arbeitsmarktwanderer			
- Arbeitslosenquote	10,5	9,4	11,6
- Dauerarbeitslosigkeit	29,0	18,0	25,0
- ältere Arbeitslose	42,0	35,0	40,0
- Binnenwanderungssaldo der Erwerbspersonen	0,0	1,4	- 0,1
- Binnenwanderungssaldo der 25- bis unter 30jährigen	0,0	4,0	6,9
wirtschaftliche Leistungskraft und kommunale Finanzen			
- Bruttowertschöpfung in DM je Einwohner	25 337	24 539	23 701
- Steuereinnahmen in DM je Einwohner	911,0	905,0	723,0
- Gewerbesteuern (netto) der Gemeinden in DM je Einwohner	395,0	393,0	260,0
- Einkommensteueranteil der Gemeinden in DM je Einwohner	400,0	392,0	360,0
- Schlüsselzuweisungen in DM je Einwohner	252,0	190,0	248,0
- Zuweisungen für Investitionen in DM je Einwohner	166,0	180,0	191,0
Ausbildungsangebot und Bildungswanderer			
- Quartanerquote	58,0	50,0	50,2
- Studienplätze für Erstsemester	34,6	35,7	36,5

	BRD	Bayern	Oberfranken-Ost (ROR 61)
- betriebliche Ausbildungsplätze	92,7	93,3	90,5
- junge Arbeitslose	55,0	38,0	54,0
- Binnenwanderungssaldo der 18- bis unter 25jährigen	0,0	6,6	- 2,2
Wohnungsbau- und Siedlungstätigkeit			
- fertiggestellte Wohnungen je 1000 Wohnungen des Bestandes	14,9	16,7	10,8
- Anteil neu erstellter Wohngebäude mit 1 oder 2 Wohnungen	86,9	91,4	92,4
- Anteil neu erstellter Wohngebäude mit 3 und mehr Wohnungen	13,1	8,6	7,6
- Baulandpreise in DM je qm	117,0	124,0	57,0
- Binnenwanderungssaldo der Familienwanderung	0,0	1,5	1,4
medizinische Versorgung			
- Einwohner je Arzt in freier Praxis	892,0	868,0	1 126
- Einwohner je Facharzt	797,0	883,0	1 180
- planmäßige Betten für Akutkranke je 10 000 Einwohner	76,0	72,0	63,0
- Betten je 100 Krankenhausärzte	623,0	648,0	695,0
Wasserversorgung			
- Anschlußgrad an zentrale Wasserversorgung	97,3	95,9	97,2
- spezifischer Wasserverbauch in Liter je Einwohner	204,0	199,0	180,0
- Grundwasseranteil der Trinkwasserversorgung	72,4	94,8	97,7
- Grundwasseranteil der Industrie	27,6	42,0	38,5
- Eigengewinnungsanteil der Industrie	90,5	85,8	77,2
Abwasserbeseitigung			
- Anschlußgrad der Eiwohner an öffentliche Kläranlagen	80,4	74,8	81,1
- Anteil biologisch behandelten öffentlichen Abwassers	84,3	87,0	65,8
- Anteil behand. abgel. ind. Abwassers	23,7	19,7	21,2
- Anteil behandelter Indirekteinleitungen	16,5	15,1	31,4
- biolog. beh. Abwasser der Industrie	24,9	13,1	0,3
Abfallbeseitigung			
- Anschlußgrad an Deponien	72,0	65,8	100,0
- Anschlußgrad an Müllverbrennungsanlagen	24,9	31,5	0,0
- Hausmüllaufkommen in kg je Einwohner	375,0	288,0	259,0
- deponierte Abfallmenge in t je ha	8,3	4,3	4,0
natürliche Umweltbedingungen			
- Siedlungsdichte	1 960	1707	1 649
- bebaute Fläche	0,13	0,09	0,09
- Freifläche je qm je Einwohner	3 623	5 948	6 707
- naturnahe Fläche in qm je Einwohner	1 344	2 381	2 876

zu b) Arbeitslosenquote
Die Arbeitslosenquote ist in Oberfranken-Ost 1981 höher als im Ruhrgebiet, aber niedriger als im Saarland; 1985 liegt sie zwischen dem Saarland und dem Ruhrgebiet.

zu c) Dauerarbeitslosigkeit
Dauerarbeitslosigkeit ergibt sich immer aus Unterschieden zwischen Angebot und Nachfrage von bzw. nach spezifischen Qualitätsprofilen. In Oberfranken-Ost hat sich dabei eine sehr beachtliche Steigerung von 10,0 auf 25,0 ergeben, die zwar deutlich unter der des Ruhrgebietes liegt, aber über der Steigerungsrate des Saarlandes ist.

zu d) Ältere Arbeitslose
Dieser Indikator gibt Hinweise darauf, wie schwerwiegend das Arbeitslosenproblem ist. Es wird transparent bei einem Vergleich der Zahlen für das Bundesgebiet, Bayern, Oberfranken-Ost, Ruhrgebiet und Saarland.

zu e) Binnenwanderungssaldo der Erwerbspersonen
Ein hoher Negativsaldo bei den Binnenwanderungen zeigt oft ein nicht ausreichendes und wenig attraktives Arbeitsplatzangebot an. Vergleicht man für Oberfranken-Ost Arbeitslosenquote, Dauerarbeitslosigkeit, Aktive Arbeitslose und Binnenwanderungssaldo, dann entsteht der Eindruck, daß die mobilen, beweglichen Arbeitskräfte bereits abgewandert sind und die mehr bodenständigen Arbeitnehmer teilweise arbeitslos sind, und zwar, wie aus der Tabelle hervorgeht, deutlich über dem bayerischen Durchschnitt. Die bayerischen Wanderungsbewegungen werden sehr anschaulich in den vier folgenden Karten dargestellt.

zu f) Siedlungsdichte
zu g) Bebaute Fläche
zu h) Freifläche
zu i) Naturnahe Fläche

Bei allen vier Indikatoren hat die Region Oberfranken-Ost im Vergleich zu den anderen Untersuchungsräumen, auch im Hinblick auf den bayerischen Durchschnitt, sehr gute Werte. Wäre die Smog-Belastung durch grenzüberschreitende Luftverfrachtungen nicht, könnte m.E. zweifellos von beachtlichen Aktivposten gesprochen werden, die - zumindest teilweise - negative Indikatoren auszugleichen in der Lage sind.

Ohne auf die bekannte Diskussion über Gleichwertigkeit und Gleichheit der Lebensbedingungen, ohne auch den Erfolg oder Mißerfolg des Abbaus von Disparitäten in Oberfranken an dieser Stelle diskutieren zu wollen, kann festgestellt werden, daß Vorteile des "ländlichen Raumes" zweifellos sind:

Karte 8

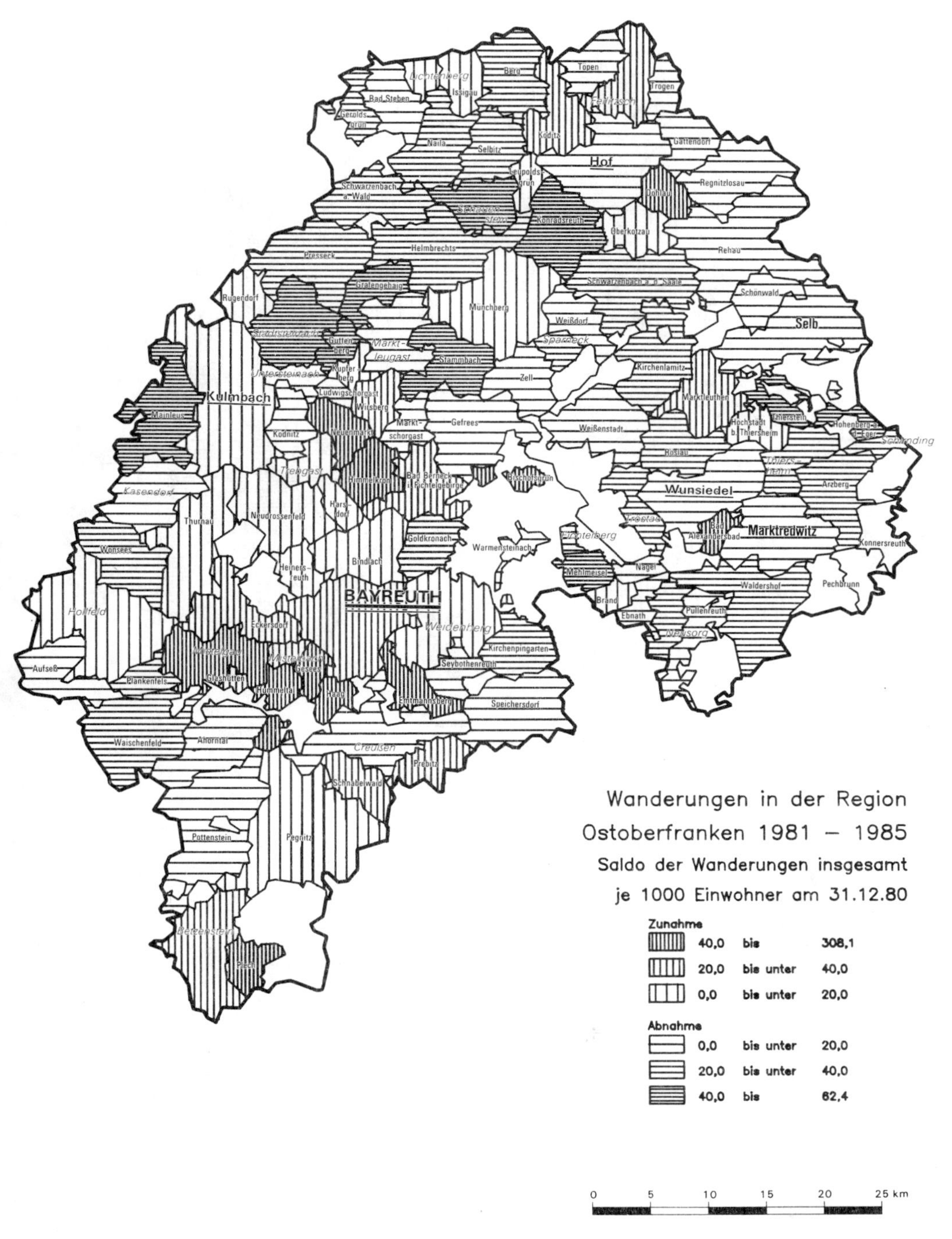

Herausgeber: Bayerisches Staatsministerium für Landesentwicklung und Umweltfragen

Karte 9

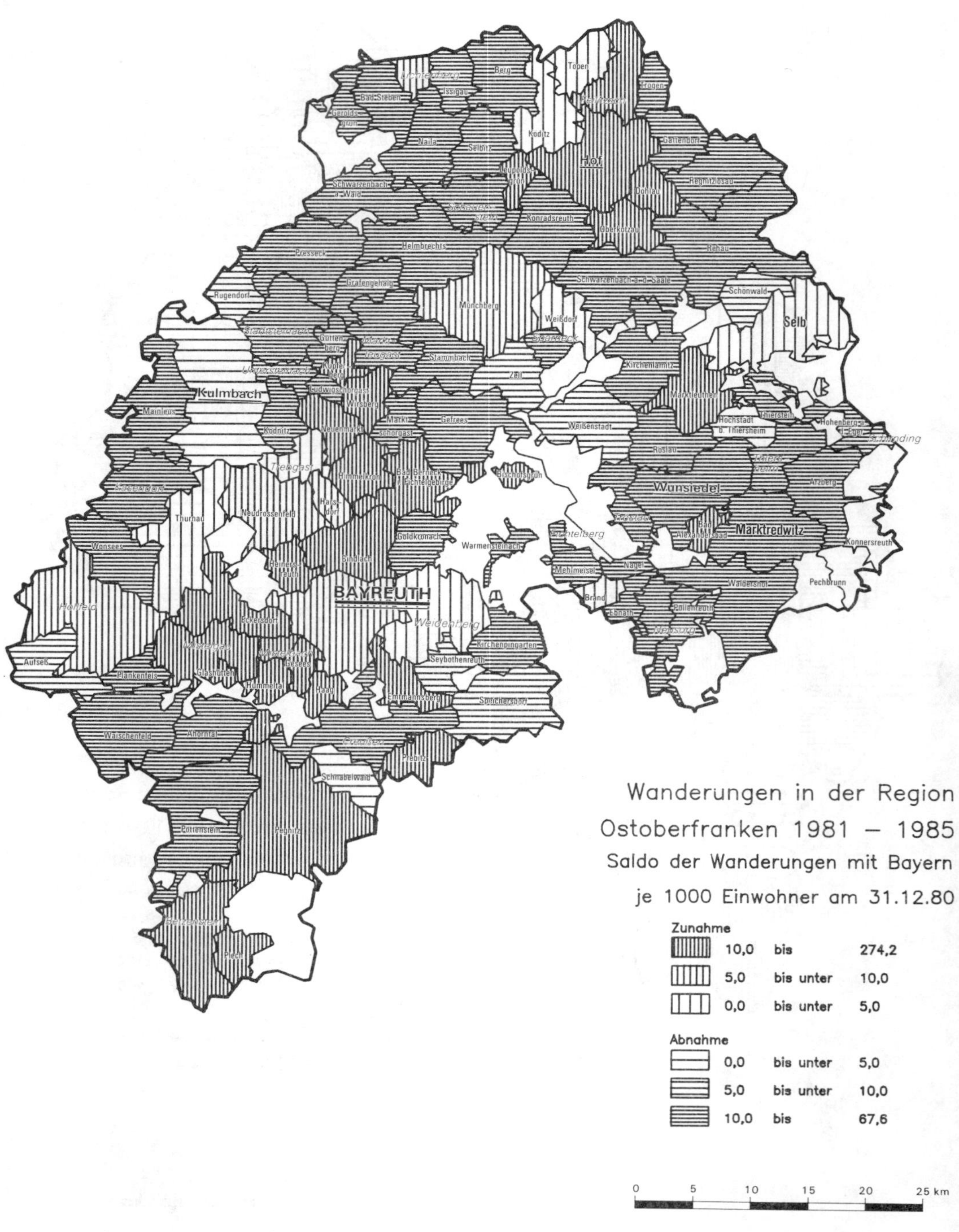

Wanderungen in der Region
Ostoberfranken 1981 – 1985
Saldo der Wanderungen mit Bayern
je 1000 Einwohner am 31.12.80
Zunahme
10,0 bis 274,2
5,0 bis unter 10,0
0,0 bis unter 5,0
Abnahme
0,0 bis unter 5,0
5,0 bis unter 10,0
10,0 bis 67,6
0 5 10 15 20 25 km
Herausgeber: Bayerische Staatsministerium für Landesentwicklung und Umweltfragen
Hof
Kulmbach
BAYREUTH
Wunsiedel
Marktredwitz
Selb
Naila
Selbitz
Bad Steben
Issigau
Berg
Töpen
Trogen
Köditz
Gattendorf
Regnitzlosau
Döhlau
Oberkotzau
Konradsreuth
Schwarzenbach a. Wald
Helmbrechts
Presseck
Grafengehaig
Rugendorf
Münchberg
Weißdorf
Schwarzenbach a. d. Saale
Schönwald
Rehau
Stammbach
Zell
Kirchenlamitz
Marktleuthen
Weißenstadt
Hochstadt b. Thiersheim
Thierstein
Hohenberg a. d. Eger
Röslau
Arzberg
Konnersreuth
Pechbrunn
Waldershof
Nagel
Mehlmeisel
Brand
Ebnath
Gefrees
Mainleus
Kodnitz
Thurnau
Neudrossenfeld
Wonsees
Goldkronach
Warmensteinach
Bindlach
Eckersdorf
Aufseß
Plankenfels
Glashütten
Hummeltal
Seybothenreuth
Kirchenpingarten
Speichersdorf
Waischenfeld
Ahorntal
Prebitz
Schnabelwaid
Pottenstein
Pegnitz
Plech

Karte 10

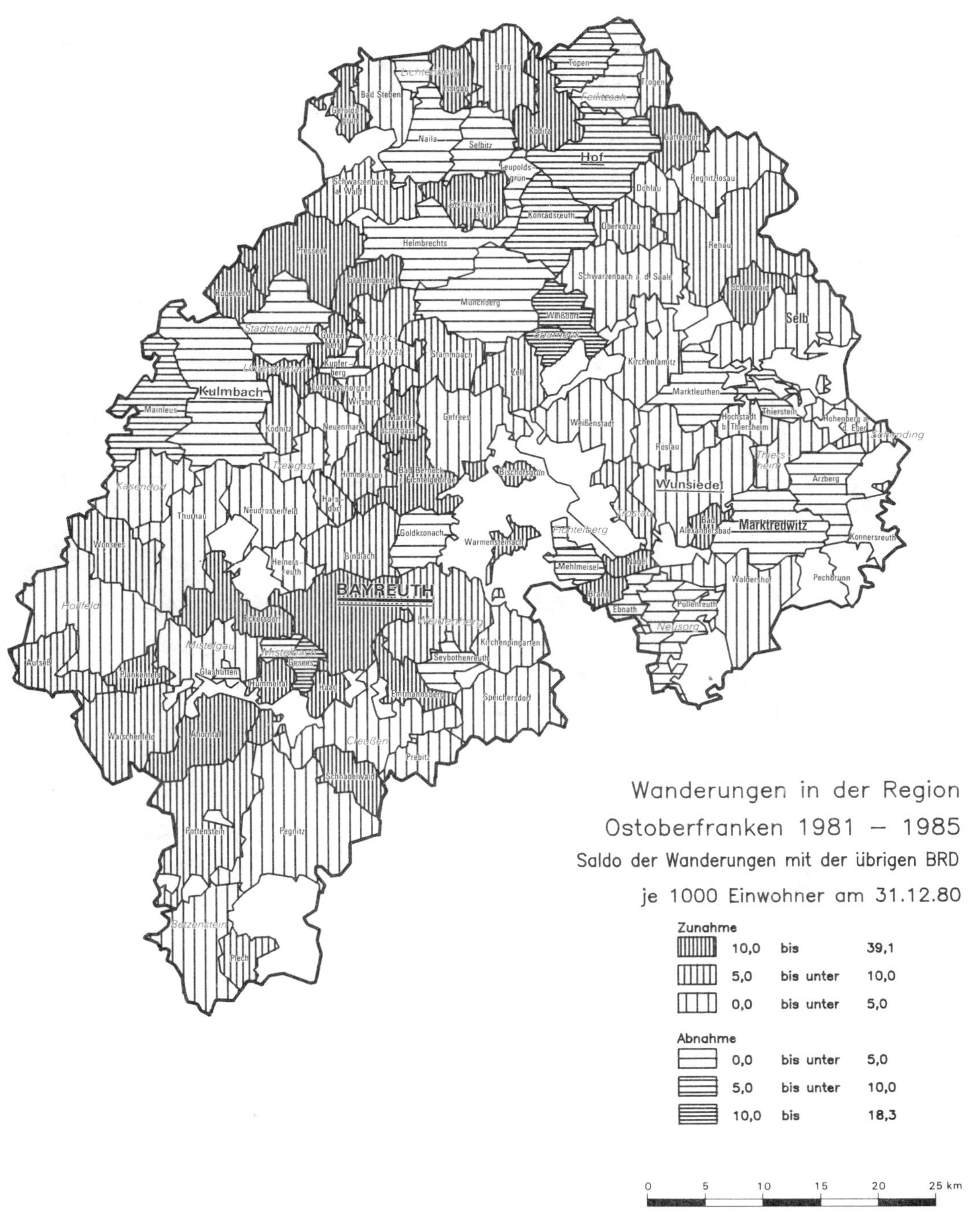
Wanderungen in der Region
Ostoberfranken 1981 – 1985
Saldo der Wanderungen mit der übrigen BRD
je 1000 Einwohner am 31.12.80
Zunahme
10,0 bis 39,1
5,0 bis unter 10,0
0,0 bis unter 5,0
Abnahme
0,0 bis unter 5,0
5,0 bis unter 10,0
10,0 bis 18,3
0
5
10
15
20
25 km
Hof
Selb
Kulmbach
Wunsiedel
Marktredwitz
BAYREUTH
Bad Steben
Naila
Selbitz
Berg
Töpen
Trogen
Gattendorf
Regnitzlosau
Döhlau
Konradsreuth
Oberkotzau
Rehau
Helmbrechts
Schwarzenbach a. Wald
Presseck
Münchberg
Schwarzenbach a. d. Saale
Schönwald
Weißdorf
Stammbach
Zell
Kirchenlamitz
Marktleuthen
Mainleus
Wirsberg
Neuenmarkt
Gefrees
Weißenstadt
Thierstein
Röslau
Arzberg
Thurnau
Neudrossenfeld
Goldkronach
Warmensteinach
Bindlach
Mehlmeisel
Ebnath
Pullenreuth
Waldershof
Pechbrunn
Konnersreuth
Kirchenpingarten
Seybothenreuth
Speichersdorf
Eckersdorf
Glashütten
Hummeltal
Haag
Emtmannsberg
Aufseß
Plankenfels
Waischenfeld
Ahorntal
Prebitz
Schnabelwaid
Pottenstein
Pegnitz
Plech
Hollfeld
Wonsees
Kasendorf
Trebgast
Bischofsgrün
Fichtelberg
Weidenberg
Mistelgau
Creußen
Betzenstein
Neusorg
Herausgeber: Bayerisches Staatsministerium für Landesentwicklung und Umweltfragen

Karte 11

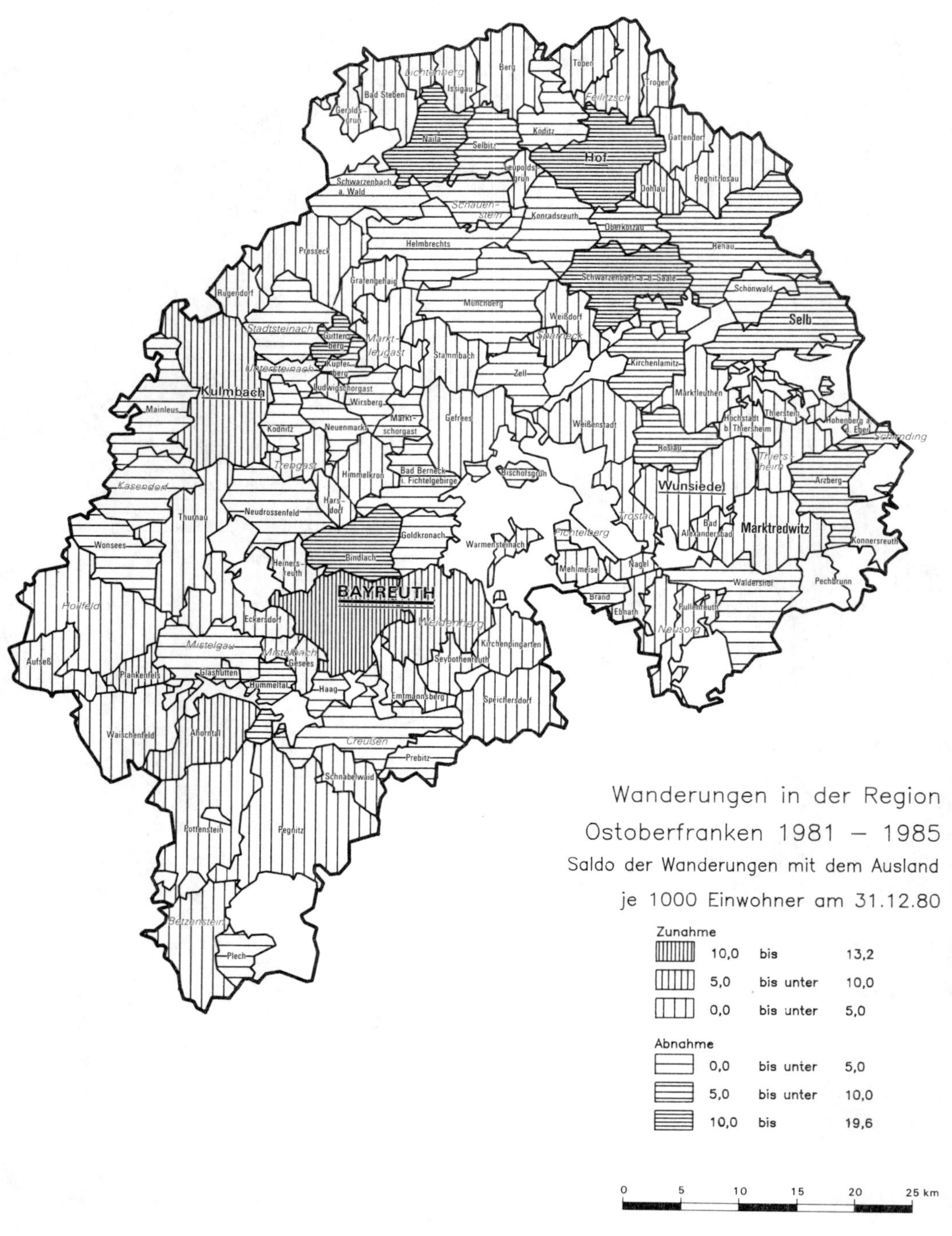

Herausgeber: Bayerisches Staatsministerium für Landesentwicklung und Umweltfragen

Tab. 15: Ausgewählte Indikatoren der Laufenden Raumbeobachtung für die Bundesrepublik Deutschland und die ausgewählten Untersuchungsräume für die Jahre 1981[1)] und 1985[2)]

Indikatoren	Bundesgebiet		Bayern		Oberfranken-Ost[3)]		Ruhrgebiet[4)]		Saarland[5)]	
	1981[1)]	1985[2)]	1981[1)]	1985[2)]	1981[1)]	1985[2)]	1981[1)]	1985[2)]	1981[1)]	1985[2)]
Wanderungssaldo je 1000 E	5,1	2,4	6,0	0,1	- 2,2	- 1,6	- 0,6	- 6,5	- 0,3	- 0,7
Arbeitslosenquote	5,7	10,5	5,7	9,4	7,2	11,6	7,0	14,4	8,5	15,8
Dauerarbeitslosigkeit	9,0	29,0	7,0	18,0	10,0	25,0	17,0	57,0	21,0	55,0
ältere Arbeitslose	-	42,0	-	35,0	-	40,0	-	63,0	-	64,0
Binnenwanderungssaldo der Erwerbspersonen	6,0	0,0	+ 2,4	1,4	- 1,5	- 0,1	- 2,7	- 1,6	- 5,6	- 0,8
Siedlungsdichte	2349	1960	2306	1707	2118	1649	4252	3721	2664	2237
bebaute Fläche	0,11	0,13	0,07	0,09	0,07	0,09	0,53	0,64	0,18	0,21
Freifläche in qm je E	3631	3623	6063	5948	6643	6707	415	414	2044	2025
naturnahe Fläche in qm je E	1317	1346	2376	2381	2799	2876	148	153	839	855

1) Aktuelle Daten und Prognosen zur räumlichen Entwicklung, hrsg. v. Bundesforschungsanstalt für Landeskunde und Raumordnung, Jg. 81, Heft 11/12.
2) Aktuelle Daten und Prognosen zur räumlichen Entwicklung, hrsg. v. Bundesforschungsanstalt für Landeskunde und Raumordnung, Jg. 85, Heft 11/12.
3) Raumordnungsregion 61.
4) Raumordnungsregion 22 (Essen).
5) Raumordnungsregion 44.

- Hauseigentum und Gartenland zu vergleichsweise niedrigen Preisen
- eine intakte Umwelt
- soziales Zusammenleben.

1.4 Status-quo-Prognose

Bevor auf die in Oberfranken-Ost besonders gravierenden temporären Umweltbelastungen eingegangen wird, erscheint es notwendig, eingehender zu prüfen, wie sich heute die künftige Entwicklung der Bevölkerung und der Arbeitskräfte darstellt. Dabei erscheint es sinnvoll - wie später auch bei den zwei anderen Untersuchungsräumen - zunächst die "Prognos - Prognose" wiederszugeben und dann "ortsspezifische" Prognosequellen heranzuziehen.

Zur "Prognos - Prognose" ist generell, also auch für die Prognose - Werte für das Ruhrgebiet und das Saarland - festzustellen, daß

- "die Bevölkerungszahlen auf der Fortschreibung der Volkszählung 1970 beruhen. Es ist zu vermuten, daß sie regional möglicherweise bedeutsame Fehler enthalten;

- die Erwerbstätigenzahlen mangels einer geeigneten aktuellen Totalerfassung nur geschätzt werden konnten. Sie wurden mit Hilfe einzelner aktualisierter Statistiken hochgerechnet und mit der volkswirtschaftlichen Gesamtrechnung abgeglichen. Aufgrund der Notwendigkeit eines bundeseinheitlichen Abgleichs dieser Zahlen mußten zum Teil erhebliche Differenzen zu den Status-quo-Prognosen der Länder hingenommen werden;

- da die Pendlerströme seit 1970 nicht mehr neu erfaßt worden sind, hier auf eine stark veraltete Datenbasis zurückgegriffen werden mußte. Dadurch fehlt eine aktuelle Erfassung der Ausgleichsmechanismen im Arbeitsmarkt überall dort, wo bedeutende Pendlerströme über die Grenzen der Raumordnungsregionen hinausgehen;

- eine weitere Folge der unzureichenden Datenbasis ferner ist, daß die im Modell verwendeten Rückkoppelungsbeziehungen zwischen den Arbeitsplatzdefiziten und den Wanderungen bisher nur bundeseinheitlich quantifiziert werden konnten. Dadurch bleiben regionsspezifische Einflüsse unberücksichtigt;

- ferner die Erklärungsbasis für die regionalen Abweichungen bei der Beschäftigungsentwicklung in den 22 Branchen von ihren bundeseinheitlichen Trends (Regionalfaktoren) unbefriedigend bleibt. Hier mußten die branchenspezifischen Entwicklungsunterschiede mangels besonderer Überprüfungsmöglichkeiten in Form der Status-quo-Annahme fortgeschrieben werden. Zwar sind aufgrund der Empfehlung des Hauptausschusses der MKRO zur Verbesserung der regionalstatistischen Informationen Fortschritte in der Bereitstellung von Daten für Regionalprognosen durch die statistischen Landesämter zu erwarten, grundsätzliche Lücken in der Regionalstatistik wird jedoch erst eine neue Volks- und Arbeitsstättenzählung schließen können."

"Wie bei jeder langfristigen Vorausschätzung mußte auch bei der Raumordnungsprognose zum Teil auf Annahmen zurückgegriffen werden, für die keine ausreichenden Begründungen aus den Analysen der Entwicklung in der Vergangenheit oder aus zwingenden Folgerungen für die künftige Entwicklung vorliegen.

- Dies gilt für die Annahmen zur Ausländerentwicklung. In weitgehender Übereinstimmung mit der Arbeitsgruppe Bevölkerungsfragen der Bundesregierung wurde ein jährlicher Saldo der Ausländerwanderung von + 75 000 angenommen. Inzwischen hat sich gezeigt, daß die Maßnahmen zur Begrenzung des Zuzugs und zur Förderung der Rückkehrbereitschaft von Ausländern zusammen mit dem anhaltenden Beschäftigungsdefizit diesen Saldo verringern und sogar umkehren konnten. Sollte sich diese Entwicklung im Laufe des Vorausschätzungszeitraums fortsetzen, müßten die Ausländerzahlen der Prognose entsprechend korrigiert werden.

- Zum Zeitpunkt der Festlegung der Eckwerte für die gesamtwirtschaftliche Entwicklung erscheinen die Annahmen des prognos report Nr. 9 als vorsichtig pessimistisch. Angesichts der wirtschaftlichen Entwicklung in der Zwischenzeit und des Bezugs des reports Nr. 9 auf das Ausgangsniveau der Beschäftigung von 1978 müssen diese Eckwerte nunmehr als optimistisch angesehen werden."

"Drei weitere Faktoren sind zu erwähnen, die Abweichungen der Prognoseergebnisse von der tatsächlichen Entwicklung bedingen können, die jedoch unberücksichtigt bleiben mußten:

- außenwirtschaftliche Einflüsse, wie Veränderungen der Rohstoffpreise oder ein Fortschreiten protektionistischer Maßnahmen der Handelspartner der Bundesrepublik Deutschland,

- ökologische Begrenzungsfaktoren für die Siedlungs- und Wirtschaftsentwicklung in den Regionen,

- Einflüsse des Wertewandels auf das Wanderungsverhalten und die Beteiligung am Erwerbsleben.

Derartige Faktoren können gegenwärtig allenfalls in der Form von Szenarien berücksichtigt werden[6]."

Tab. 16: Raumordnungsprognose (inkl. Wanderungen) - Region 61 Oberfranken-Ost
- Bevölkerung -

Alter	1978 männlich	1978 weiblich	1978 gesamt	1985 männlich	1985 weiblich	1985 gesamt
0	2 310	2 259	4 569	2 600	2 510	5 110
1- 4	9 343	8 980	18 323	9 884	9 663	19 547
5- 9	15 592	15 127	30 719	11 733	11 425	23 158
10-14	20 344	19 385	39 729	14 325	13 773	28 098
15-19	20 720	19 303	40 023	18 778	17 685	36 463
20-24	15 895	15 858	31 753	19 439	18 008	37 447
25-29	14 820	15 056	29 876	16 371	15 810	32 181
30-34	13 947	13 559	27 506	15 065	15 214	30 279
35-39	17 753	17 105	34 858	13 999	14 057	28 056
40-44	18 238	18 361	36 599	15 795	15 618	31 413
45-49	15 791	16 452	32 243	17 367	17 703	35 070
50-54	14 913	17 934	32 847	15 876	16 903	32 779
55-59	13 225	19 392	32 617	14 180	16 868	31 048
60-64	7 782	12 512	20 294	12 280	17 896	30 176
65-69	11 560	19 613	31 173	8 047	14 010	22 057
70-74	10 308	16 744	27 052	7 105	14 200	21 305
75 +	11 021	22 178	33 199	11 882	25 822	37 704
gesamt	233 562	269 818	503 380	224 726	257 165	481 891

Alter	1990 männlich	1990 weiblich	1990 gesamt	1995 männlich	1995 weiblich	1995 gesamt
0	2 747	2 624	5 371	2 625	2 482	5 107
1- 4	10 674	10 318	20 992	10 738	10 263	21 001
5- 9	12 539	12 230	24 769	13 477	12 999	26 476
10-14	11 992	11 600	23 592	12 799	12 410	25 209
15-19	14 558	13 732	28 290	12 269	11 615	23 884
20-24	17 748	16 564	34 312	13 823	12 877	26 700
25-29	18 471	17 114	35 585	16 894	15 769	32 663
30-34	16 136	15 654	31 790	18 154	16 908	35 062
35-39	14 826	15 144	29 970	15 883	15 580	31 463
40-44	13 720	14 022	27 742	14 527	15 100	29 627
45-49	15 329	15 503	30 832	13 323	13 931	27 254
50-54	16 658	17 447	34 105	14 702	15 289	29 991
55-59	15 011	16 548	31 559	15 746	17 077	32 823
60-64	12 842	16 224	29 066	13 610	15 929	29 539
65-69	10 349	16 653	27 002	10 816	15 104	25 920
70-74	6 247	12 392	18 639	7 989	14 666	22 655
75 +	10 078	24 212	34 290	8 739	22 027	30 766
gesamt	219 925	247 981	467 906	216 114	240 026	456 140

Tab. 17: Raumordnungsprognose (inkl. Wanderungen) - Region 61 Oberfranken-Ost
- Erwerbspersonen -

Alter	1978 männlich	1978 weiblich	1978 gesamt	1985 männlich	1985 weiblich	1985 gesamt
15-19	12 328	10 924	23 252	9 874	9 057	18 931
20-24	13 908	11 914	25 822	16 132	12 958	29 090
25-29	13 957	10 574	24 531	15 230	11 326	26 556
30-34	13 644	9 223	22 867	14 650	10 230	24 880
35-39	17 439	11 592	29 031	13 653	9 454	23 107
40-44	17 860	12 577	30 437	15 348	10 866	26 214
45-49	15 317	10 584	25 901	16 762	11 639	28 401
50-54	13 972	10 129	24 101	14 802	9 911	24 713
55-59	11 056	9 186	20 242	11 797	8 296	20 093
60-64	3 518	1 854	5 372	5 137	2 430	7 567
65 +	3 723	3 196	6 919	2 526	2 395	4 921
gesamt	136 722	101 753	238 475	135 911	98 562	234 473

Alter	1990 männlich	1990 weiblich	1990 gesamt	1995 männlich	1995 weiblich	1995 gesamt
15-19	6 937	6 501	13 438	5 241	5 046	10 287
20-24	14 062	11 446	25 508	10 431	8 527	18 958
25-29	16 934	12 371	29 305	15 204	11 445	26 649
30-34	15 810	10 568	26 378	17 763	11 365	29 128
35-39	14 381	10 137	24 518	15 505	10 508	26 013
40-44	13 257	9 867	23 124	13 956	10 755	24 711
45-49	14 745	10 351	25 096	12 772	9 446	22 218
50-54	15 478	10 500	25 978	13 617	9 437	23 054
55-59	12 444	8 353	20 797	13 008	8 842	21 850
60-64	5 061	2 059	7 120	5 035	1 880	6 915
65 +	2 116	1 971	4 087	1 796	1 538	3 334
gesamt	131 225	94 124	225 349	124 328	88 789	213 117

Tab. 18: Beschäftigte nach Wirtschaftsbereichen 1970, 1978 und 1985 - Oberfranken-Ost (Region 61)

Wirtschaftsbereich	Beschäftigte 1970		Beschäftigte 1978		1978*	Wachstumsfaktor 70/78	Standortfaktoren kummuliert 70/78	Standortfaktoren kummuliert 78/85	Beschäftigte 1985 Struktureinfluß	Beschäftigte 1985 Standorteinfluß	Beschäftigte 1985 Gesamtbeschäftigte
1 Landwirtschaft	32 100	12,3	23 460	10,0	22 819	731	1 028	1 027	- 2 766	559	21 250
2 Energie,Bergbau	2 710	1,0	2 300	1,0	2 387	849	963	961	9	- 89	2 220
3 Chemie	1 150	0,4	1 110	0,5	1 096	965	1 012	1 008	37	8	1 160
4 Kunststoff,Gummi	4 040	1,5	3 250	1,4	4 031	804	806	837	301	- 580	2 970
5 Steine,Erden,Feink.,Glas	24 170	9,2	18 600	7,9	19 484	770	955	960	- 734	- 712	17 150
6 Eisen,NE-Metalle,Verf.	2 250	0,9	2 110	0,9	1 801	936	1 171	1 096	- 192	185	2 100
7 Stahl,Masch.,Fahrzeugbau	13 660	5,2	14 440	6,1	13 802	1 057	1 046	1 032	- 222	452	14 670
8 Elektro,Feinmech.,EBM	10 990	4,2	8 950	3,8	9 809	814	912	923	291	- 710	8 530
9 Holz,Papier,Druck	7 730	3,0	7 520	3,2	6 485	973	1 159	1 092	- 74	681	8 130
10 Leder,Text.,Bekleidung	48 340	18,3	38 060	16,2	32 717	787	1 163	1 089	- 4 238	3 025	36 850
11 Nahrung,Genußmittel	11 950	4,6	11 100	4,7	10 437	929	1 063	1 044	- 576	460	10 980
12 Bauhauptgewerbe	14 030	5,4	11 900	5,1	10 487	848	1 134	1 086	- 219	1 004	12 680
13 Ausbau-,Bauhilfsgewerbe	4 120	1,6	3 830	1,6	3 958	929	966	969	70	- 121	3 780
14 Großhandel,Handelsverm.	10 240	3,9	8 770	3,7	9 529	857	921	931	- 626	- 564	7 580
15 Einzelhandel	15 620	6,0	15 500	6,6	15 090	992	1 027	1 020	- 567	294	15 230
16 Verkehr	7 030	2,7	6 710	2,9	6 747	954	994	995	- 389	- 32	6 290
17 Nachrichten	3 200	1,2	3 200	1,4	3 377	1 000	947	954	215	- 157	3 260
18 Kreditgewerbe	2 950	1,1	3 440	1,5	3 608	1 166	954	957	185	- 157	3 470
19 Versicherungsgewerbe	1 050	0,4	960	0,4	1 134	910	843	869	42	- 131	870
20 sonst.Dienstleistungen	15 470	5,9	16 710	7,1	17 224	1 080	970	974	1 113	- 469	17 350
21 Org.o.Erwerbscharakter	3 450	1,3	4 070	1,7	3 951	1 180	1 030	1 020	181	83	4 340
22 Gebietsk.,Sozialvers.	25 510	9,7	28 900	12,3	31 363	1 133	927	938	2 240	- 1 917	29 220

	Beschäftigte					Wachs-tums-faktor	Standort-faktoren kummuliert		Beschäftigte 1985		
									Struktur-einfluß	Standort-einfluß	Gesamt-beschäftigte
Wirtschaftsbereich	1970		1978		1978*	70/78	70/78	78/85			
Landwirtschaft	32 100	12,3	23 460	10,0	22 819	731	1 028	1 027	- 2 766	559	21 250
produzierendes Gewerbe	145 140	55,4	123 160	52,4	116 501	849	1 057	1 031	- 5 548	3 603	121 220
Handel und Verkehr	36 090	13,8	34 180	14,6	34 746	947	984	986	- 1 367	- 460	32 360
Dienstleistungen u.Org.o.E.	22 920	8,8	25 180	10,7	25 918	1 098	971	975	1 522	- 674	26 030
Staat	25 510	9,7	28 900	12,3	31 363	1 133	927	938	2 240	- 1 917	29 220
total	261 760	100,0	234 880	100,0	231 148	897	1 016	1 005	- 5 919	1 110	230 080

	70/78	78/85
Strukturfaktor der Region insgesamt	883	975
Standortfaktor der Region insgesamt	1 016	1 005
Regionalfaktor der Region insgesamt	897	980

Rückkoppelungen:	1978	1985
Erwerbspotential vor Rückkoppelung		234 473
ökonomisch induzierte Wanderungen		2 248
ABZ. Stille-Reserve-Bildung		1 069
(nachr.: landwirtl. Rückkoppelung)		(1 321)
Erwerbspersonen	238 475	235 652
ABZ. Beschäftigte	234 884	230 076
ABZ. Grenz./Pendler/stat.Diff.	- 8 142	- 8 142
registrierte Arbeitslose	11 733	13 718
Arbeitslosenquote	4,9	5,8

Nach den Prognos-Werten wird die Bevölkerung insgesamt zwischen 1978 und 1995 in Oberfranken-Ost um rund 47 200 (bei den Männern um rund 17 400, bei den Frauen um rund 29 800) abnehmen.

Bei der unteren Variante der Prognose des Bayerischen Staatsministeriums für Landesentwicklung und Umweltfragen (Bayern regional 2000) für den Zeitraum 1981 bis 1995 wird dagegen die Bevölkerung um rund 42 100 Personen abnehmen. Deshalb soll - bevor auf die Umweltbelastungen eingegangen wird - diese Prognose noch kurz vorgestellt werden.

"Bayern regional 2000" ist zu entnehmen, daß "bis zum Jahr 2000 in der Region Oberfranken-Ost mit einer überdurchschnittlichen Bevölkerungsabnahme zwischen 6,4 % und 10,0 % zu rechnen ist. Die künftige Einwohnerzahl wird zwischen 457 800 und 478 900 Personen liegen, also gegenüber 1981 zwischen 54 100 und rund 33 000 Einwohnern niedriger sein. Die rückläufige Entwicklung wird ab 1990 ausschließlich von der deutschen Bevölkerung bestimmt, da ab diesem Zeitpunkt die ausländische Bevölkerung wieder zunimmt. Der Ausländeranteil kann dabei bis auf 7,4 % ansteigen, gegenüber noch 3,8 % im Jahr 1981. Ausschlaggebend für die Gesamtentwicklung ist der hohe und stetig zunehmende Sterbefallüberschuß, der durch leichte Wanderungsgewinne ab 1990 nur mäßig verringert werden kann.

Abweichend von der gesamtbayerischen Entwicklung wird sich die Zahl der Personen im Alter von 25 bis unter 65 Jahren im Prognosezeitraum kaum verändern und die Zahl der über 64-jährigen nach einer geringen Abnahme im Jahr 2000 wieder den Stand von 1981 erreichen. Trotzdem wird sich die Altersstruktur aufgrund der landesweit auftretenden Abnahme bei den unter 25-jährigen zugunsten der über 25-jährigen verschieben.

Innerregional wird sich die Bevölkerungsabnahme, von örtlichen Ausnahmen abgesehen, auf alle Siedlungskategorien erstrecken, insbesondere auf die möglichen Mittelzentren und die Unterzentren. Besonders stark werden die grenznahen Gemeinden betroffen sein. Trotz der prognostizierten regionalen Abnahme ist aber in Teilen der Region auch mit Zunahmen zu rechnen, insbesondere im möglichen Oberzentrum Bayreuth und dessen Umlandgemeinden)7."

In Oberfranken-Ost betrug 1981 das Erwerbspersonenpotential 259 300 Personen, davon waren 23 000 (8,9 %) in der Landwirtschaft tätig. (Das Erwerbspersonenüberangebot betrug im gleichen Jahr 16 000 (6,2 %)).

Für das Jahr 2000 wird ein Rückgang des Erwerbspersonenpotentials auf 235 800, d.h. um 22 500 (untere Variante) angenommen; gleichzeitig nimmt man an, daß die Zahl der Beschäftigten in der Landwirtschaft um 8600 Personen zurückgehen wird.

Im Zeitraum von 1981 bis 2000 würde das einem Beschäftigungsrückgang in der Landwirtschaft von - 37,4 % entsprechen. Aufgrund der schlechten natürlichen Ertragsvoraussetzungen Nordost-Oberfrankens muß davon ausgegangen werden, daß diese Annahmen realistisch sind, da der Anteil der in dieser Region gefährdeten Betriebe fast 54 % erreicht[8].

Tab. 19: Bevölkerungsdaten für die Prognoseeckjahre 1981, 1995, 2000 in Oberfranken-Ost

Jahr	Bevölkerung absolut (untere Variante)	absolute Veränderung (untere Variante)	relative Veränderung (untere Variante)
1981	511 900	-	-
1995	469 800	1981/1995 - 42 100	1981/1995 - 8,22
2000	457 800	1981/2000 - 54 100	1981/2000 - 10,6

Quelle: Bayerisches Staatsministerium für Landesentwicklung und Umweltfragen: Bayern regional 2000, München 1986, S. 154.

In der Region Oberfranken-Ost ist bis zum Jahr 2000 mit einem gegenüber dem bayerischen Durchschnitt deutlich stärkeren Rückgang des Angebots an Arbeitsplätzen zu rechnen. Sowohl in der Landwirtschaft als auch im Produzierenden Gewerbe wird die Zahl der Beschäftigten überdurchschnittlich abnehmen. Diesem Abbau stehen Zunahmen im Dienstleistungsbereich gegenüber, die jedoch etwas unter dem Landesdurchschnitt liegen. Da andererseits aber das Erwerbspersonenpotential bereits ab 1981 deutlich abnimmt, geht auch das Erwerbspersonenüberangebot ab 1990 so stark zurück, daß es im Jahr 2000 deutlich unter dem Stand von 1981 liegen wird[9]."

1.5 Umweltbelastungen

Im Gegensatz zu den beiden Untersuchungsräumen Ruhrgebiet und Saarland konnte man davon ausgehen, daß vor 10 Jahren die Umwelt in Nordostoberfranken noch in Ordnung war, d.h. "ausgezeichnete Luftverhältnisse, saubere Gewässer und naturnahe Landschaften" vorherrschten[10]. 10 Jahre später, also 1986 sieht die Situation ganz anders aus.

Tab. 20: Arbeitsplatzentwicklung und Beschäftigte in der Landwirtschaft, im Prod. Gewerbe, im Dienstleistungs-Bereich, Erwerbspersonenpotential und Erwerbspersonenüberangebot in den Jahren 1981-2000 in Oberfranken-Ost

Angaben in Personen

Jahr	Arbeitsplatzangebot			Beschäftigte i.d.Landwirtschaft		
	unt. Var.	mit. Var.	ob. Var.	unt. Var.	mit. Var.	ob. Var.
1981	247500	247500	247500	23000	23000	23000
1985	241900	241900	243500	21300	21300	21300
1990	235600	235600	240900	19700	19700	19500
1995	229600	232300	238300	17300	17200	16700
2000	224100	229500	235400	14400	14300	13700

Absolute Veränderung

Angaben in Personen

Zeitraum	Arbeitsplatzangebot			Beschäftigte i.d.Landwirtschaft		
	unt. Var.	mit. Var.	ob. Var.	unt. Var.	mit. Var.	ob. Var.
1981/1985	-5600	-5600	-4000	-1700	-1700	-1700
1985/1990	-6300	-6300	-2600	-1600	-1600	-1800
1990/1995	-6000	-3300	-2600	-2400	-2500	-2800
1995/2000	-5500	-2800	-2900	-2900	-2900	-3000
1981/2000	-23400	-18000	-12100	-8600	-8700	-9300

Relative Veränderung

Angaben in Prozent

Zeitraum	Arbeitsplatzangebot			Beschäftigte i.d.Landwirtschaft		
	unt. Var.	mit. Var.	ob. Var.	unt. Var.	mit. Var.	ob. Var.
1981/1985	-2.3	-2.3	-1.6	-7.4	-7.4	-7.4
1985/1990	-2.6	-2.6	-1.1	-7.5	-7.5	-8.5
1990/1995	-2.5	-1.4	-1.1	-12.2	-12.7	-14.4
1995/2000	-2.4	-1.2	-1.2	-16.8	-16.9	-18.0
1981/2000	-9.5	-7.3	-4.9	-37.4	-37.8	-40.4

Angaben in Personen

Jahr	Beschäftigte im Prod.Gew.			Beschäftigte im Dienstl.B.		
	unt. Var.	mit. Var.	ob. Var.	unt. Var.	mit. Var.	ob. Var.
1981	123900	123900	123900	99300	99300	99300
1985	119800	119800	120600	99600	99600	100300
1990	114200	114200	117000	100600	100600	103100
1995	109300	110600	113800	101800	103000	106000
2000	105100	107700	110800	102800	105300	108300

Absolute Veränderung

Angaben in Personen

Zeitraum	Beschäftigte im Prod.Gew.			Beschäftigte im Dienstl.B.		
	unt. Var.	mit. Var.	ob. Var.	unt. Var.	mit. Var.	ob. Var.
1981/1985	-4100	-4100	-3300	300	300	1000
1985/1990	-5600	-5600	-3600	1000	1000	2800
1990/1995	-4900	-3600	-3200	1200	2400	2900
1995/2000	-4200	-2900	-3000	1000	2300	2300
1981/2000	-18800	-16200	-13100	3500	6000	9000

Relative Veränderung

Angaben in Prozent

Zeitraum	Beschäftigte im Prod.Gew.			Beschäftigte im Dienstl.B.		
	unt. Var.	mit. Var.	ob. Var.	unt. Var.	mit. Var.	ob. Var.
1981/1985	-3.3	-3.3	-2.7	0.3	0.3	1.0
1985/1990	-4.7	-4.7	-3.0	1.0	1.0	2.8
1990/1995	-4.3	-3.2	-2.7	1.2	2.4	2.8
1995/2000	-3.8	-2.6	-2.6	1.0	2.2	2.2
1981/2000	-15.2	-13.1	-10.6	3.5	6.0	9.1

Quelle: Bayerisches Staatsministerium für Landesentwicklung und Umweltfragen: Bayern regional 2000, München 1986, S. 157ff.

Tab. 20 (Forts.)

Angaben in Personen

Jahr	Erwerbspersonenpotential			Erwerbspersonenüberangebot		
	unt. Var.	mit. Var.	ob. Var.	unt. Var.	mit. Var.	ob. Var.
1981	258300	258300	258300	16000	16000	16000
1985	257400	257400	257700	19000	19000	17900
1990	253600	253600	254800	21100	21100	17600
1995	245000	245600	247800*	17900	16000	13400
2000	235800	238400	241500	13300	11500	10100

Absolute Veränderung

Angaben in Personen

Zeitraum	Erwerbspersonenpotential			Erwerbspersonenüberangebot		
	unt. Var.	mit. Var.	ob. Var.	unt. Var.	mit. Var.	ob. Var.
1981/1985	-900	-900	-600	3000	3000	1900
1985/1990	-3800	-3800	-2900	2100	2100	-300
1990/1995	-8600	-8000	-7000	-3200	-5100	-4200
1995/2000	-9200	-7200	-6300	-4600	-4500	-3300
1981/2000	-22500	-19900	-16800	-2700	-4500	-5900

Relative Veränderung

Angaben in Prozent

Zeitraum	Erwerbspersonenpotential			Erwerbspersonenüberangebot		
	unt. Var.	mit. Var.	ob. Var.	unt. Var.	mit. Var.	ob. Var.
1981/1985	-0.3	-0.3	-0.2	18.8	18.8	11.9
1985/1990	-1.5	-1.5	-1.1	11.1	11.1	-1.7
1990/1995	-3.4	-3.2	-2.7	-15.2	-24.2	-23.9
1995/2000	-3.8	-2.9	-2.5	-25.7	-28.1	-24.6
1981/2000	-8.7	-7.7	-6.5	-16.9	-28.1	-36.9

1.5.1 Luft

1986 stellte R. Frederking fest:

"Nordostbayern liegt am südwestlichen Rand des Gebirges mit den höchsten Schwefeldioxidbelastungen in Europa (das Erzgebirge im Grenzgebiet von DDR und CSSR und das böhmische Egertal). Die Gebiete beidseits des Erzgebirges sind stark industrialisiert. Die Luftverunreinigungen durch Schwefeldioxid nehmen dort Jahresmittelwerte von 0,075 - 0,17 mg/m^3 an. Das Erzgebirge und das weiter östlich liegende Riesengebirge sind gleichzeitig diejenigen Gebiete Europas, in denen das Waldsterben am stärksten fortgeschritten ist und bereits riesige Kahlflächen die Landschaft beherrschen.

Die Schwefeldioxidbelastungen Nordostbayerns gehen vermutlich zu etwa 75-90 % auf die in der DDR und CSSR erzeugten Luftverunreinigungen zurück. Von den geschätzten 400 000 Tonnen Schwefeldioxid, die diese beiden Länder jährlich gemeinsam an die Bundesrepublik abgeben, werden wahrscheinlich fast 100 000 Tonnen in Nordostbayern trocken abgelagert.

Flugzeugmessungen bei Inversionswetterlagen im Winter entlang der Grenze zur CSSR und DDR ergaben in allen Höhen großräumig erhöhte Schwefeldioxidkonzentrationen. Aus den gewonnenen Meßdaten wurde ein Schwefeldioxid-Massenfluß von ca. 60 t/h und mehr aus der CSSR und von ca. 25 t/h aus der DDR errechnet.

Vermutlich werden aber in den nordostbayerischen Luftraum mindestens genauso hohe So_2 - Mengen aus dem übrigen Bundesgebiet und möglicherweise auch aus Westeuropa eingetragen wie aus der CSSR und der DDR, wenn nicht höhere. Im Gegensatz zu dem SO_2 - Eintrag aus Richtung Osten und Norden, der überwiegend durch relativ bodennahe Luftbewegungen erfolgt, werden die Schadstoffe aus dem übrigen Bundesgebiet durch Luftströmungen in höheren Luftschichten herantransportiert und sind in bodennahen Meßstationen nicht erfaßbar. Infolgedessen gelangen die aus Westen stammenden Schadstoffe erst durch Niederschläge in den Boden und tragen auf diese Weise zur Versauerung der Gewässer und Böden bei, die sich insbesondere in den ostbayerischen Grenzgebirgen, so auch im Fichtelgebirge und Frankenwald, bemerkbar macht[11]."

Die Folgen sind einleuchtend, wie Tab. 21 "Verträglichkeitsgrenzen für Waldbäume" zeigt, entstehen durch vergleichsweise geringe SO_2 - Konzentrationen schon beachtliche Waldschäden. (vgl. hierzu auch Tab. Jufro-Richtwerte für Schwefeldioxid)

Tab. 21: Verträglichkeitsgrenzen für Waldbäume

ug SO_2/cbm Luft	Dauer der Exposition	Wirkung
50	langzeitig	Koniferen zeigen physiologische Schäden
80	langzeitig	Schwere Erkrankungen mit deutlichem Zuwachsrückgang bei Koniferen, vorzeitiges Absterben
120	langzeitig	Alle Koniferen, insbesondere Ta, Fi, Kie und Lä sterben vorzeitig ab, Laubgehölze erleiden Zuwachsverluste
300	kurzzeitig	Schwere Erkrankungen bei Koniferen mit deutlichem Zuwachsrückgang und vorzeitigem Absterben
400	kurzzeitig	Gehölze erleiden Zuwachsverluste und alle Koniferen sterben vor Erreichen ihres wirtschaftlichen Alters ab

Quelle: Meier, P.: Wald in der Krise, Waldschäden in Nordost-Oberfranken. In: Umweltsituation in Nordost-Bayern, a.a.O., S. 33.

Tab. 22 zeigt die durchschnittliche und die maximale Schwefeldeposition.

Tab. 22: Durchschnittliche und maximale Schwefeldeposition

Forstamt	Schwefel durchschnittlich ug/g TS	Schwefel maximal ug/g TS*)
Wunsiedel	1843	2270
Weißenstadt	1720	2090
Selb	1866	2270
Rehau	1741	2250
Fichtelberg	1591	1890
Bad Steben	1713	2170
Nordhalben	1513	1870
Kronach	1457	1620

*) Mikrogramm je Gramm Trockensubstanz.

Quelle: Meier, P., a.a.O., S. 34.

Deshalb ist es nicht verwunderlich, daß die für Fichtelgebirge und Frankenwald ausgewiesenen Waldschäden deutlich größer sind als in Oberfranken oder gar Bayern, wie die folgende Tab. 23 zeigt.

Tab. 23: Waldschadensinventur 1983/84/85 für ausgewählte Bereiche

Schadstufe	Bayern			Oberfranken			Fichtelgeb./Frankenw.		
	1983	1984	1985	1983	1984	1985	1983	1984	1985
0	53	43	39	39	47	44	21	33	28
1	35	31	33	40	26	33	50	27	34
2	11	24	25	19	25	20	24	36	32
3 und 4	1	2	3	2	2	3	5	4	6

0 "ohne Schadensmerkmal" Nadel- bzw. Blattverluste bis 10 %
1 "schwach geschädigt" Nadel- bzw. Blattverluste 11-25 %
2 "mittelstark geschädigt" Nadel- bzw. Blattverluste 26-60 %
3 "stark geschädigt" Nadel- bzw. Blattverluste über 60 %
4 "abgestorben"[12)]

Quelle: Meier, P., a.a.O., S. 31.

Nach der Skizzierung der Folgen der Luftbelastung in Nordost-Oberfranken, die im Prinzip die einzige besonders gravierende Umweltbelastung darstellt und hoffentlich in ihrem Ausmaß durch entsprechende Vereinbarungen der Bayerischen Staatsregierung und der Bundesregierung mit der Regierung der

DDR bzw. der Tschechoslowakei in absehbarer Zeit vermindert werden kann, sollen nunmehr die Belastungen des Wassers geschildert werden.

1.5.2 Belastungen des Wassers

Niederschläge und oberflächennahe Grund- und Fließwässer werden im Untersuchungsraum regelmäßig durch die Universität Bayreuth untersucht. Diese Untersuchungsbefunde zeigen, "daß in höher gelegenen Gebieten auch höhere Mengen an Schadstoffen mit den Niederschlägen in den Boden eingetragen werden. Besonders eindrucksvoll zeigte sich dies bei Profilmessungen im Fichtelgebirge im Bereich zwischen Untersteinach und Warmensteinach im Vergleich zu solchen im Steigerwald anhand von Schneeproben. So waren die Konzentrationen so toxischer Schwermetalle wie Cadmium und Blei 1,6- bzw. 2,9mal höher und deren Einträge 5,5- bzw. 9,7mal höher als im Steigerwald. Zum anderen zeigte sich, daß die Belastung der oberflächennahen Grundwässer und z.T. auch der Flußwässer wesentlich geringer ist als diejenige der Gesamtniederschläge. Dies kann nur eine Folge der Bindung der Schadstoffe im Boden sein[13]."

Für den Untersuchungsraum ist folgende Situation typisch:

- deutliche Versauerung[14] der Oberläufe in Fließgewässern "in den kalkarmen Bereichen des Fichtelgebirges und des Frankenwaldes, und zwar vornehmlich in den quellennahen, zumeist im Wald gelegenen und damit relativ kurzen Strecken,
- bereits erste Belastungen durch Abwassereinleitungen oder Abschwemmungen aus der Landwirtschaft führen zu einem raschen Anstieg des ph-Wertes, so daß die Mittel- und Unterläufe neutral oder leicht alkalisch sind[15]."

Als Ursachen der Versauerung gelten nach Frederking:

- saurer Regen (Schwefeldioxid und Stickoxide)
- Schnee und Schneeschmelzwasser (welche die Schadstoffe aus der Luft enthalten)
- Himinsäuren aus Fichtenmonokulturen (die auch durch normalen Regen ausgespült werden)
- der kalkarme geologische Untergrund (Urgestein mit seinem nur geringen Pufferungsvermögen)[16].

Folgen der Versauerung der Gewässer sind:

1. Verarmung an Pflanzen und Tierarten
2. Aussterben der Fische in Fließgewässern, z.B. plötzliches Fischsterben zur Zeit der Schneeschmelze

3. Wenn aus versauertem Wasser Trinkwasser gewonnen werden muß, dann ist das Rohwasser zu neutralisieren (zusätzlicher Kostenaufwand).

1.5.3 Belastungen des Bodens

Wie Abbildung 6 zu verdeutlichen versucht, wird auch der Boden über Emissionen/Transmissionen/trockene oder nasse Deposition, also Immissionen belastet. Im Untersuchungsraum Nordostoberfranken sind in diesem Zusammenhang besonders zu diskutieren:

a) Einflüsse auf Waldböden und
b) Einflüsse auf landwirtschaftliche Böden.

Abb. 6: Schematische Übersicht über die Belastung des Bodens und ihre Herkünfte in bezug auf die vier wichtigsten Nutzflächen-Kategorien der Bundesrepublik Deutschland (Siedlungs- und Verkehrsflächen überproportional dargestellt; räumliche gegenseitige Durchdringung nicht berücksichtigt) mit Hinweisen auf die Wirkungen im Bodenprofil

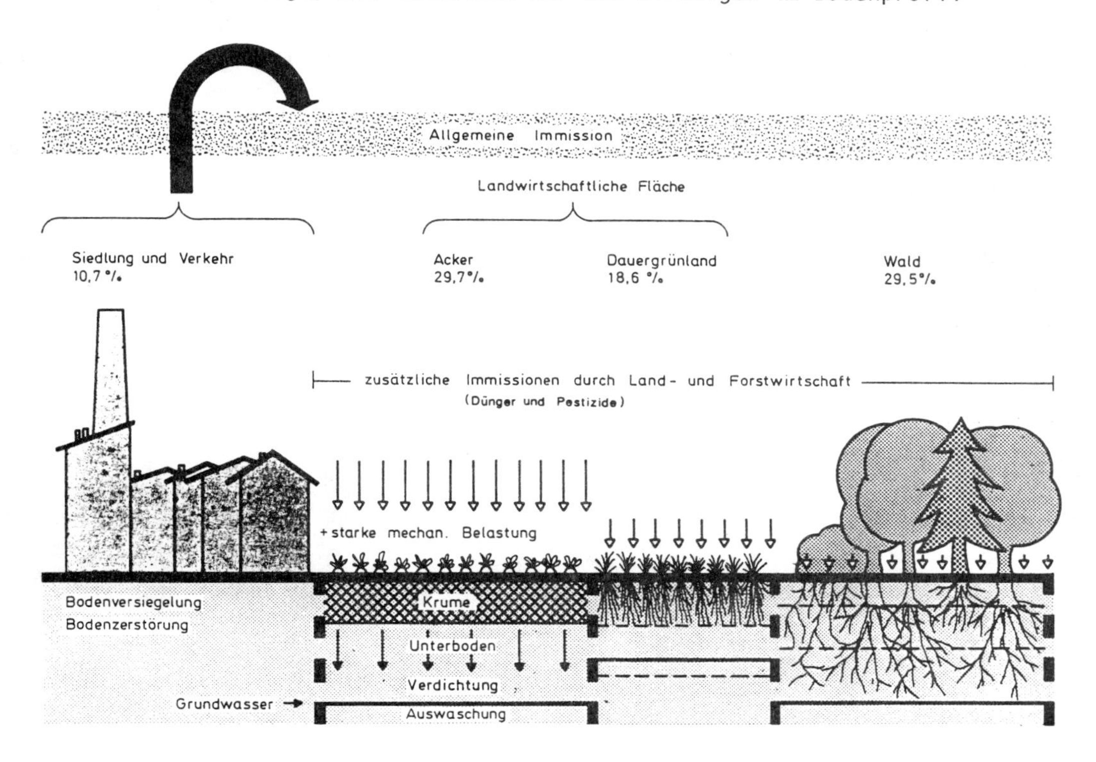

Quelle: Rat von Sachverständigen für Umweltfragen, Umweltprobleme der Landwirtschaft, Sondergutachten März 1985, Stuttgart und Mainz 1985, S. 181.

zu a) Einflüsse auf Waldböden

Das Bayerische Geologische Landesamt hat 1953 und 1981/82 Proben von Waldböden genommen und analysiert. "Dabei zeigte sich, daß dieses Gebiet mit einem durchschnittlichen ph-Wert von 3 zu den wenigen in Bayern aufgenommenen Gebieten gehört, wo mehr als 50 % aller Profile versauerten. Insgesamt lassen die Ergebnisse den Schluß zu, daß aufgrund der, gemessen an der Dauer der Bodenentwicklung, sehr kurzen Zeitspanne zwischen Ausgangs- und Vergleichungsmessung die zusätzliche Versauerung nur in untergeordnetem Maß das Ergebnis eines Fortschreitens der natürlichen Versauerung sein kann.

Außer der meßbaren Erniedrigung des ph-Wertes des Bodens werden durch den Säureeintrag sehr komplexe stoffliche Vorgänge hervorgerufen. Die Folge sind u.a. die Auflösung bisher stabiler chemischer Verbindungen und die Entstehung neuer Stoffe, die Freisetzung toxischer Metalle aus Boden und Gestein (Schwermetalle, Aluminium) neben den ohnehin aus der Luft eingetragenen Schwermetallen und vor allem die Auswaschung bisher gebundener Nährstoffe. Vor allem letzteres führt dann im Laufe der Zeit zu einer mangelhaften Nährstoffversorgung der Bäume. So ist die Gelbfärbung der Nadeln ein typisches Anzeichen solcher Mangelerscheinungen, wobei Magnesium eine vorherrschende Rolle zu spielen scheint[17]." Den gegenwärtigen Stand der Erkenntnisse geben die Abbildungen 7 und 8 wider.

zu b) Einflüsse auf landwirtschaftliche Böden

Landwirtschaft ist besonders erfolgreich auf guten Böden. Versäuerungen stören die Nährstoffversorgung. Seit 1983 werden in Oberfranken auf Veranlassung der Landwirschaftbehörden ph-Wert-Untersuchungen des Ackerlands durchgeführt. Dabei soll der aktuelle Versauerungsgrad in gefährdeten Bereichen festgestellt werden, um geeignete Gegenmaßnahmen, etwa notwendige Kalkungen, Ausarbeitung von Anbauempfehlungen und weitergehende Bodenuntersuchungen, einleiten zu können.

Abb. 7: Einige wichtige diskutierte Erklärungsansätze für das Zustandekommen der Waldschäden

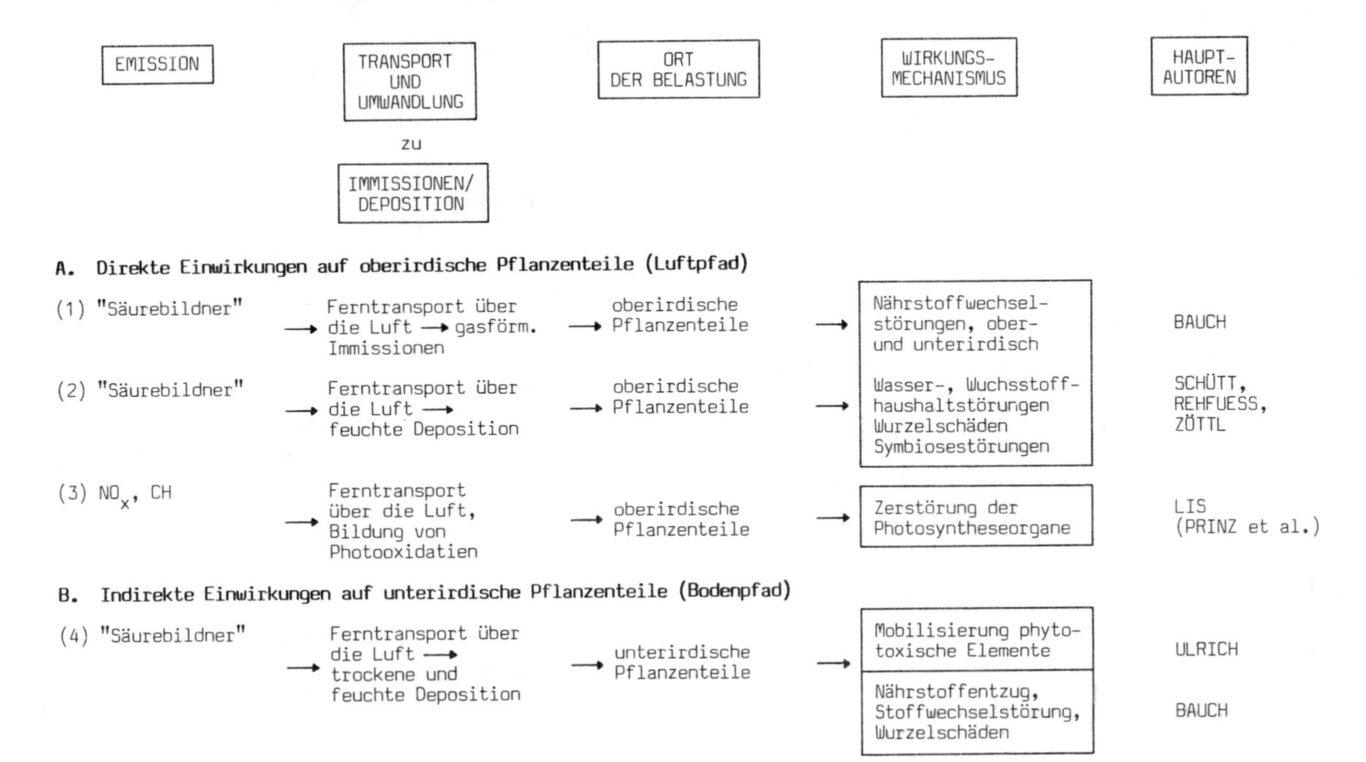

Quelle: Deutscher Bundestag, Drucksache 10/113.

Abb. 8: Schema möglicher Kausalketten beim Waldsterben

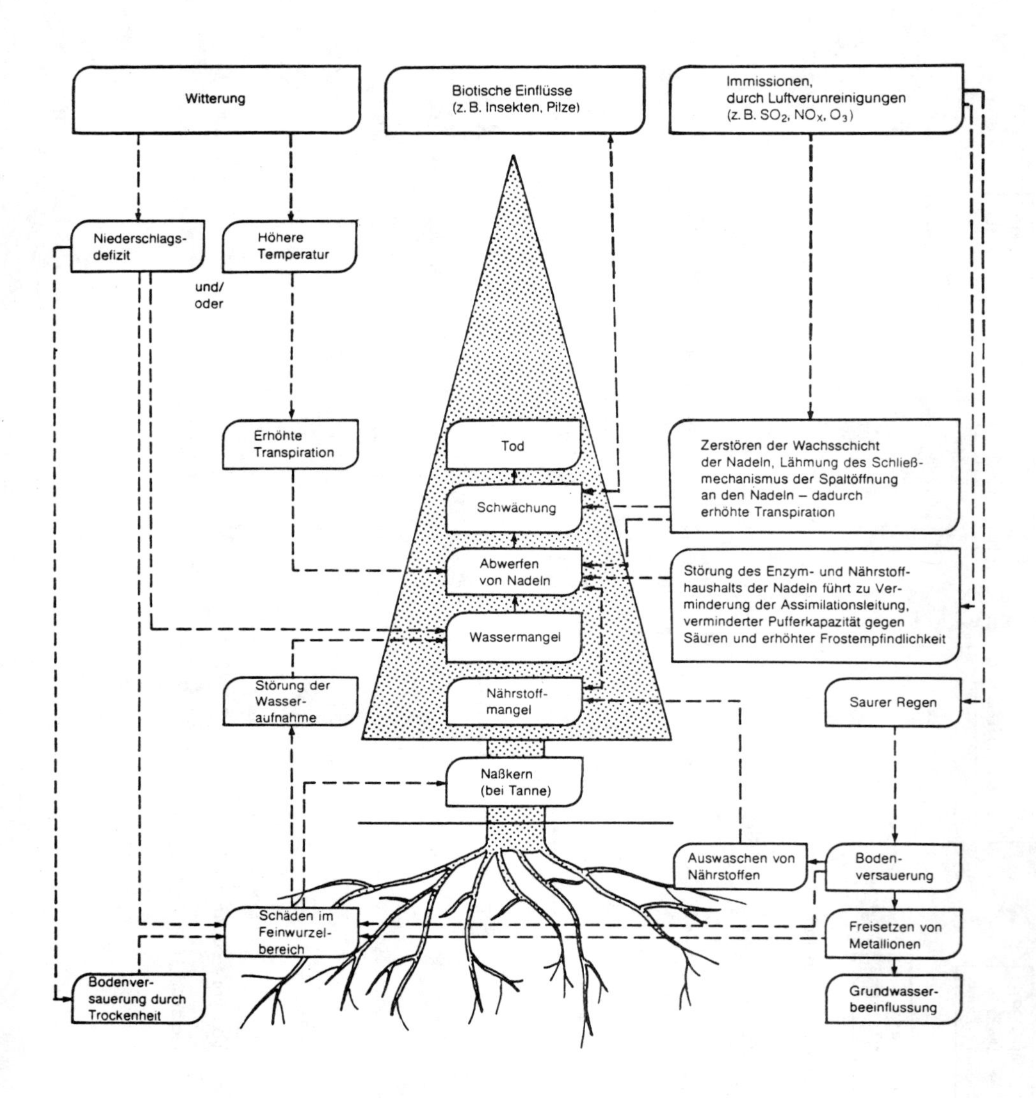

Aus: Walderkrankung und Immissionseinflüsse. Information des Ministers für Ernährung, Landwirtschaft, Umwelt und Forsten Baden-Württemberg, Januar 1986, S. 2.

Bisher wurden folgende Ergebnisse gewonnen[18], wie Tab. 24 zeigt.

Tab. 24: Versauerungsgrad in gefährlichen Bereichen Nordost-Oberfrankens

ph-Bereich		Anteil der untersuchten Ackerflächen[18]	
4,0 - 4,5	stark sauer	6 %)	
4,6 - 5,0)		21 %)	58 %
5,1 - 5,5)	sauer	31 %)	
5,6 - 6,0)		19 %)	
6,1 - 6,5)	schwach sauer	9 %)	42 %
6,6 - 7,0	neutral	14 %)	

Quelle: Frederking, R., a.a.O., S. 19.

1.5.4 Abfall

Nach wohl allgemeiner und vorherrschender Meinung ist die Beseitigung des Abfalls durch Müllverbrennung bei entsprechender Rauchgasreinigung die einzige brauchbare Möglichkeit, die ständig steigenden Abfallmengen zu beherrschen.

Deponien sind dagegen wegen der von ihnen ausgehenden Gefahren für das Grundwasser und den Flächenverbrauch äußerst kritisch zu beurteilen. Stellt man fest, daß in Nordostoberfranken der Anschluß an Deponien 100 % beträgt und folglich keine Müllverbrennung erfolgt, erübrigt sich jeder weitere Kommentar.

1.6 Konsequenzen für Menschen, Tiere und Pflanzen

Rudolf Sies hat in sehr anschaulichen und überzeugenden Ausführungen[19] auf die gesundheitlichen Beeinträchtigungen durch SO_2-haltige Luft hingewiesen.

"Seit Jahren leiden die Menschen im nordostoberfränkischen Grenzgebiet unter dem sogenannten "Katzendreckgestank"." "Bereits im Januar 1982 führte die Technische Universität München im Auftrag des Bayerischen Umweltministeriums eine Untersuchung an Arzberger Bürgern durch. Die dabei erhobenen Befunde entsprachen den von den Untersuchten beklagten Beschwerden wie Reizhusten und Trockenheitsgefühl im Hals. Nur 7 % der untersuchten Personen konnten als "rachengesund" bezeichnet werden.

Besonders in den Wintermonaten Januar bis März 1984 wurden im nordostbayerischen Grenzgebiet bei östlicher Luftströmung und austauscharmer Wetterlage sehr hohe SO_2-Spitzenwerte gemessen. Die in den Meßstationen aufgezeichneten höchsten Halbstundenmittelwerte lagen über Wochen deutlich höher als 0,4 mg/m^3 (Grenzwert der TA Luft für zulässige Kurzzeitwerte von SO_2).

Die Tagesmittelwerte für SO_2 lagen in Hof an 11 Tagen des 1. Quartals 1984 höher als 0,3 mg/m^3 (Grenzwert der Richtlinie VDI 2310 für eine 24stündige Einwirkungsdauer). Mitte Februar wurde dieser Wert an 6 Tagen hintereinander deutlich überschritten.

Die Ärzte Nordostoberfrankens beobachteten als Folge der hohen SO_2-Immissionen ein gehäuftes Auftreten von Atemwegserkrankungen mit schlechter Heilungstendenz und Neigung zu Komplikationen (Nasennebenhöhlenentzündung, Mittelohrentzündung, eitrige Bronchitis). Dies steht in Einklang mit den bekannten Auswirkungen von SO_2 auf den menschlichen Organismus: Schleimhautschädigungen durch Verätzung (Bildung durch Schwefelsäure auf feuchten Schleimhäuten), Schädigung des Flimmerepithels des Respirationstraktes mit der Folge eines gestörten Selbstreinigungsmechanismus und allgemeine Schwächung des Immunsystems. Andere Schadstoffe wie Stickoxide haben bei diesen Vorgängen eine additive Wirkung. Interessant ist in diesem Zusammenhang, daß die Forstleute unserer Region in den Wintermonaten dieses Jahres ein unerwartet schnelles Fortschreiten des Waldsterbens beobachteten. Eine gleichsinnige Schädigung der biologischen Systeme Mensch und Wald zeichnet sich ab[20]. Interessant ist in diesem Zusammenhang, daß im ganzen Jahr 1981 in Hof noch kein Tagesmittelwert von SO_2 über 0,3 mg/m^3 ermittelt wurde[21].

1986 wies der gleiche Verfasser aufgrund von Aufzeichnungen mehrerer Kollegen und seiner eigenen Aufzeichnungen in den Wintermonaten 1984/85 und 1985/86 auf die Zusammenhänge hin zwischen "Bronchitis, Rachenentzündung, Kehlkopfentzündung, Asthma, Nasennebenhöhlenentzündung (Sinusitis) etc. Bei der Auswertung wurden die wöchentlichen Fallzahlen zusammen mit den höchsten So_2 - Halbstundenmittelwerten der Meßstation Selb aufgetragen, die den lufthygienischen Wochenberichten des Bayerischen Landesamtes für Umweltschutz zu entnehmen waren. Dabei zeigten sich sehr interessante Beziehungen. Die Erkrankungen an Rachen- und Kehlkopfentzündungen waren eng korreliert mit der Schadstoffkurve. Bei der Bronchitis und Nasennebenhöhlenentzündung traten Zeitverschiebungen auf, die sich durch die Krankheitsentstehung zwanglos erklären lassen. Die Bronchitis tritt als absteigende Infektion, die Nasennebenhöhlenentzündung als Folge verschleppten Schnupfens eben nicht sofort nach der Schleimhautschädigung durch Schadstoffe in Erscheinung. Den deutlichen zeitlichen Zusammenhang zwischen hohen Schadstoffbelastungen und Atemwegserkrankungen zeigt auch eine Untersuchung der AOK Hof für die Monate Februar und März 1986. Die täglichen Krankmeldungen und Krankenhauseinweisungen wurden dabei zusammen mit den laufend gemessenen SO_2-Werten graphisch dargestellt. Diese Untersuchung konnte nachweisen, daß auf die Schadstoffspitzen sehr deutliche Gipfel bei den Atemwegserkrankungen folgen[22].

Wie unangenehm die Situation für die Betroffenen ist, zeigen die folgenden Ausführungen von Sies:

"Auf ein Krankheitsbild will ich besonders hinweisen, da es im Zusammenhang mit der hohen Schadstoffbelastung der Luft in den Wintermonaten immer häufiger auftritt. Es handelt sich dabei um die trockene Entzündung der Nasenschleimhaut. Sie ist verbunden mit einem Trockenheitsgefühl in der Nase, starker Borkenbildung, Schneuzen blutigen Schleimes und häufigem Nasenbluten. SO_2, das sich auf feuchten Schleimhäuten in die stark ätzende Schwefelsäure verwandelt, und andere Schadstoffe wie Schwebstaub sind als Ursache dafür anzusehen.

Viele Menschen unseres Raumes klagen ständig über Reizerscheinungen der Schleimhäute wie Augenbrennen, verstopfte Nase, Kratzen im Hals, belegte Stimme und vermehrte Schleimbildung. Es ist bezeichnend, daß diese Beschwerden bei Urlaubsaufenthalten in anderen Gegenden sehr schnell verschwinden, nach der Rückkehr aber bald wieder auftreten. Von vielen meiner Patienten wurde mir dies berichtet. Auffällig häufig sind in Belastungszeiten Beschwerden wie Übelkeit bis zum Erbrechen, Bauchkrämpfe, Durchfall, Kopfschmerzen und Schwindel. Diese Symptome einer Beeinträchtigung des vegetativen Nervensystemes lassen sich durch SO_2-Wirkung nicht erklären. Organische Schwefelverbindungen sind als Ursache dafür anzunehmen. Diese sind als Bestandteil des geruchsintensiven Schadstoffgemisches nachgewiesen, das bei uns als "Katzendreckgestank" bezeichnet wird und in seinen Auswirkungen weitgehend unerforscht ist[23]."

Detaillierte Untersuchungen über die Auswirkungen der Luftverschmutzung auf die Tierwelt in Nordostoberfranken sind nicht bekannt. Es kann deshalb an dieser Stelle nur auf das Aussterben der Flußperlmuschel hingewiesen werden, die in den versauerten Bachläufen Nordostoberfrankens keine Lebensgrundlagen mehr findet[24].

Die Auswirkungen der Luftbelastung durch SO_2 und NO_x auf die Pflanzenwelt sind durch das Waldsterben hinreichend bekannt. Weniger bekannt ist die Tatsache, daß Pflanzen oft schon bei niedrigeren Schadstoffkonzentrationen in der Luft erkranken als der Mensch. So stellen sich Schädigungen an Bäumen wie Fichten und Tannen nach der VDI-Richtlinie 2310, Blatt 2, schon bei mittlerer SO_2-Konzentration in der Luft von 0,05 mg/m^3 ein, nach Ansicht der Fachgruppe "Luftverunreinigung" der IUFRO (Internationaler Verband forstlicher Forschungsorganisationen) für den Fall höherer Lagen oder extremer Standorte - wie dies in den nordostoberfränkischen Mittelgebirgen z.T. zutrifft - bereits bei SO_2-Konzentrationen von 0,025 mg7m^3. Die in Oberfranken auftretenden SO_2-Belastungen befinden sich also durchaus in einem Bereich, der Waldschäden auslösen kann. Somit decken sich Ausmaß der Waldschäden und Belastung der Luft durch den Schadstoff Schwefeldioxid in keinem Gebiet der Bundesrepublik so deutlich wie in Nordostoberfranken.

Darüber hinaus spielen auch Belastungen der Vegetation durch andere Schadstoffe, vor allem durch Ozon eine nicht unwichtige Rolle, wie in zunehmendem Maß erkannt wird. Dabei ist ebenso wie beim Menschen zu berücksichtigen, daß bei der Einwirkung mehrerer Schadstoffe Erkrankungen bereits bei z.T. wesentlich geringeren Konzentrationen stattfinden können (sog. Synergismen), so daß die in der Praxis angewendeten Grenzwerte nur als Orientierung dienen können[25].

Weitergehende Untersuchungen über Einflüsse der Luftverunreinigung auf die Vegetation in Nordostoberfranken konnten nicht ermittelt werden. Frederking weist allerdings darauf hin, daß bestimmte Flechtenarten, die sich als gute Bioindikatoren erwiesen haben, untersucht werden. Dabei hat sich gezeigt, daß in den nordostbayerischen Waldschadensgebieten - vor allem im Fichtelgebirge - die ursprüngliche Artenvielfalt der Flechtenvegetation geschwunden ist Die gegen saure Schwefelverbindungen empfindlich reagierenden Arten fehlen stellenweise fast völlig oder sind stark geschädigt. Auffällig ist ein deutlicher Rückgang der einheimischen Pilzflora, sowohl der Zahl als auch der Artenvielfalt nach[26].

Im Hinblick auf die wirtschaftlichen und ökologischen Wirkungen kann man cum grano salis sagen: Wald filtert und speichert Wasser, sorgt für ein ausgeglichenes Klima, schützt vor Bodenerosion, reinigt die Luft, schafft Sauerstoff, schützt landwirtschaftliche Flächen und Verkehrswege und ist Rückzugsgebiet für bedrohte Tiere und Pflanzen.

Wald schafft Arbeitsplätze, sowohl unmittelbar in der Forst- und Holzwirtschaft als auch mittelbar im vor- und nachgelagerten Betrieb.

Wald ermöglicht in Nordostoberfranken auch Fremdenverkehr. Schwerpunkte des Fremdenverkehrs sind die Naturparks Frankenwald, Fichtelgebirge und Fränkische Schweiz/Veldensteiner Forst.

In den meisten Orten des Fichtelgebirges liegt die durchschnittliche Auslastung der Fremdenverkehrsbetten allerdings unter 30 %. (Im Kalenderjahr 1985 wurden im Landkreis Wunsiedel im Fichtelgebirge und in den Gemeinden des Landkreises Bayreuth, die im Fichtelgebirge liegen, rd. 927 300 Übernachtungen gezählt, nach Angaben des Landkreisamtes Wunsiedel i. Fichtelgebirge vom 17.7.1986).

1.7 Weitere Entwicklung

Die weitere Entwicklung in Nordost-Oberfranken dürfte vor allem von drei Komponenten abhängen:

- der demographischen Komponente
- der gesundheitlichen Komponente und
- der wirtschaftlichen Komponente.

Wie schon im Rahmen der Status-quo-Prognose ausgeführt wurde, ist damit zu rechnen, daß die Bevölkerung in der Planungsregion 5 bis zum Jahr 2000 um rd. 55 000 Personen abnehmen wird, das sind rd. 10 % der Bevölkerung des Jahres 1981. Nach der Prognose des Bayerischen Staatsministeriums für Landesentwicklung und Umweltfragen in "Bayern regional 2000" wird der überwiegende Teil des Bevölkerungsverlustes auf den Sterbefallüberschuß und - nach der Prognose - nur ein ganz geringer Teil auf Abwanderungen zurückzuführen sein. Diesen rd. 10 % der Region Oberfranken-Ost sind rd. 2,3 % an Bevölkerungsverlust in Bayern insgesamt gegenüberzustellen.

Aus verschiedenen Gesprächen im Untersuchungsraum, Zeitungsberichten und Fernsehsendungen[27)] kommt immer wieder deutlich heraus, daß vor allem junge Menschen und junge Familien abwandern wollen, wenn die gesundheitlichen Belastungen, die deutlich beschrieben und deshalb wohl auch so empfunden werden, nicht zurückgehen.

Inwieweit solche Erklärungen auch zu tatsächlichen Handlungen, d.h. Abwanderungen führen, kann nicht beurteilt werden.

Höchstwahrscheinlich wird das Ausmaß der Abwanderungen neben der gesundheitlichen Komponente, d.h. dem Gefühl, man könne woanders gesünder leben, vor allem durch die wirtschaftliche Komponente geprägt. Sind an einem anderen Standort die beruflichen Chancen deutlich besser, wird vermutlich die wirtschaftliche Komponente für die Abwanderung maßgebend sein, die gesundheitlichen Aspekte wirken dann vermutlich verstärkend.

1.8 Konsequenzen

Aus landesplanerischer, aus gesundheitspolitischer und aus wirtschaftlicher Sicht kann es nicht das Ziel der Bayerischen Staatsregierung sein, in der Planungsregion 5 Zukunftspessimismus die Oberhand gewinnen zu lassen (im Juni 1986 lag die Arbeitslosenquote im Bereich des Arbeitsamtes Bayreuth bei 7,9 %, in Hof bei 8,3 %). Um den vielfach vorherrschenden Eindruck "des von München Verlassenseins" entgegenzutreten, wird es - vielleicht stärker als bisher -

notwendig sein, Vertrauen zu schaffen. Vertrauen vor allem darauf, daß die Menschen in Nordbayern nicht ständig den Eindruck haben müssen, Bayern, das sei für die Staatsregierung in München vor allem der Raum zwischen Würzburg, Nürnberg, Berchtesgaden und Garmisch[28]. Wie diese Politik im einzelnen auszusehen hat, kann an dieser Stelle nicht erörtert werden[29]. Möglicherweise bedarf es eines noch intensiveren Nachdenkens über die Rolle des peripheren ländlichen Raumes. In diesem Zusammenhang kann man aber sicher begründet feststellen, daß die von Staatsminister A. Dick aus Anlaß der Fortschreibung des Landesentwicklungsprogramms verkündete "Einführung und Festschreibung des Vorhalteprinzips" einen wichtigen landesplanerischen Meilenstein darstellt[30].

2. Ruhrgebiet[31]

2.1 Geographische Ausgangslage

Wer vom Ruhrgebiet spricht, meint in der Regel den größten europäischen Wirtschaftsraum zwischen den Flüssen Ruhr und Lippe einerseits und dem Rhein und der Linie Hamm-Werl andererseits. Der allgemeine Sprachgebrauch geht von einer einheitlichen Zuordnung aus, die aber nicht existiert. Das Ruhrgebiet ist weder eine landschaftliche, noch eine historische, noch eine "stadtpolitische" Einheit, noch ein Regierungsbezirk. Das Revier wird sowohl durch den Regierungspräsidenten von Düsseldorf als auch von den Regierungspräsidenten von Münster und Armsberg verwaltet. Mit der Gründung des ehemaligen Siedlungsverbandes Ruhrkohlenbezirk (1920) und heutigen Kommunalverbandes Ruhrgebiet hat es sich jedoch eingebürgert, das Verbandsgebiet als räumliche und statistische Grundlage des Ruhrgebietes anzusehen.

"Das Gebiet umfaßt 53 selbständige Gemeinden. Im Kommunalverband sind 11 kreisfreie Städte, die Kreise Ennepe-Ruhr, Recklinghausen, Unna und Wesel mit zahlreichen kreisangehörigen Gemeinden zusammengeschlossen[32]." 1987 umfaßte das Verbandsgebiet 4432,8 km^2 mit 5,2 Millionen Einwohnern. (NRW hatte im gleichen Jahr 16,902 Millionen Einwohner und eine Fläche von 34 069,3 km^2). Im Rahmen dieser Untersuchung ist es jedoch weder möglich noch sinnvoll, den Versuch zu unternehmen, eine umfassende, präzise und zugleich weiterführende Aussage über die "umweltpolitischen und landesplanerischen Probleme" dieses großen Raumes zu machen. Die Probleme altindustrialisierter Räume mit Eigentumsverhältnissen, die sich in der Vergangenheit wie eine Bodenverkehrssperre durch die Montanindustrie darstellten, und fast unüberwindbare Qualifizierungsprobleme bei freigesetzten Bergleuten und Hüttenarbeitern, die durch das Stichwort vom "Tonnen-Denken" gut beschrieben sind[33], werden nicht anschaulicher durch Wiederholungen. Es erscheint deshalb zweckmäßig, sich bei den weiteren Ausführungen und den darauf aufbauenden Überlegungen, auf die in der Tabelle 13 dargestellten Städte zu beschränken, (vgl. S. 49). Als "engeres

KVR-Gebiet" werden deshalb für die Zwecke dieser Überlegungen die Städte Duisburg, Oberhausen, Mülheim, Bottrop, der Landkreis Recklinghausen, Gelsenkirchen sowie Herne, Bochum und Dortmund mit insgesamt 3,756 Millionen Einwohnern und einer Fläche von rd. 2053 km^2 beispielhaft dargestellt. Die Absatzkrise bei Kohle und Stahl, die alle Städte getroffen hat, verursacht häufig genug Wiederholungen aufgrund gleicher Befunde. Die Gesamtzahl von rd. 300 000 Arbeitslosen im Verbandsgebiet ist ein wichtiger Indikator für die Dimensionen der zu lösenden Probleme.

Der eingegrenzte Untersuchungsraum "engeres KVR-Gebiet" reicht vom Rhein im Westen bis zur östlichen Stadtgrenze von Dortmund, von der Ruhr im Süden bis etwa zur Lippe im Norden.

2.2 Demographische, wirtschaftliche und verkehrliche Ausgangslage

Geht man von den drei klassischen Produktionsfaktoren Boden, Kapital (produzierte Produktionsmittel) und Arbeit aus, dann kann man am Beispiel des Ruhrgebietes in einzigartiger Weise nachvollziehen, wie ein gutes Zusammenwirken dieser drei Faktoren bei entsprechender Nachfrage und einer an der Nachfrage orientierten Produktgestaltung Wohlstand erzeugt und nach Ablauf von rd. 150 Jahren bei nachlassender Nachfrage und unzureichend schneller Umstellung der Produktionsfaktoren Arbeitslosigkeit, wirtschaftlicher Niedergang, allgemeine Depression entsteht.

Seit 1957 ist bei Kohle und Stahl "eine Talfahrt ohne Ende" festzustellen, die vermutlich noch weitere Arbeitsplätze kosten wird. (Man spricht bis 1989 von einem weiteren Verlust von rd. 17 000 Arbeitsplätzen bei Krupp, Thyssen und Hoesch, also im Ruhrgebiet, während im Saarland ebenfalls einige Tausend Arbeitsplätze in Gefahr sind.)

Der Rückgang der Arbeitsplätze bei Kohle und Stahl wurde durch einen dramatischen Verlust an Absatzmöglichkeiten ausgelöst. Dieser Absatzrückgang traf die arbeitende Bevölkerung praktisch unvorbereitet. Die dadurch ausgelösten ökonomischen und emotionalen Probleme sind letztlich das entscheidende Problem des Ruhrgebiets und des Saarlands. Deshalb wird im folgenden darauf etwas detaillierter eingegangen, weil m.E. Landesplanung ohne Beachtung der historischen und sozialen Wurzeln eines Problems in der Regel scheitern muß. In den Grenzen des Kommunalverbandes Ruhrgebiet (KVR) lebten

1850 0,4 Mio Ew.,
1910 3,1 Mio Ew.,
1959 5,0 Mio Ew.,

1984 5,3 Mio Ew.,
1987 5,2 Mio Ew.[34].

Um 1800 förderten etwa 150 Stollenbetriebe jährlich rund 170 000 t Steinkohle, 1830 waren es rd. 500 000 t und rd. 100 Jahre später (1937) wurden mit 162 Schachtanlagen 127,8 Mio. t Steinkohle, 1957 auf 141 Schachtanlagen mit 494 000 Bergleuten rd. 123 Mio. t Steinkohle gefördert. 1986 gab es nur noch 24 Schachtanlagen, die 62,8 Mio. t Steinkohle förderten und 123 000 Bergleute beschäftigten. Von 1957 bis 1986 wurden 117 Zechen geschlossen und rd. 371 000 Bergleute entlassen[35]. 1986 wurden für rd. 160 000 Bergleute rd. 8 Mrd. DM als Förderzuschuß und "Kohlepfennig" aufgewendet[36].

Eisen, so berichtet Helmrich, "wurde im Ruhrgebiet bereits vor mehr als 200 Jahren in Oberhausen, in den Vorläufer-Betrieben der späteren Gutehoffnungshütte gewonnen. 1849 begann die Massenerzeugung von Roheisen im Ruhrgebiet in Mülheim mit dem Anblasen des ersten Kokshochofens. Die heimischen Erzlager reichten bald für die zunehmende Produktion nicht aus, so daß Eisenerze über den Rhein importiert werden mußten. Etwa ab 1850 entstanden deshalb am Rhein große Eisenhüttenwerke, ab der Jahrhundertwende auch in Dortmund, nachdem der Dortmund-Ems-Kanal eröffnet wurde. Durch die Erfindung des Bessemer-Verfahrens (1856), des Siemens-Martin-Verfahrens (1864) und des Thomas-Verfahrens (1878) wurde die Massenerzeugung von Stahl aus flüssigem Roheisen möglich. Zwischen 1850 und 1953/54 wurden im Ruhrgebiet bedeutende Erfindungen gemacht, deren serienmäßige Verwertung die Wirtschaftskraft dieser Region enorm steigerten. Erwähnt sei nur die Erfindung des nahtlos geschmiedeten Eisenbahn-Radreifens aus Gußstahl 1853 bei Krupp und rd. 100 Jahre später die Gewinnung von Polyäthylen bei normalem Druck im Max-Planck-Institut in Mülheim.

Die Kohle des Ruhrgebiets zog aber nicht nur die Eisen- und Stahlindustrie an, sondern zahlreiche andere Industriezweige, die zur Produktion ihrer Erzeugnisse einen großen Energieeinsatz benötigten, z.B. Aluminiumhütten, Hohl- und Flachglaswerke etc. Ebenso wie zunächst die Kohle führten später auch eisen- und stahlerzeugende Betriebe zur Ansiedlung bedeutender Weiterverarbeiter, wie z.B. Firmen des Brücken-, Großbehälterbaus oder der Stahlverformung etc. Die in der Nationalökonomie als besonders wichtig bezeichneten "Fühlungs- (Standort)-Vorteile" waren im Ruhrgebiet besonders ausgeprägt. Die Nachfrage von Bergbau-, Eisen- und Stahlindustrie nach Maschinen, Steuerungseinrichtungen, Apparaten etc. führte in unmittelbarer räumlicher Nähe zu einem ausgeprägten und sehr differenzierten Produktionsverbund, so daß "technische Neuerungen wie der Kohlenhobel, der Schrämmlader oder das vollkontinuierlich arbeitende Walzwerk in engem persönlichem Kontakt zwischen Herstellern und Abnehmern entwickelt werden konnten[37]. Es war nur folgerichtig, daß sich aufgrund dieser Verflechtungen im Ruhrgebiet Unternehmen von Weltgeltung entwickelten, die im

In- und Ausland komplizierte Hüttenwerke erstellen und ganze Bergwerke abteufen bzw. ausrüsten konnten.

Das entscheidende ökonomische, siedlungsstrukturelle, industriepolitische und emotionale Problem ist nur, daß das Jahrhundert von Kohle und Stahl, das das Ruhrgebiet zu unvergleichlicher Wirtschaftskraft und zu einem - wie dargelegt - enormen Bevölkerungszuzug führte, in unserer Zeit durch Erdöl, Kunststoff und Silizium abgelöst wurde, so daß man festhalten muß, daß wohl das Ende der "Eisenzeit" gekommen ist. Die gut funktionierenden, wettbewerbsfähigen und einen vergleichsweise hohen Wohlstand schaffenden Produktionsstrukturen zwischen Ruhr und Lippe fanden und finden keine adäquate Nachfrage mehr. Produzierte Produktionsmittel und technisches Know how der Arbeitskräfte wurden durch den technischen Fortschritt bei Produktionsprozessen und Produkten sowie das billigere Erdöl entwertet.

Persönlichkeiten in und außerhalb des Reviers, die die Entwicklungslinien frühzeitig erkannten, scheiterten mit ihren Vorschlägen zur rechtzeitigen Diversifizierung der Produktpalette des Reviers an traditionellen Verhaltensweisen der Menschen (noch Anfang der 60er Jahre galt für einen Bergmann oder einen Stahlarbeiter: "Meine Frau braucht nicht zu arbeiten, ich verdiene genug", weshalb Betriebe mit Frauenarbeit zu Beginn der Stahl- und Kohlenkrise keine Arbeitskräfte bekamen und sich deshalb nur in geringem Umfang im Ruhrgebiet ansiedelten und/oder an der faktischen Bodenverkehrssperre der Montanbetriebe, die Grundstücksveräußerungen an Nicht-Montanbetriebe zu unterbinden wußten, weil sie die Konkurrenz um die Arbeitskräfte, vor allem bei den Lehrlingen (!!!) fürchteten. Der dringend notwendige Übergang von alten zu neuen Produkten und neuen Produktionsverfahren wurde so ungeheuer erschwert und verzögert; er ist heute die Hauptursache für die absolute und relative Armut im Ruhrgebiet.

Bevor dieses erste Zwischenergebnis räumlich weiter differenziert wird, ist jedoch noch kurz auf die absehbare Entwicklung von Kohle und Stahl einzugehen, die als Industriezweige das Revier auch in den nächsten Jahren noch prägen werden.

An dieser Stelle und in diesem Zusammenhang kann allerdings kein ausführlicher Exkurs über montanindustrielle Probleme formuliert werden. So dramatisch der Abbau von Arbeitsplätzen bei Kohle und Stahl und der Niedergang dieser traditionsreichen Industriezweige auch ist, so sehr muß er industriepolitisch, landesplanerisch und stadtentwicklungspolitisch differenziert und frei von Emotionen gesehen werden. Die deutsche Steinkohle ist aus bekannten Gründen (zu hohe Produktionskosten) gegenüber den bedeutendsten Kohlenanbietern der Welt, den USA und Südafrika, nicht wettbewerbsfähig. Das Preisverhältnis Kohle und Öl unterliegt zahlreichen externen Einflußmöglichkeiten, die von der

Bundesregierung nicht kontrolliert werden können. Der hohe Preis der deutschen Kohle ist deshalb bei ihrem Einsatz in Kraftwerke oder weiterverarbeitende Produktionsverfahren stets als "energiepolitische Versicherungsprämie" zu sehen, der sog. Kohlepfennig, mit dem deutsche Kohle auf den Preis von schwerme Heizöl für Elektrizitätswerke heruntersubventioniert wird, als entsprechende "Inkasso-Maßnahme der Versicherung". Ludwig Erhard hat am 16. Mai 1962 eine 140 Mio. t Absatz-Garantie für den Bergbau gegeben. 1985 lag der Absatz bei rd. 92 Mio. t Steinkohle und sicherte damit rd. 166 000 Arbeitsplätze[38]. 1986 lieferte der Steinkohlenbergbau nur noch rd. 27,3 Mio. t SKE an die Stahlindustrie und 41,2 Mio. t SKE an Kraftwerke[39]. Geht man davon aus, daß die gegenwärtige Bundesregierung ihren energiepolitischen Kurs beibehält, dürften damit gewisse Orientierungslinien gegeben sein. Nicht zuletzt auch deshalb, weil einmal geschlossene und damit "abgesoffene" Zechen nicht mehr reaktiviert werden können.

Anders verhält es sich beim Stahl. Von 1957 bis 1987 hat die eisenschaffende und stahlerzeugende Industrie rd. 95 000 Arbeitnehmer ausgestellt. Ein weiterer Personalabbau in Höhe von rd. 25 000 Arbeitskräften, davon 17 000 im Ruhrgebiet, ist in der Diskussion. "Feld-, Wald- und Wiesenstahl" kann praktisch in jedem Land hergestellt werden. Die deutsche Stahlindustrie im Ruhrgebiet, im Saarland und z.T. in Niedersachsen kann ihre Produktion praktisch nur dann halten, wenn es ihr gelingt,

- Spezialstähle bzw. Bleche als technologische Spitzenprodukte an - vorwiegend deutsche bzw. europäische - Weiterverarbeiter in einer Art Hand-in-Hand-Arbeit zu verkaufen (unmittelbarer Produktionsverbund) und wenn
- die europäischen und internationalen Wettbewerbs-Unternehmen zu gleichen Bedingungen, d.h. ohne staatliche Subventionen auf dem deutschen Markt anbieten oder wenn
- die Bundesregierung "Chancengleichheit im Wettbewerb" herstellt.

Wie sich Steinkohlenbergbau und stahlerzeugende Industrie weiterentwickeln werden, die noch vor wenigen Jahrzehnten in einem engen Produktionsverbund standen, der einen erheblichen Teil der Steinkohlenproduktion aufnahm, ist äußerst ungewiß. Deutlich sollte jedoch geworden sein, daß mit der Förderung der deutschen Steinkohle stets eine Art von energiepolitischer Versicherung verbunden ist, während es bei der Stahlindustrie durchaus offen ist, ob beispielsweise im Jahr 2000 die deutsche Stahlindustrie für deutsche Stahlverarbeiter die erste Adresse ist. (An bedeutende Exporte wagt ohnehin heute niemand mehr zu denken[40]!) Sieht man deutsche Steinkohle als energiepolitische Versicherung, wird man die mit der Nordwanderung des Bergbaus im Ruhrgebiet entstehenden Probleme des technischen und ökologischen Umweltschutzes u.U. anders beurteilen müssen als die Emissionen von Betrieben der eisenschaffenden und stahlerzeugenden Industrie. Die Beurteilung wird letztlich auch davon abhängen, wie man die wesentlichen Ziele für das Ruhrgebiet selbst gewichtet:

- Schaffung einer den heutigen Ansprüchen gerecht werdenden Industrielandschaft mit ansprechendem Wohn-, Umwelt- und Freizeitwert mit langem Atem, um die Voraussetzungen für eine "neue Begabung" des Raumes und der nachwachsenden Erwerbspersonen zu schaffen oder (vergebliches) Bemühen um die
- kurzfristige Bereitstellung ausreichend differenzierter Arbeitsplätze in einem Umfang, der die Arbeitslosigkeit nachhaltig und schnell abbaut ohne Rücksicht auf städtebauliche Qualitätsverbesserung und Umweltschutz
- Schutz der natürlichen Lebensgrundlagen als ökologischer Engpaßfaktor.

Auf diese Ziele und die damit verbundenen Probleme wird an späterer Stelle zurückgekommen.

Zunächst gilt es, die Situation der Ruhrgebietsstädte mit einigen "groben Strichen" kurz vorzustellen, soweit das für die hier zu führende Diskussion über die Wechselwirkungen zwischen Umweltschutz und Landes- bzw. Regionalplanung erforderlich ist.

Die Hauptstandorte der Schwerindustrie befinden sich in Duisburg, verständlicherweise am Rhein, der an keinem anderen Abschnitt seines Laufes so eng von Industrieanlagen gesäumt wird. (Man spricht von der "Industriegasse" des Rheins). Auf Duisburg, Oberhausen und Mülheim entfielen vor rd. 30 Jahren 70 % der Roheisenproduktion und 60 % der Rohstahlerzeugung; von 70 Hochöfen des Reviers standen hier 47 unter Feuer[41].

Die Hüttenwerke am Rhein produzierten 1982 über 13 Mio. t Roheisen und rd. 14 Mio. t Rohstahl, das war knapp die Hälfte der deutschen Eisen- und Stahlproduktion. Der Steinkohlenbergbau hat in Duisburg noch eine Zeche, die rd. 4700 Arbeitnehmer beschäftigt. Grundstoff- und Produktionsgüterindustrien, chemische Industrie, Betriebe der Nicht-Eisenmetall-Industrie, des Anlagen- und Maschinenbaus, des Schiffbaus und der Elektrotechnik verfügen nicht über genügende Aufträge, um die rd. 16 % Arbeitslosen des Oberzentrums Duisburg in Lohn und Brot zu bringen. Ebenso wie Duisburg und Mülheim wurde auch Oberhausen von der gegen Ende der 60er Jahre einsetzenden Kohlen-Absatzkrise und dem bis heute anhaltenden Stahl-Überangebot hart getroffen. Zechen und Hüttenwerke wurden geschlossen, und die sich nur allmählich entwickelnden Betriebe anderer Branchen konnten die zahlreichen Arbeitslosen in Oberhausen nicht absorbieren (Arbeitslosenrate 14 %). Mit Abstand das wichtigste Unternehmen ist in Oberhausen noch immer die Gutehoffnungshütte mit rd. 70 000 Beschäftigten und einer rd. 200-jährigen Tradition.

In Mülheim wurde 1966 die Kohleförderung eingestellt. Hier erfolgte (deshalb?) die Ergänzung der Gewerbe- und Industriestruktur vergleichsweise früh, so daß die Arbeitslosenquote in der Regel niedriger ist als in anderen Revierstädten. 60 % des örtlichen Sozialproduktes erbringt inzwischen der Dienstleistungssektor, der in Mülheim mit den Zentralen der Ladenketten Aldi und Tengelmann vertreten ist. Erhebliche wirtschaftliche Bedeutung haben aber noch immer Schwerindustrie, Maschinenbau und - abgestuft - die ledererzeugende Industrie.

Noch vor rd. 20 Jahren waren in Bottrop (rd. 110 000 Ew.) 45 % aller Erwerbstätigen im Steinkohlenbergbau tätig. Auch heute noch sind Bergbau und bergbaunahe Betriebe Stützpfeiler der wirtschaftlichen Entwicklung. Mit ca. 6000 Beschäftigten ist das Verbundbergwerk Prosper-Haniel der wichtigste Arbeitgeber. In den letzten Jahren konnten eine Reihe von neuen Betrieben angesiedelt werden, die die Produktionsstruktur differenzierten (chemische Industrie, Metallverarbeitung, Elektro- und Stahlbau etc.).

Im Landkreis Recklinghausen dominiert - v.a. im Süden des Kreisgebietes - nach wie vor der Bergbau. Mit rd. 20 000 Beschäftigten ist die Bergbau AG - Lippe größter Arbeitgeber. Diese Gesellschaft betreibt im Landkreis Recklinghausen 5 Schachtanlagen.

Im Kreisgebiet liegen die Städte Herten, Recklinghausen, Gladbeck und Castrop-Rauxel. Herten ist durch zwei Superlative gekennzeichnet: mit drei Gruben und einer Fördermenge von rd. 11 000 t täglich ist Herten z.Zt. die größte Bergbaustadt der Republik, zugleich beherbergt sie eines der größten fleischverarbeitenden Unternehmen in Europa. In Recklinghausen, Gladbeck und Castrop-Rauxel hat der Bergbau seine früher prägende Position verloren. Es gelang zwar, zusätzliche Betriebe anzusiedeln, doch sprechen zwei Zahlen ohne weiteren Kommentar für bzw. gegen die wirtschaftliche Situation: Die Industriebrache beträgt rd. 5,7 km^2, die Arbeitslosenzahl liegt bei 14 %. Die chemischen Werke Hüls in Marl bei Recklinghausen mit rd. 15 000 Beschäftigten sind rohstoffwirtschaftlich gesehen teils ein Betrieb der Kohlechemie, teils der Petrochemie.

Bergbau und Eisen- und Stahlindustrie sind auch in Gelsenkirchen noch vorherrschend. 1966 gingen 10 000 Arbeitsplätze im Bergbau verloren, als die Zechen Dahlbusch und Graf Bismarck geschlossen wurden. Die drei verbleibenden Schachtanlagen beschäftigten ca. 60 000 Arbeitnehmer, das sind mehr als ein Drittel aller Industriebeschäftigten. Daneben werden in Gelsenkirchen Erzeugnisse der Metallverarbeitung und der chemischen Industrie hergestellt. Eine nicht zu unterschätzende Bedeutung für die Wirtschaftskraft der Stadt haben Papier-, Glas-, Nahrungsmittel- und Textilindustrie.

Die Ruhrmetropole Essen mit rd. 630 000 Einwohnern ist nach Berlin, Hamburg, München und Köln die fünftgrößte Stadt der Republik. Essen hat sich von einer Montan-Stadt, die von Bergbau und Stahlindustrie abhängig war, zu einer modernen Wirtschafts- und Verwaltungsmetropole entwickelt, die die Funktion eines Oberzentrums wahrnimmt. (Mit über 22 Zechen und 60 000 Bergleuten war Essen zeitweise die größte Bergbaustadt des Kontinents.) Heute ist Essen der Sitz bedeutender Unternehmensgruppen wie RWE, Ruhrkohle AG, Friedrich Krupp AG, Ferrostaal, Thyssen Industrie AG, Karstadt und Raab-Karcher.

Trotz dieser sehr bedeutenden Unternehmen für das wirtschaftliche Gefüge der Stadt ist die Arbeitslosigkeit auch in Essen mit mehr als 14 % sehr hoch.

Zu Herne, das nachfolgend kurz skizziert wird, gehört seit 1985 auch Wanne-Eickel. Die Stadt hat rd. 170 000 Einwohner; sie liegt nördlich von Bochum und westlich von Dortmund, mit ebenso fließenden Übergängen, wie sie auch für die anderen Ruhrgebietsstädte üblich sind. Herne wurde, wie auch die anderen Städte des Ruhrgebiets, vor allem durch den Bergbau und seine Zulieferindustrie geprägt. Im Zuge des Strukturwandels gingen rd. 30 000 Arbeitsplätze verloren. Die Umstrukturierung der Produktion war nicht allzu erfolgreich; 16 % Arbeitslose sprechen eine deutliche Sprache. Herne ist zu mehr als 50 % überbaut, damit ist Herne die am dichtesten besiedelte Stadt Europas.

Mit 19 Schachtanlagen war Bochum 1959 die Stadt mit den meisten Zechen. 1973 wurde die letzte Grube geschlossen, die Stadt verlor auf diese Weise rd. 40 000 Arbeitsplätze, zu denen noch 10 000 bis 15 000 Arbeitsplätze kommen, die der Stahlkrise zum Opfer fielen. Größter Arbeitgeber ist heute die Opel AG, die 1962 angesiedelt wurde. Im Bochumer Werk der Opel AG wird der Kadett produziert, ein marktgängiges Fahrzeug. Sicherlich ebenso bedeutsam für die Umstrukturierung des Reviers wie die Ansiedlung einer Auto-Fabrik war die Gründung der Universität Bochum, die - ebenso wie die Universität Dortmund - weitgehend von Studenten aus der nächsten Umgebung des Oberzentrums Bochum besucht wird.

Abschließend ist noch auf das Oberzentrum Dortmund einzugehen, eine Stadt, die sowohl Industriestadt als auch Handels- und Verwaltungsmetropole des östlichen Ruhrgebiets ist. Mit knapp 600 000 Einwohnern und einer Fläche von 280 km^2 zählt sie zu den flächenmäßig größten deutschen Städten. Dortmund ist ein gutes Beispiel dafür, daß das Klischee von den Ruhrstädten mit ausschließlich vorherrschenden Fabrikschornsteinen und Mietskasernen nicht stimmt. Von der zusammenhängenden Industrie- und Siedlungslandschaft im Norden heben sich deutlich erkennbar land- und forstwirtschaftlich genutzte Flächen sowie großzügig angelegte Parks ab. Rd. 50 % des Stadtgebietes sind somit "grün". Dortmund, seit alters her der zweite Schwerpunkt der Kohleförderung und der Eisen- und Stahlerzeugung des Reviers (neben Duisburg), wurde von der Veränderung der

Nachfrage nach Energie und Stahl ebenfalls hart betroffen. Von ehemals 40 Schachtanlagen sind heute noch 2 im Betrieb. Von früher 80 000 Arbeitnehmern bei Kohle und Stahl sind heute noch rd. 20 000 bei der Hoesch Werke AG und rd. 16 000 bei der Bergbau AG Westfalen, den mit Abstand größten Arbeitgebern Dortmunds, beschäftigt. 44 000 Arbeitsplätze gingen verloren, Wie die folgende Tab. 25 zeigt, sind die Arbeitslosenquoten im Ruhrgebiet allgemein sehr hoch, am höchsten sind sie jedoch in Dortmund.

Auch hier können die Betriebe der Investitionsgüterindustrie (Maschinen-, Anlagen-, Stahl- und Brückenbau), die Nahrungs- und Genußmittelindustrie bzw. die 6 Großbrauereien sowie die ansässigen Dienstleistungsunternehmen die freigesetzten Bergleute und Stahlarbeiter nicht aufnehmen.

Die Angaben zur Dauerarbeitslosigkeit und über die älteren Arbeitslosen weisen überall sehr hohe Werte aus; bei der Dauerarbeitslosigkeit liegen 1985 Essen, Dortmund und Bochum "vorne", bei älteren Arbeitslosen sind die Unterschiede zwischen Duisburg, Dortmund, Bochum und Essen nicht sehr groß. Das sich in diesen Zahlen spielende soziale Leid und die 10 000-fache Zerstörung eines auf eigener Leistung aufgebauten Selbstwertgefühls bei jedem einzelnen Arbeitslosen und seinen Familienangehörigen kann von Nicht-Betroffenen sicher in keiner Weise richtig nachempfunden werden. Arbeitslosigkeit und daraus resultierende wirtschaftliche und soziale Not haben bei den Bergleuten und Stahlarbeitern am Rhein, an der Ruhr und der Saar auch noch eine andere Dimension, die häufig genug in den öffentlichen Diskussionen vergessen wird: Vor allem mit der Schaffenskraft und der Leistungsbereitschaft der Väter dieser Männer wurde nach dem zweiten Weltkrieg unter z.T. unmöglichen Arbeits- und Ernährungsbedingungen die westdeutsche bzw. die französische Wirtschaft wieder aufgebaut. Für die Söhne ist es besonders bitter zu erfahren, daß das einzig Stetige im individuellen wie im wirtschaftlichen Leben der Wandel ist, ein Wandel, der zu ihrer Zeit zum "Ende der Eisenzeit" führt und an manchen Standorten des Reviers Traditionen beendet, die - wie in Oberhausen - älter als 200 Jahre, in Hattingen 150 Jahre alt sind und sie mit einem Mal nicht mehr gefragt sind, sich vielmehr "überflüssig" fühlen müssen, obwohl sie nur das tun wollen, was Generationen vor ihnen auch getan haben: "Im Werk arbeiten". Würdigt man diese individuellen Situationen in ihrem Zusammenhang richtig, kann und muß man den Betroffenen individuell gerecht werden. Gleichzeitig muß aber der in großen Zusammenhängen Denkende das "Ende der Eisenzeit" und die Schrumpfung des Steinkohlenbergbaus auf das Niveau einer nationalen Energievorsorge als die säkulare Chance für einen Umbau dieser z.T. wenig menschenfreundlichen und sehr belasteten Industrielandschaft verstehen und mit an einer "Vision" arbeiten, die den an Rhein und Ruhr (und der Saar) Geborenen im Rahmen der deutschen Volkswirtschaft und ihrer internationalen Verflechtungen neue Aufgaben zuwachsen läßt, die in eine veränderte, d.h. umgebaute Wohn-, Arbeits-, Freizeit- und Umweltqualität übernommen werden können, ohne daß sich diese Men-

Tab. 25: Ausgewählte Indikatoren der Laufenden Raumbeobachtung für die Bundesrepublik und das Ruhrgebiet für die Jahre 1981[1] und 1985[2]

Indikatoren	Bundesgebiet		NRW		Dortmund		Bochum		Essen		Duisburg	
	1981[1]	1985[2]	1981[1]	1985[2]	1981[1]	1985[2]	1981[1]	1985[2]	1981[1]	1985[2]	1981[1]	1985[2]
Wanderungssaldo je 1000 E	5,1	2,4	3,9	- 2,1	- 3,4	- 9,9	- 0,8	- 8,6	- 0,6	- 6,5	- 3,0	- 14,4
Arbeitslosenquote	5,7	10,5	6,4	14,3	7,9	15,6	7,2	15,1	7,0	14,4	7,2	14,5
Dauerarbeitslosigkeit	9,0	29,0	13,0	43,0	16,0	63,0	20,0	61,0	17,0	57,0	17,0	56,0
ältere Arbeitslose	-	42,0	-	51,0	-	72,0	-	67,0	-	63,0	-	75,0
Binnenwanderungssaldo der Erwerbspersonen	6,0	0,0	- 1,4	0,9	- 14,8	- 7,7	- 5,7	- 3,0	- 2,7	- 1,6	- 4,2	- 2,2
Siedlungsdichte	2349	1960	3053	1267	3538	3148	4746	4286	4252	3721	3582	3055
bebaute Fläche	0,11	0,13	0,19	0,12	0,42	0,49	1,4	1,60	0,53	0,64	0,25	0,29
Freifläche in qm je E	3631	3623	1685	5890	632	633,0	140	142	415	414,0	1049	1068
naturnahe Fläche in qm je E	1317	1346	528	1743	105	112	21,0	23,0	148	153,0	253	275

1) Aktuelle Daten und Prognosen zur räumlichen Entwicklung, hrsg. v. Bundesforschungsanstalt für Landeskunde und Raumordnung, Heft 11/12, Jg. 81.

2) Aktuelle Daten und Prognosen zur räumlichen Entwicklung, hrsg. v. Bundesforschungsanstalt für Landeskunde und Raumordnung, Heft 11/12, Jg. 85.

schen im "Armenhaus" der Nation fühlen müssen. Betrachtet man die Indikatoren der Tab. 25 in den Zeilen Siedlungsdichte, Bebaute Fläche, Freifläche und naturnahe Fläche unter diesem Aspekt, dann wird deutlich, welch ungeheure Aufgabe aus regionalplanerischer und städtebaulicher Sicht bei deutlich abnehmender Bevölkerungszahl[42] hier in Jahrzehnten vom Kommunalverband Ruhrgebiet bewältigt werden muß[43]. Auf diesen hier nur kurz "angerissenen" Komplex wird später zurückzukommen sein, zunächst gilt es, sich mit den Fragen der heutigen Flächenbrache und den Umweltbelastungen auseinanderzusetzen.

Nach dem Überblick über die demographische und wirtschaftliche Situation des engeren KVR-Gebietes ist - bevor weitere Überlegungen angestellt werden - noch kurz auf die Verkehrsanbindung der Ruhrgebietsstädte einzugehen. Da die Situation für jedermann evident ist, kann, für die Zwecke dieser Untersuchung ausreichend, festgestellt werden, daß die verkehrliche Anbindung sowohl im Hinblick auf die internationalen (Flughafen, Eisenbahn, Autobahn) als auch die nationalen Transportströme (Schiffahrt, Eisenbahnen, Autobahn, Bundes- und Kreisstraßen) überdurchschnittlich gut ist.

2.3 Indikatoren der laufenden Raumbeobachtung

An anderer Stelle dieser Untersuchung wurde bereits darauf hingewiesen, daß diese Arbeit nicht mit viel Statistiken und ihren Detail-Interpretationen belastet werden soll. Im Sinne der Aufgabe, hier die wichtigsten "Grundzüge" anzugeben, die das Verhältnis zwischen Umweltschutz und Landesplanung ex post und ex ante beschreiben, wird deshalb darauf verzichtet, die elf Gruppen von Indikatoren der Laufenden Raumbeobachtung zu interpretieren. Der kundige Leser kann sich bei der Betrachtung der Zahlen selbst ein Bild machen.

Betrachtet man die in Tab. 26 wiedergegebenen ausgewählten Indikatoren der Laufenden Raumbeobachtung, so zeigen die 1985er Werte für Dortmund, Bochum, Essen und Duisburg:

- die rapide Verschlechterung der wirtschaftlichen Situation,
- den bemerkenswerten Rückgang des Binnenwanderungssaldos (vermutlich auf die allgemeine wirtschaftliche Stagnation zurückzuführen),
- den erkennbaren Rückgang der Siedlungsdichte und (trotzdem)
- gleichzeitig die Zunahme der bebauten Fläche
- die sehr unterschiedlich große naturnahe Fläche.

Tab. 26: Indikatoren der Laufenden Raumbeobachtung 1985

	BRD	NRW	Essen (ROR 22)
Bevölkerungsstruktur und -entwicklung			
- Bevölkerungsbestand in 1000	61 049	16 704	2 044
- Bevölkerungsdichte (E je qkm)	245,0	490,0	1 521
- natürliche Zuwachsziffer	- 1,8	- 1,8	- 3,5
- Wanderungssaldo je 1000 Einwohner	- 2,4	- 6,1	- 6,5
- Abhängigkeitsverhältnis	42,9	41,6	41,7
- Ausländerquote	7,2	7,9	6,9
- Erwerbsfähigenquote	70,0	70,6	70,6
Arbeitsplatzangebot und -qualität			
- abhängig Beschäftigte je 1000 Erwerbsfähige	477,0	457,0	430,0
- Industriebeschäftigte je 1000 Erwerbsfähige	162,0	165,0	141,0
- Beschäftigte im sekundären Sektor	48,6	50,4	49,9
- Beschäftigte im tertiären Sektor	50,3	48,7	49,4
- offene Stellen je 1000 Arbeitslose	43,0	28,0	24,0
- Beschäftigte ohne abgeschlossene Berufsausbildung	36,1	35,7	34,8
- Beschäftigte mit hochqualifizierter Berufsausbildung	4,7	4,6	5,0
- Verdienstmöglichkeiten in der Industrie	3 512	3 539	3 622
Arbeitsmarktsituation und Arbeitsplatzwanderer			
- Arbeitslosenquote	10,5	12,2	14,4
- Dauerarbeitslosigkeit	29,0	42,0	57,0
- ältere Arbeitslose	42,0	52,0	63,0
- Binnenwanderungssaldo der Erwerbspersonen	0,0	- 1,3	- 1,6
- Binnenwanderungssaldo der 25- bis unter 30jährigen	0,0	- 4,1	- 4,5
Wirtschaftliche Leistungskraft und kommunale Finanzen			
- Bruttowertschöpfung in DM je Einwohner	25 337	24 794	26 311
- Steuereinnahmen in DM je Einwohner	911,0	937,0	977,0
- Gewerbesteuern (netto) der Gemeinden in DM je Einwohner	395,0	409,0	457,0
- Einkommensteueranteil der Gemeinden in DM je Einwohner	400,0	415,0	407,0
- Schlüsselzuweisungen in DM je Einwohner	252,0	340,0	398,0

Tab. 26 (Forts.)

	BRD	NRW	Essen (ROR 22)
- Zuweisungen für Investitionen in DM je Einwohner	166,0	194,0	199,0
Ausbildungsangebot und Bildungswanderer			
- Quartanerquote	58,0	54,5	53,9
- Studienplätze für Erstsemester	34,6	38,8	16,3
- betriebliche Ausbildungsplätze	92,7	93,4	96,4
- junge Arbeitslose	55,0	64,0	76,0
- Binnenwanderungssaldo der 18- bis unter 25jährigen	0,0	- 5,9	- 7,3
Wohnungsbau- und Siedlungstätigkeit			
- fertiggestellte Wohnungen je 1000 Wohnungen des Bestandes	14,9	14,1	10,7
- Anteil neu erstellter Wohngebäude mit 1 und 2 Wohnungen	86,9	82,6	71,9
- Anteil neu erstellter Wohngebäude mit 3 und mehr Wohnungen	13,1	17,4	28,1
- Baulandpreise in DM je qm	117,0	144,0	238,0
- Binnenwanderungssaldo der Familienwanderung	0,0	- 1,4	- 1,9
Medizinische Versorgung			
- Einwohner je Arzt in freier Praxis	892,0	962,0	1 068
- Einwohner je Facharzt	797,0	827,0	853,0
- planmäßige Betten für Akutkranke je 10 000 Einwohner	76,0	81,0	92,0
- Betten je 100 Krankenhausärzte	623,0	659,0	694,0
Wasserversorgung			
- Anschlußgrad an zentrale Wasserversorgung	97,0	96,8	99,1
- spezifischer Wasserverbrauch in Liter je Einwohner	204,0	241,0	352,0
- Grundwasseranteil der Trinkwasserversorgung	72,4	35,3	7,6
- Grundwasseranteil der Industrie	27,6	35,8	17,8
- Eigengewinnungsanteil der Industrie	90,5	88,9	79,0
Abwasserbeseitigung			
- Anschlußgrad der Einwohner an öffentliche Kläranlagen	80,4	87,1	97,4
- Anteil biologisch behandelten öffentlichen Abwassers	84,3	73,9	20,2

Tab. 26 (Fort.)

	BRD	NRW	Essen (ROR 22)
- Anteil behand. abgel. ind. Abwassers	23,7	13,0	13,4
- Anteil behandelter Indirekteinleitungen	16,5	15,6	10,8
- biologisch behandeltes Abwasser der Industrie	24,9	30,9	45,2
Abfallbeseitigung			
- Anschlußgrad an Deponien	72,0	67,7	39,7
- Anschlußgrad an Müllverbrennungsanlagen	24,9	29,2	49,1
- Hausmüllaufkommen in kg je Einwohner	375,0	372,0	393,0
- deponierte Abfallmenge in t je ha	8,3	16,2	44,5
Natürliche Umweltbedingungen			
- Siedlungsdichte	1 960	2 631	3 721
- bebaute Fläche	0,13	0,22	0,64
- Freifläche in qm je Einwohner	3 623	1 694	414,0
- naturnahe Fläche in qm je Einwohner	1 344	551,0	153,0

Insbesondere der Rückgang der Siedlungsdichte und die in den einzelnen Städten unterschiedlich großen naturnahen Flächen dürften Ansatzpunkte für Überlegungen sein, wie man das Ruhrgebiet

- behutsam einer städtebaulichen Qualitätsverbesserung unterzieht,
- Flächen für vorbeugenden Immissionsschutz nutzt, um Konflikte mit angrenzenden störempfindlichen Nutzungen /z.B. Wohnen) zu vermeiden,
- möglichst zügig "ökologisch" verbessert, z.B. durch
  - Entsiegelung von Flächen
  - Begrünung ausreichend breiter Straßen durch Bäume
  - grüne Flächen für die Kurzzeiterholung und
  - grüne Flächen (Parkanlagen) für die Feierabenderholung schafft.

2.4 Status-quo-Prognose

(1) Die hohe Besiedlungsdichte der Städte im engeren Ruhrgebiet ist recht plastisch mit dem von Isenberg geprägten, hier etwas modifizierten Begriff der Tragfähigkeit zu erklären.

In Anlehnung an Isenberg kann man davon ausgehen, daß eine bestimmte Fläche bei einer genau definierten Art der Nutzung und gegebener Einkommenserwartung y Vollarbeitskräfte ernährt. Für landwirtschaftliche Nutzflächen einer bestimmten Bonität ist dieser Gedanke unmittelbar einleuchtend. M.E. kann man diesen Gedanken auch übertragen auf den industriellen und tertiären Sektor.

Bei dem hier interessierenden industriellen Sektor kann man unterstellen, daß eine Industriefläche von beispielsweise 10 000 m^2 bei einer bestimmten Nutzung (z.B. Stahlerzeugung) einen Ertrag von z Millionen DM p.a. erwirtschaftet, so daß y Arbeiter (neben Angestellten etc.) ein ausreichendes Einkommen erzielen können (einfache Tragfähigkeit).

Ist man nun unter den gleichen 10 000 m^2 (die gedanklich für die Stahlerzeugung genutzt werden) auf ein Kohlenflöz gestoßen, das eine Mächtigkeit hat, die den wirtschaftlichen Abbau lohnt, dann können in diesem Flöz pro Jahr a Tonnen Kohle gefördert werden, die noch einmal y Arbeiter in Lohn und Brot bringen.

Sehr abstrakt, aber m.E. durchaus nachvollziehbar, kann man daraus folgern, daß bei permanenter Absatzkrise von Steinkohle und Stahl die bisher betrachteten 10 000 m^2 Fläche ihre wirtschaftliche Tragfähigkeit verloren haben, wenn die potentiellen Abnehmer weder Kohle noch Stahl nachfragen.

Argumentiert man ebenso abstrakt weiter wie bisher, könnte man - realitätsfern - formulieren: kein Problem, die bisherigen Flächen werden mit Hochhäusern bebaut, in denen Dienstleistungen ("übereinandergestapelt") "verkauft" werden, so daß die Region die ansässige Bevölkerung gut ernähren kann.

Rein gedanklich wäre das möglich, wenn man

- die Flächen entsprechend unproblematisch umwidmen,
- die Menschen entsprechend umschulen und qualifizieren könnte und
- entsprechende Marktchancen absehbar wären.

Da alle drei Voraussetzungen nicht zutreffen, ist es zweckmäßig, zunächst einmal Ziele zu verfolgen, die als Vorbereitung zur "Rückkehr zur einfachen wirtschaftlichen Tragfähigkeit" beschrieben werden können.

Vor dem Hintergrund dieser Überlegungen ist die aus der folgenden Tab. 27 ersichtliche Bevölkerungsabnahme positiv zu sehen, wenn sie auch nur als Trendaussage zu interpretieren ist.

Wie bereits ausführlich im Zusammenhang mit der Darstellung der Status-quo-Prognose für Oberfranken-Ost ausgeführt wurde, muß jedoch zusammenfassend

Tab. 27: Entwicklung der Bevölkerung in den Städten des engeren Ruhrgebiets 1984 bis 2000 nach Komponenten der Entwicklung (Ergebnisse der Hauptvariante)

	1.1.1984	1.1.1984 - 1.1.2000		
		insgesamt	NBB-Saldo	Wa.-Saldo
Duisburg	536 400	- 94 800	- 35 200	- 59 600
Essen	631 600	- 92 200	- 58 500	- 34 800
Mülheim	175 900	- 26 200	- 16 500	- 9 800
Oberhausen	225 100	- 24 000	- 13 200	- 10 800
Bottrop	112 900	- 11 000	- 6 400	- 4 600
Gelsenkirchen	293 400	- 52 700	- 26 300	- 26 400
Ldkrs. Recklinghausen	625 600	- 37 200	- 24 200	- 13 000
Bochum	389 100	- 60 900	- 31 300	- 29 700
Dortmund	590 000	- 81 800	- 41 500	- 40 300
Herne	176 200	- 27 400	- 14 600	- 12 800
gesamt	3 756 200	- 509 300	- 267 700	- 241 800
NRW gesamt	16 837 000	- 543 200	- 683 500	- 259 700

festgestellt werden, daß die Raumordnungsprognose 1995 fortschreibungsbedürftig ist.

Folgt man den in jüngster Zeit erstellten Prognosen des Landesamtes für Datenverarbeitung und Statistik des Landes Nordrhein-Westfalen, so ergibt sich folgendes Bild:

"Nach der Hauptvariante wird die Bevölkerung in Nordrhein-Westfalen von derzeit 16,8 Millionen Einwohnern (Basis 1.1.1984) bis 2000 um knapp eine Million auf 15,9 Millionen und bis zum Jahre 2010 um eine weitere Million auf 14,9 Millionen zurückgehen. Maßgeblich für die Einwohnerverluste (... bis 2010 - 11,7 %) sind die vorausgeschätzten Sterbefallüberschüsse, die sich im Gesamtzeitraum auf 1,7 Millionen Personen kumulieren und damit über 85 % des Rückgangs ausmachen[44]."

Nach der Status-quo-Prognose "liegt die Erwerbspersonenzahl im Jahr 2010 um 10,9 % unter dem Ausgangsniveau von 1984"[45]."

Die Tab. 27 gibt einen Eindruck, wie sich die Bevölkerung bis zum Jahr 2000 verringern könnte und welchen Einfluß dabei die natürliche Bevölkerungsbewe-

gung (Geburten- (+) bzw. Sterbefallüberschuß (-)/NBB) bzw. der Wanderungssaldo haben.

Die Ergebnisse der Tab. 27 sind m.E. insofern interessant, als sie zeigen, daß die Bevölkerung der Städte des engeren Ruhrgebiets 1984 22,3 % der Bevölkerung des Landes Nordrhein-Westfalen (NW) ausmachte, aber

- 54 % des Bevölkerungsrückgangs des Landes NW auf die Städte des engeren Ruhrgebietes entfallen und dabei
- 93,11 % des prognostizierten Wanderungssaldos im engeren Ruhrgebiet entstehen wird
- der Bevölkerungsrückgang in NW zwischen 1984 und 2000 rd. 5,6 % beträgt, dagegen im engeren Ruhrgebiet 13,5 %.

M.E. sollte man diese Entwicklung positiv sehen; sie ist ein wichtiger Beitrag zum Abbau der für die künftige Tragfähigkeit überhöhten Bevölkerung und schafft Möglichkeiten für einen städtebaulichen Umbau des engeren Ruhrgebiets mit geringeren Dichteziffern.

Allerdings muß auf die Altersstruktur der Abwanderung geachtet werden. Der behutsame Umbau des Reviers muß begleitet werden von einer ständig steigenden Arbeitsqualifikation der dort Wohnenden, vor allem der dort wohnenden jungen Menschen. Wenn sie in zu starkem Maße abwandern würden, entstünde das Problem, daß das für den wirtschaftlichen Umbau des engeren Ruhrgebiets notwendige Humankapital fehlen würde. Universitäten und Fachhochschulen kämen nicht dem Revier zugute[46].

Betrachtet man noch kurz die Ergebnisse der "Prognos-Prognose", d.h. der Tabellen 28 bis 33, so zeigt sich für den Zeitraum 1978 bis 1995 folgendes Bild (vgl. Tab. 34).

Sowohl in der Bevölkerung als auch bei den Erwerbspersonen finden erhebliche Abnahmen statt. Obwohl diese Zahlen nicht vergleichbar sind mit den Werten der Tab. 27, so runden sie doch das Bild ab.

(2) Es wurde bereits darauf hingewiesen, daß die KVR-Städte stark überbaut sind. Die folgende Tab. 35: Flächennutzung 1981 der kreisfreien Städte im engeren KVR-Gebiet zeigt das Ausmaß der Überbauung.

Starke Überbauung ist zusammen mit hoher Siedlungsdichte ein Indikator dafür, daß die notwendigen Grünflächen fehlen. Allgemein gesprochen "steht die Siedlungsdichte als Indikator für die Qualität der engeren Wohnumwelt... Unter Umweltgesichtspunkten sind sehr hohe Siedlungsdichten deshalb kritisch zu be-

Tab. 28: Raumordnungsprognose (inkl. Wanderungen) - Region Essen (22A)
- Bevölkerung -

Alter	1 9 7 8 männlich	1 9 7 8 weiblich	1 9 7 8 gesamt	1 9 8 5 männlich	1 9 8 5 weiblich	1 9 8 5 gesamt
0	5 140	4 798	9 938	5 574	5 238	10 812
1- 4	20 941	19 924	40 865	21 458	20 144	41 502
5- 9	33 787	32 183	65 970	25 604	24 240	49 844
10-14	43 913	41 867	85 780	31 174	29 530	60 704
15-19	44 786	42 701	87 487	40 917	37 934	78 851
20-24	38 503	37 590	76 093	42 417	39 084	81 501
25-29	34 659	34 799	69 458	37 323	35 468	72 791
30-34	30 835	29 507	60 342	34 452	34 263	68 715
35-39	38 131	35 642	73 773	30 240	30 554	60 794
40-44	39 403	38 780	78 183	33 151	32 516	65 667
45-49	36 974	35 571	72 545	36 858	36 960	73 548
50-54	35 633	39 790	75 423	35 281	35 457	70 738
55-59	28 843	37 941	66 784	32 477	35 796	68 273
60-64	17 514	25 180	42 694	26 768	35 607	62 375
65-69	21 100	32 702	53 802	16 914	26 782	43 696
70-74	16 728	27 657	44 385	12 980	24 269	37 249
75 +	15 463	33 703	49 166	16 989	41 379	58 368
gesamt	502 353	550 335	1 052 688	480 477	524 951	1 005 428

Alter	1 9 9 0 männlich	1 9 9 0 weiblich	1 9 9 0 gesamt	1 9 9 5 männlich	1 9 9 5 weiblich	1 9 9 5 gesamt
0	5 612	5 289	10 901	5 146	4 865	10 011
1- 4	22 164	20 958	43 122	21 285	20 179	41 464
5- 9	26 715	25 241	51 956	27 587	26 130	53 717
10-14	26 110	24 543	50 653	27 253	25 565	52 818
15-19	32 011	29 406	61 417	27 071	24 581	51 652
20-24	38 990	35 205	74 195	30 840	27 389	58 229
25-29	39 593	36 129	75 722	36 521	32 563	69 084
30-34	35 736	34 195	69 931	37 834	34 738	72 572
35-39	32 933	33 592	66 525	34 260	33 559	67 819
40-44	28 949	30 155	59 104	31 615	33 182	64 797
45-49	31 833	31 967	63 800	27 786	29 667	57 453
50-54	34 739	35 536	70 329	29 953	30 920	60 873
55-59	32 484	33 756	66 240	31 986	33 794	65 780
60-64	28 535	33 561	62 096	28 535	31 623	60 158
65-69	21 833	32 341	54 174	23 245	30 412	53 657
70-74	12 421	23 004	35 425	16 013	27 751	43 764
75 +	14 856	40 240	55 096	13 622	38 476	52 098
gesamt	465 568	505 118	970 686	450 552	485 394	935 946

Tab. 29: Raumordnungsprognose (inkl. Wanderungen) - Region Essen (22A)
- Erwerbspersonen -

Alter	1978 männlich	1978 weiblich	1978 gesamt	1985 männlich	1985 weiblich	1985 gesamt
15-19	22 205	17 550	39 755	18 124	14 418	32 542
20-24	31 083	24 373	55 456	32 668	24 619	57 287
25-29	31 928	15 614	47 542	34 118	16 960	51 078
30-34	30 055	10 935	40 990	33 539	13 263	46 802
35-39	37 407	12 906	50 313	29 590	11 636	41 226
40-44	38 351	13 713	52 064	32 120	12 448	44 568
45-49	35 258	11 130	46 388	35 075	12 610	47 685
50-54	31 934	11 694	43 628	31 632	11 583	43 215
55-59	20 294	8 533	28 827	23 142	9 094	32 236
60-64	4 818	1 740	6 558	7 130	2 423	9 553
65 +	2 132	1 326	3 458	1 675	1 173	2 848
gesamt	285 465	129 514	414 979	278 813	130 227	409 040

Alter	1990 männlich	1990 weiblich	1990 gesamt	1995 männlich	1995 weiblich	1995 gesamt
15-19	12 979	10 516	23 495	9 959	8 234	18 193
20-24	28 781	21 490	50 271	21 760	16 165	37 925
25-29	35 739	17 970	53 709	32 365	16 707	49 072
30-34	35 139	13 849	48 988	37 186	14 578	51 764
35-39	32 139	13 246	45 385	33 732	13 898	47 630
40-44	28 010	12 177	40 187	30 499	14 099	44 598
45-49	30 296	11 699	41 995	26 487	11 519	38 006
50-54	31 210	12 345	43 645	26 925	11 548	38 473
55-59	23 342	9 263	32 605	23 186	9 959	33 145
60-64	7 427	2 260	9 687	7 249	2 102	9 351
65 +	1 604	1 114	2 718	1 566	1 027	2 593
gesamt	266 666	126 019	392 685	250 914	119 836	370 750

Tab. 30: Raumordnungsprognose (inkl. Wanderungen) - Region Essen (22B)
- Bevölkerung -

Alter	1978 männlich	1978 weiblich	1978 gesamt	1985 männlich	1985 weiblich	1985 gesamt
0	1 825	1 743	3 568	1 975	1 872	3 847
1- 4	7 231	6 788	14 019	7 520	7 167	14 687
5- 9	11 706	11 124	22 830	8 810	8 376	17 186
10-14	15 966	15 341	31 307	10 575	9 965	20 540
15-19	16 781	16 287	33 068	14 500	13 537	28 037
20-24	14 716	14 556	29 272	16 103	15 056	31 159
25-29	13 696	13 979	27 675	14 465	13 993	28 458
30-34	12 181	12 149	24 330	13 006	13 323	26 329
35-39	15 795	15 134	30 929	11 518	12 178	23 696
40-44	16 885	16 137	33 022	13 245	13 494	26 739
45-49	14 805	13 677	28 482	15 412	15 375	30 787
50-54	13 713	15 093	28 806	14 463	14 101	28 564
55-59	11 079	15 188	26 267	12 711	13 613	26 324
60-64	6 907	10 453	17 360	10 299	13 956	24 255
65-69	8 603	13 823	22 426	6 557	10 978	17 535
70-74	7 169	12 231	19 400	5 198	10 240	15 438
75 +	7 014	15 412	22 426	7 424	18 462	25 886
gesamt	196 072	219 115	415 187	183 781	205 686	389 467

Alter	1990 männlich	1990 weiblich	1990 gesamt	1995 männlich	1995 weiblich	1995 gesamt
0	1 936	1 858	3 821	1 751	1 656	3 407
1- 4	7 750	7 374	15 124	7 289	6 924	14 213
5- 9	9 269	8 847	18 116	9 502	9 053	18 555
10-14	8 841	8 356	17 197	9 309	8 834	18 143
15-19	10 805	9 882	20 687	9 112	8 326	17 438
20-24	14 160	12 856	27 016	10 686	9 410	20 096
25-29	15 071	14 016	29 087	13 239	11 913	25 152
30-34	13 497	13 283	26 780	14 028	13 251	27 279
35-39	12 137	12 877	25 014	12 649	12 854	25 503
40-44	10 843	11 918	22 761	11 458	12 618	24 076
45-49	12 600	13 264	25 864	10 287	11 718	22 005
50-54	14 510	14 892	29 402	11 802	12 821	24 623
55-59	13 345	13 405	26 750	13 362	14 151	27 513
60-64	11 187	12 769	23 956	11 756	12 571	24 327
65-69	8 378	12 730	21 108	9 099	11 614	20 713
70-74	4 785	9 443	14 228	6 118	10 931	17 049
75 +	6 290	17 631	23 921	5 540	16 462	22 002
gesamt	175 431	195 401	370 832	166 987	185 107	352 094

Tab. 31: Raumordnungsprognose (inkl. Wanderungen) - Region Essen (22B)
- Erwerbspersonen -

Alter	1978 männlich	1978 weiblich	1978 gesamt	1985 männlich	1985 weiblich	1985 gesamt
15-19	8 156	6 529	14 685	6 306	5 027	11 333
20-24	11 810	9 718	21 528	12 277	9 685	21 962
25-29	12 678	6 717	19 395	13 208	7 059	20 267
30-34	11 897	4 768	16 665	12 713	5 421	18 134
35-39	15 558	5 814	21 372	11 334	4 889	16 223
40-44	16 514	6 287	22 801	12 898	5 632	18 530
45-49	14 257	4 885	19 142	14 801	5 938	20 739
50-54	12 516	5 000	17 516	13 186	5 119	18 305
55-59	8 715	3 850	12 565	10 024	3 841	13 865
60-64	2 290	825	3 115	3 244	1 070	4 314
65 +	984	630	1 614	734	538	1 272
gesamt	115 375	55 023	170 398	110 725	54 219	164 944

Alter	1990 männlich	1990 weiblich	1990 gesamt	1995 männlich	1995 weiblich	1995 gesamt
15-19	4 306	3 458	7 764	3 300	2 734	6 034
20-24	10 355	8 002	18 357	7 472	5 654	13 126
25-29	13 567	7 298	20 865	11 708	6 373	18 081
30-34	13 244	5 589	18 833	13 739	5 738	19 477
35-39	11 929	5 324	17 253	12 463	5 518	17 981
40-44	10 561	5 211	15 772	11 146	5 760	16 906
45-49	12 102	5 403	17 505	9 912	5 019	14 931
50-54	13 222	5 740	18 962	10 773	5 236	16 009
55-59	10 537	4 047	14 584	10 568	4 550	15 118
60-64	3 393	958	4 351	3 425	921	4 346
65 +	676	491	1 167	648	434	1 082
gesamt	103 892	51 521	155 413	95 154	47 937	143 091

Tab. 32: Raumordnungsprognose (inkl. Wanderungen) - Region Essen (22B)
- Bevölkerung -

Alter	1 9 7 8 männlich	1 9 7 8 weiblich	1 9 7 8 gesamt	1 9 8 5 männlich	1 9 8 5 weiblich	1 9 8 5 gesamt
0	2 631	2 518	5 149	2 880	2 758	5 630
1- 4	10 441	10 173	20 614	10 875	10 502	21 377
5- 9	17 473	16 530	34 003	12 566	12 238	24 804
10-14	24 212	23 223	47 435	15 478	14 741	30 219
15-19	25 367	23 911	49 278	21 929	20 491	42 420
20-24	23 832	23 304	47 136	25 257	23 252	48 509
25-29	22 060	22 012	44 072	23 858	22 610	46 468
30-34	18 807	19 050	37 857	21 159	21 243	42 402
35-39	23 914	23 435	47 349	17 894	18 980	36 874
40-44	24 694	25 192	49 886	19 897	20 817	40 714
45-49	21 769	21 522	43 291	22 716	23 699	46 415
50-54	21 266	24 491	45 757	21 051	21 994	43 045
55-59	17 369	24 838	42 207	18 808	21 588	40 396
60-64	11 301	17 893	29 194	15 753	22 357	38 110
65-69	14 677	24 604	39 281	10 472	18 161	28 633
70-74	12 506	22 278	34 784	8 868	18 148	27 016
75 +	12 169	28 896	41 065	13 248	35 322	48 570
gesamt	304 488	353 870	658 358	282 709	328 901	611 610

Alter	1 9 9 0 männlich	1 9 9 0 weiblich	1 9 9 0 gesamt	1 9 9 5 männlich	1 9 9 5 weiblich	1 9 9 5 gesamt
0	2 888	2 748	5 636	2 602	2 461	5 063
1- 4	11 312	10 853	22 165	10 751	10 249	21 000
5- 9	13 310	12 887	26 197	13 772	13 245	27 017
10-14	12 532	12 136	24 668	13 290	12 795	26 085
15-19	15 888	14 734	30 622	12 971	12 169	25 140
20-24	22 144	20 189	42 333	16 246	14 577	30 823
25-29	24 288	22 207	46 495	21 248	19 201	40 449
30-34	22 306	21 479	43 785	22 632	20 997	43 629
35-39	19 628	20 440	40 068	20 798	20 696	41 494
40-44	16 681	18 462	35 143	18 390	19 917	38 307
45-49	18 874	20 328	39 202	15 773	18 022	33 795
50-54	21 213	22 860	44 073	17 504	19 551	37 055
55-59	19 034	20 692	39 726	19 141	21 488	40 629
60-64	16 327	19 962	36 289	16 526	19 109	35 635
65-69	12 846	20 274	33 120	13 296	18 031	31 327
70-74	7 708	15 714	23 422	9 465	17 504	26 969
75 +	11 281	33 956	45 237	9 646	31 073	40 719
gesamt	268 260	309 921	578 181	254 051	291 085	545 136

Tab. 33: Raumordnungsprognose (inkl. Wanderungen) - Region Essen (22B)
- Erwerbspersonen -

Alter	1 9 7 8 männlich	1 9 7 8 weiblich	1 9 7 8 gesamt	1 9 8 5 männlich	1 9 8 5 weiblich	1 9 8 5 gesamt
15-19	12 054	9 567	21 621	9 331	7 588	16 919
20-24	18 808	15 707	34 515	18 858	15 001	33 859
25-29	20 194	11 314	31 508	21 419	12 046	33 465
30-34	18 331	8 104	26 345	20 653	9 300	29 953
35-39	23 460	9 812	33 272	17 608	8 244	25 852
40-44	24 101	10 394	34 495	19 390	9 156	28 546
45-49	20 833	8 140	28 973	21 722	9 634	31 356
50-54	19 312	8 822	28 134	19 131	8 604	27 735
55-59	13 254	7 024	20 278	14 454	6 716	21 170
60-64	3 662	1 494	5 156	4 866	1 806	6 672
65 +	1 802	1 152	2 954	1 315	971	2 286
gesamt	175 811	91 530	267 341	168 747	89 066	257 813

Alter	1 9 9 0 männlich	1 9 9 0 weiblich	1 9 9 0 gesamt	1 9 9 5 männlich	1 9 9 5 weiblich	1 9 9 5 gesamt
15-19	6 203	5 142	11 345	4 609	3 986	8 595
20-24	15 866	12 585	28 451	11 139	8 761	19 900
25-29	21 463	12 125	33 588	18 455	10 717	29 172
30-34	21 721	9 610	31 331	21 952	9 588	31 540
35-39	19 275	9 090	28 365	20 340	9 440	29 780
40-44	16 314	8 483	24 797	17 937	9 523	27 460
45-49	18 099	8 689	26 788	15 233	8 082	23 315
50-54	19 298	9 445	28 743	16 000	8 525	24 525
55-59	14 689	6 838	21 527	14 844	7 514	22 358
60-64	4 871	1 574	6 445	4 751	1 466	6 217
65 +	1 160	863	2 023	1 054	742	1 796
gesamt	158 959	84 444	243 403	146 314	78 344	224 658

Tab. 34: Bevölkerungs- und Erwerbspersonenentwicklung 1978 und 1995 in der Region 22

	Region 22A	22B	22C	22insgesamt
Bevölkerung 1978	1 052 688	415 187	658 358	2 126 233
Bevölkerung 1995	935 946	352 094	545 136	1 833 176
Abnahme	-116 742	-63 093	-113 222	-293 057
Erwerbspersonen 1978	414 979	170 398	267 341	852 718
Erwerbspersonen 1995	370 750	143 091	224 658	738 499
Abnahme	-44 229	-27 307	-42 683	-114 219

Quelle: Tabellen 28 bis 33 und eigene Berechnung.

Tab. 35: Flächennutzung 1981 der kreisfreien Städte im engeren KVR-Gebiet

Stadt	Ew. 1985	Bevölkerungs-dichte	Anteil der Siedlungsfläche an der Gesamtfläche in %
Bottrop	112 487	1118	36,08
Mülheim	171 948	1884	52,23
Dortmund	572 094	2042	56,45
Duisburg	518 260	2226	58,24
Essen	619 991	2948	64,15
Bochum	382 041	2628	67,26
Oberhausen	222 664	2891	69,90
Gelsenkirchen	285 002	2718	73,74
Herne	172 050	3350	77,05

Quelle: Baedeker, H.: Thesen zu den Möglichkeiten und Grenzen der landesplanerischen Beeinflussung der Arbeitsplatzentwicklung. In: Neue Arbeitsformen in alten Siedlungsstrukturen, hrsg. v. ILS, Dortmund 1986, S. 9 u. Stat. Rundschau Ruhrgebiet 1986, hrsg. v. Landesamt für Datenverarbeitung und Statistik Nordrhein-Westfalen und Kommunalverband Ruhrgebiet, Düsseldorf 1987, S. 20.

trachten, da sie mögliche Überlastungen des Naturhaushaltes und Beeinträchtigungen der Wohnumwelt anzeigen[47]".

Im Hinblick auf die Frage nach den Wechselwirkungen zwischen Umweltschutz und Raumordnung/Landesplanung muß man sine ira et studio nüchtern feststellen, daß Raumordnung/Landesplanung/Stadtplanung und Umweltschutz auch immer "Kinder ihrer Zeit" sind, d.h. Wechselwirkungen zwischen den allgemeinen Zielen von Umweltschutz und Raumordnung/Landesplanung werden verstärkt und/oder abgeschwächt, je nach dem gesellschaftlichen "Hintergrund" oder anders formuliert: den allgemeinen gesellschaftlichen Wertvorstellungen und ihrem normativen und verbindlichen Charakter.

Aufgrund meiner eigenen Erfahrung als Bergmann, durch viele Gespräche und Beobachtungen bestätigt, vertrete ich die These, daß man den berühmten Satz von Brecht "Erst kommt das Fressen, dann die Moral", uminterpretieren kann. In: Erst kommt das lebensnotwendige Einkommen, dann Ansprüche an Freizeit und Umwelt. Das hat verständlicherweise Konsequenzen für die Regionalplanung und den Umweltschutz. Als sich zwischen 1819 und dem Beginn des 1. Weltkrieges die Bevölkerungszahl Nordrhein-Westfalens (in den heutigen Grenzen) vor allem durch Zuzug verdoppelte[48] und die Menschen zunächst aus Eifel, Westerwald, Hunsrück, Hessen, Niedersachsen, dann aus Schlesien, Pommern, West- und Ostpreußen sowie Polen kamen, um im Steinkohlenbergbau und/oder bei der Eisen- und Stahlindustrie ihren Lebensunterhalt zu verdienen, wollten sie zunächst nur Geld verdienen.

Tab. 36 zeigt, wie sich zwischen 1819 und 1958 und 1985 die Bevölkerungszahl veränderte. Mit der Zunahme der Bevölkerung erhöhte sich verständlicherweise auch die Dichte, d.h. zugleich auch die räumliche Nähe unterschiedlicher, z.T. unverträglicher Nutzungen.

Tab. 36: Bevölkerungsentwicklung in ausgewählten Städten des Ruhrgebietes 1819-1958-1985

Stadt	1819	1958	Veränderung	1985	Veränderung
Gelsenkirchen	505	390 362	773fach	285 002	- 105 361
Bottrop	360	110 315	306fach	112 487	+ 2 172
Bochum	2122	359 616	169fach	382 041	+ 22 425
Essen	4751	725 580	153fach	619 991	- 105 589
Dortmund	4453	632 848	142fach	572 094	- 60 754
Duisburg	5230	498 932	95fach	518 260	+ 19 328

Quelle: Helmrich, W. a.a.O., S. 18 u. Stat. Rundschau Ruhrgebiet 1986, a.a.O., S. 20.

Bei einer Arbeitszeit von rd. 65 Stunden (1875) bzw. 60 Stunden (1900) pro Woche und körperlicher Schwerstarbeit hat man auch kaum Interesse, geschweige denn Kraft für anderes.

Vor, während und nach dem 2. Weltkrieg war es nicht viel anders. Im Sinne von Gerhard Isenberg könnte man von einer zweifachen "Tragfähigkeit" des Reviers sprechen.

Unter Tage wurde Kohle gemacht, über Tage Stahl gekocht. Berg- und Hüttenleute waren bei allgemeiner Arbeitslosigkeit froh, überhaupt arbeiten zu können, später erhielten sie die höchsten Privilegien nicht nur im Hinblick auf Wohnen und Ernährung und überdurchschnittliches Einkommen. Wenn irgend möglich sollten sie soviel wie möglich Zusatz-Schichten fahren, denn Kohle und Stahl war zunächst für den Krieg, dann für den Wiederaufbau bitter notwendig. Zum sog. Tonnen-Denken gesellte sich die Mentalität des "wo gehobelt wird, da fallen Späne". Man hatte ausreichendes Einkommen, Wohnung, "Bergmanns-Kuh" und Tauben und über Jahrzehnte hinweg eine tradierte, stabile und fast heile Welt, die vom hohen sozialen Ansehen begleitet war, das die gesamte Volkswirtschaft den Berg- und Hüttenleuten an Rhein und Ruhr entgegenbrachte.

Die Möglichkeiten der landes-, regional und stadtplanerischen Einflußnahme auf die Nutzung des Raumes, der Fläche bzw. der Zuordnung auf die Nutzung des Raumes, der Fläche bzw. der Zuordnung von unterschiedlichen Nutzungen fanden und finden dort ihre Grenzen, wo sie nicht von einem allgemeinen gesellschaftlichen Konsensus getragen wurden. Noch bis zu Beginn der 60er Jahre dürfte die unmittelbare räumliche Nähe von Wohnen und Arbeiten (bei deutlich geringerer Motorisierung als heute) als großer Vorteil gegolten haben und cum grano salis war ebenso unbestritten die Tatsache, daß man weder in Dortmund, Bochum, Essen oder Duisburg "fein ausging", sondern in Düsseldorf, der feinen und vornehmen Landeshauptstadt, dem "Schreibtisch" des Reviers.

Erst mit dem Einsetzen der ersten Absatzschwierigkeiten, dem Verlust der Spitzenstellung in der Lohnpyramide, der Kritik an der Wachstums- und Leistungsgesellschaft durch die "Aussteiger" und den Verlust des "nationalen Ansehens" wurden Anstöße gegeben, darüber nachzudenken, ob man nicht eventuell auch anders, vielleicht sogar gesünder und schöner leben könne. Hier wird die These vertreten, daß aufgrund des traditionellen Verständnisses von Arbeits- und Leistungsnotwendigkeit bei den "älteren" Kohle- und Stahlarbeitern die Wohn- und Industrielandschaft zwischen Ruhr und Lippe, Duisburg und Dortmund "im Prinzip" so weiter bestehen könnte, wie sie ist (bzw. war), wenn nur die anderen Bedingungen, d.h. vor allem der Schicht-Lohn stimmt.

(3) In den letzten 35 Jahren hat sich aber vieles verändert:

- die Struktur-Anteile von Kohle und Stahl als Input auf den Konsum- und Investitionsgütermärkten sind erheblich geschrumpft, d.h. das Angebot mußte gedrosselt werden,
- die Drosselung des Angebots und der Nachfrage von Kohle und Stahl führte zur Reduzierung der Nachfrage nach Arbeit zur Erzeugung von Kohle und Stahl
- die Arbeit-Leistungs-Gesellschaft wandelte sich zur Freizeit-Tätigkeits-Gesellschaft mit deutlich veränderten Ansprüchen an Freizeiteinrichtungen und Umweltqualität und
- der individuelle und soziale Flächenanspruch im Städtebau erhöhte sich, neben die funktionalen Gesichtspunkte traten ästhetische Werte mit einem ganz anderen Stellenwert als bisher.

Last but not least kann man "holzschnittartig" konstatieren, daß bei gegebenem Lohnkostenniveau und sich ständig weiter entwickelnden Produktivitätsraten der westdeutschen Gesellschaft allmählich die "Arbeit ausgeht". Da anzunehmen ist, daß sich diese Entwicklung fortsetzt, muß man davon ausgehen, daß sich die westdeutsche Gesellschaft nicht nur in einer Produktionskrise, sondern vor allem in einer Verteilungskrise bezahlter Tätigkeiten befindet. Z.Zt. kann an rd. 10 % aller Erwerbstätigen keine bezahlte Tätigkeit vergeben werden, d.h. über 2 Millionen Menschen fühlen sich nicht gebraucht, überflüssig und - nach den alten Werten der Arbeits-Leistungs-Gesellschaft "unnütz". Man kann das den Übergang der Arbeits-Leistungs-Gesellschaft in eine Freizeit-Tätigkeits-Gesellschaft nennen, in der nicht bezahlte Tätigkeit gegenüber bezahlter Tätigkeit ein immer größeres Gewicht erhält.

Im Ruhrgebiet (und weitgehend auch im Saarland) kommt zu dem sog. allgemeinen Wertewandel der Wandel von der Arbeits-Leistungs-Gesellschaft zur Freizeit-Tätigkeits-Gesellschaft und ein Wandel der regionalspezifischen Standortbegabung hinzu, wie man ihn im Hinblick auf

- räumliche Konzentration,
- Radikalität und
- Betroffenheit

in der europäischen Wirtschaftsgeschichte kaum antreffen kann, wenn man von Parallelerscheinungen z.B. in Belgien oder England absieht.

In einem Vierteljahrhundert wurde auf vergleichsweise engem Raum (engeres Ruhrgebiet) das Begabungspotential

- des Bodens (für Kohle),
- der Arbeitskräfte im Hinblick auf ihre Arbeitsfähigkeiten und Fertigkeiten

und

- das Kapital im Hinblick auf investierte Investitionsmittel zur Förderung von Kohle bzw. zur Erzeugung von Koks, Eisen und Stahl

radikal entwertet. Dort wo über rd. 150 Jahre in einer Art doppelter Tragfähigkeit auf engstem Raum 1958 z.B. rd. 5,4 Millionen Menschen arbeiteten und wohnten, sind fast plötzlich die Grundlagen der früheren Zuwanderung und hohen Siedlungsdichte entfallen. Die "Hauptexportprodukte" des Ruhrgebietes haben bekanntlich ganz erheblich an Bedeutung verloren. Der Wandel der Arbeits-Leistungs-Gesellschaft, der allgemeine Wertewandel und der Wandel der regionalspezifischen Standortbegabung haben sich praktisch überlagert und zu hoher Arbeitslosigkeit und dem Zwang zur regionalen Mobilität geführt.

(4) Die Frage nach den Möglichkeiten der landesplanerischen, der regionalplanerischen und der stadtentwicklungspolitischen Beeinflussung kann man deshalb vorläufig nur so beantworten, daß es nunmehr gilt

- sich nicht dem Wandel der regionalspezifischen Standortbegabung in den Weg zu stellen, sondern eine Stadtlandschaft anzustreben, die bei hohem Wohn-, Freizeit- und Umweltwert für ubiquitäre "weiße" Industriebetriebe attraktiv ist,
- die Industriebrache zur Verbesserung der Wohn-, Freizeit- und Umweltqualität zu nutzen und durch Schaffung geeigneter Gewerbeflächenareale die Voraussetzungen für eine neue regionalspezifische Standortbegabung zu schaffen,
- die interregionale Mobilität zu fördern, um wieder auf niedrigere Dichte-Kennziffern zu kommen, d.h. sich auf eine einfachere Tragfähigkeit der Region in wirtschaftlicher Hinsicht einzustellen,
- das Fähigkeitspotential junger Menschen an den Erfordernissen des "Computer-Zeitalters" auszurichten,
- das soziale und emotionale Leid der nicht mehr Gebrauchten, vor allem im Tonnen-Denken verhafteten Arbeitskräfte zu mildern und
- die Bergbau- und Hüttengesellschaften soweit wie möglich zu zwingen, ihre Flächen in einem angemessenen Zustand dem Grundstücksfonds Ruhr abzugeben.

Gesellschaftliche Entwicklungslinien und landesplanerische und städtebauliche Möglichkeiten sind dabei ohne gesellschaftlichen Konsensus und mutige Politiker nicht zur Deckung zu bringen. Wirtschaftlichen Strukturwandel hat es im Laufe der Wirtschaftsgeschichte immer gegeben; er ist letztlich die Grundlage für die Möglichkeit, das regionale Einkommen der Erwerbstätigen zu verstetigen oder zu erhöhen. Es muß allerdings eingeräumt werden, daß es einen derart massiven Wandel, der die Tradition einer fast 150jährigen Produktion so massiv entwertet, wie das in diesen Jahrzehnten an der Ruhr stattfindet, bisher in der Wirtschaftsgeschichte kaum gegeben hat. Es ist deshalb verständlich, daß es den Betroffenen sehr schwerfällt, sich vom Althergebrachten zu lösen, und die Chance zu verstehen, durch das Ende dieser 150jährigen Produktionsperiode eine neue Vision für die Begabung der Region zwischen Duisburg und Dortmund zu entwickeln. Landes-, Regional- und Stadtplanung sind vielfach von den vorherrschenden Überlegungen der Strukturerhaltung und Strukturkonservierung "gefangen" und haben es schwer, Ansätze für eine neue, weniger verdichtete, gründlich modernisierte und umgestaltete Wohn- und Gewerbelandschaft zu entwickeln. Wo sie neue Ideen entwickeln, werden sie häufig als "Grüne" diffamiert. Es erscheint notwendig:

- Ideenwettbewerbe zur Findung einer neuen Vision für die Region durchzuführen
- Grundstücke in großer Zahl aufzukaufen, aufzubereiten und z.B. eine Internationale Bauausstellung mit dem Ziel ins Revier zu holen, eine moderne Wohn- und Gewerbelandschaft beispielhaft zu entwickeln
- Persönlichkeiten mit Ideen weltweit zu suchen, die mit unternehmerischen Ideen die Standortgunst nutzen und der heranwachsenden Jugend neue Aufgaben stellen.

Dazu braucht man allerdings eine schlagkräftige und kompetente Organisation. Möglicherweise ist es in einer Freizeit-Tätigkeits-Gesellschaft schwerer, Männer wie Franz Haniel, Friedrich Harkort, Jacob Mayer und Alfred Krupp zu finden, weil Pflichtwerte weniger gefragt sind. Unabhängig davon wird man an der Ruhr (und auch an der Saar) davon ausgehen müssen, daß die Umgestaltung und Anpassung der Wohn- und Industrielandschaft an eine einfache Tragfähigkeit unter den Bedingungen der Freizeit-Tätigkeits-Gesellschaft Zeitspannen benötigt, die u.U. die Geduld und die Einsicht der Betroffenen überfordert. M.E. ist es die Aufgabe der Politiker, ihren Wählern reinen Wein einzuschenken und die Herausforderung der nicht mehr im Erwerbsleben stehenden Menschen anzunehmen, sie sinnvoll "tätig werden zu lassen".

Mit den vorangegangenen Ausführungen soll keineswegs der Eindruck erweckt werden, als sei seit 1957 (dem Beginn der "Talfahrt") nichts passiert.

Auf politischer, auf wirtschaftlicher, auf Verbands (KVR-) Ebene ist viel vorgeschlagen, diskutiert und entwickelt worden. M.E. fehlt aber eine klare, durchgängige Konzeption, die unter Berücksichtigung der langfristigen Zeiträume, die für den "Umbau" des Reviers notwendig sind, mit den Betroffenen bespricht, daß:

- vermutlich für Bergleute und Hüttenleute in Zukunft kaum nennenswerte Arbeitschancen zu erwarten sind
- die industriellen und gewerblichen Brachflächen auf jeden Fall recycelt werden müssen

- in gar keinem Fall Verbandsgrünflächen oder Erholungsgrün für Gewerbeansiedlungen mißbraucht werden darf
- alles getan werden muß, um Jugendliche (das Humankapital!) mit attraktiven Arbeitsmöglichkeiten zu halten
- als Übergangslösung alle nicht benötigten Flächen zu begrünen sind, um die "Tristesse" wegzubringen
- es Möglichkeiten geben muß, gegebenenfalls sind sie zu schaffen, sich später über Kleingartengesetz, Baumschutzverordnung und ähnliches hinwegzusetzen, wenn diese Flächen wieder einer gewerblichen bzw. industriellen Nutzung zugeführt werden können.

In drei Jahrzehnten ist man einer Lösung

- der institutionellen Probleme (3 Regierungsbezirke)
- der kommunalen Probleme (vernünftige interkommunale Arbeitsteilung mit Kosten/Nutzenausgleich)
- der politischen Probleme (Beteiligung des Bundes am Umbau des Reviers, unabhängig von den Wahlergebnissen!)

kaum näher gekommen.

Es erscheint merkwürdig, daß das Land Nordrhein-Westfalen beispielsweise bis heute keinen Gesetzentwurf für die Diskussion im Bundesrat erarbeitet hat, daß Industrie- oder Gewerbeflächen in "ordnungsgemäßem Zustand" an die Öffentlichkeit zu übergeben bzw. zu hinterlassen sind. Mit jedem Mieter wird anders verfahren, wenn er seine Wohnung nicht ordnungsgemäß hinterläßt. Grundflächen haben in einer endlichen, aber untereinander stark vernetzten Welt viel größere Bedeutung als unterlassene Schönheitsreparaturen in Mietwohnhäusern.

Anders formuliert: Das Ruhrgebiet ist sicher kein Entwicklungsland, in dem man nach Veröffentlichung dieser Untersuchung jetzt endlich anfangen kann, aber der Außenstehende sieht deutlicher, daß angesichts der Vielzahl und der Fülle von Problemen zwar viel Richtiges, aber generell zu wenig getan wurde. Es fehlt die umfassende Kooperation!

Es scheint deshalb vor allem an der Zeit, die Kooperation, d.h. das intensive Zusammen-Sprechen und Zusammen-Arbeiten zum Nutzen der Menschen zu intensivierten, die unverschuldet durch das Ende der "Eisenzeit" in Not geraten sind[49].

Wie dieses Defizit, das trotz vieler positiver Entwicklungen zu konstatieren ist, zunächst teilweise ausgeglichen werden kann, wird kurz skizziert, nachdem die Umweltbelastungen des Reviers dargestellt wurden.

2.5 Umweltbelastungen

2.5.1 Luftbelastungen gehören im Ruhrgebiet zum täglichen Erscheinungsbild; sie sind bzw. waren ein Teil der boom-city-Mentalität. Koch macht deutlich, daß in den letzten 20 Jahren der Ausstoß von Schwefeldioxid deutlich zurückgegangen ist, daß aber die Landesregierung selbst erklärt habe, daß "es seit Mitte der siebziger Jahre nicht mehr gelungen (sei), eine weitere wesentliche Verbesserung zu erreichen[50)]."

"Bei anderen Schadstoffen - Staub, Schwermetalle, Kohlenwasserstoffe - sieht die Bilanz des letzten Jahrzehnts zwar viel positiver aus, bei Stickoxiden vornehmlich aus Kraftwerken und Auspufftöpfen, die erheblich zum Waldsterben beitragen, steigen dagegen die Emissionen stark an. Alles in allem ist der Schadstoffausstoß aus den Schornsteinen weniger zurückgegangen als die Luftbelastung im Revier. Die Ursache: ein Teil der Emissionen wird über die Grenzen des Ruhrgebiets abgeschoben[51)]." Für den tagespolitisch interessierten Bürger besteht spätestens seit "Ibbenbüren" der nachhaltige Eindruck, daß die Rücksichtnahme auf die stark emittierende Elektrizitätswirtschaft - zumindest in der Vergangenheit - die Luftreinhaltepolitik des Landes beeinflußte.

Im Hinblick auf die So_2 und NO_x - Emissionen sind die folgenden Abbildungen recht aufschlußreich, die dem Landesentwicklungsbericht Nordrhein-Westfalen 1984 entnommen worden sind (vgl. Abb. 9 u. 10).

Koch berichtet, daß die Landesregierung 1984 mit den größten Kraftwerkbetreibern eine Regelung erreichen konnte, nach der "sich der Schadstoffausstoß durch Kraftwerke von momentan 1,5 Millionen Tonnen jährlich auf 320 000 Tonnen (bis 1993) verringen (soll)[51)]."

2.5.2 Koch hat in der bereits mehrfach erwähnten Arbeit auch die Schadstoffe in allen Mündungen wichtiger Nebenflüsse des Rheins dargestellt. Für unsere Überlegungen sind daraus die Angaben über Ruhr, Emscher und Lippe interessant, die nachfolgend wiedergegeben werden.

Es ist nur naheliegend, daß der Rhein angesichts dieser Belastungen und der Stoffe, die er ab Basel aufnehmen muß, zwischen Duisburg und Wesel "kritisch belastet" ist.

Nach Koch trinken die Einwohner Nordrhein-Westfalens

- 48 % aufbereitetes Wasser aus den Ufern von Rhein und Ruhr
- 35 % Grundwasser[53)]
- 17 % Wasser aus Talsperren.

Abb. 9: Geplante Schwefeldioxid-Verminderung bis 1994

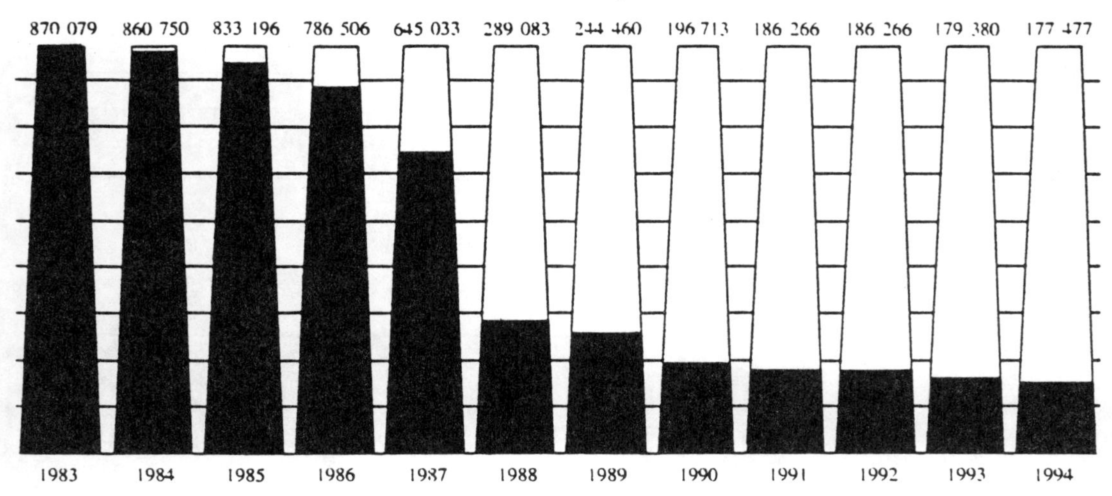

Angegeben sind die SO_2 – Emissionen in Tonnen pro Jahr und bezogen auf 1983

Quelle: LEB NRW 1984, S. 102.

2.5.3 Schadstoffeinträge aus Industrie, Verkehr und Bergbau sowie Pflanzenbehandlung und Düngung im Übermaß können die Beschaffenheit und die Funktionsfähigkeit des Bodens beeinträchtigen. "Als eines der gravierendsten Probleme des Umweltschutzes ist unter langfristigen Gesichtspunkten die Bodenbelastung mit persistenten Schwermetallen anzusehen. Es ist davon auszugehen, daß in Nordrhein-Westfalen bereits jetzt infolge geologischer Verhältnisse, aber auch

Abb. 10: Geplante Stickstoffoxid-Verminderung bis 1994

489 936 486 341 476 282 459 692 421 439 323 302 219 892 136 439 131 319 131 319 127 755 126 580

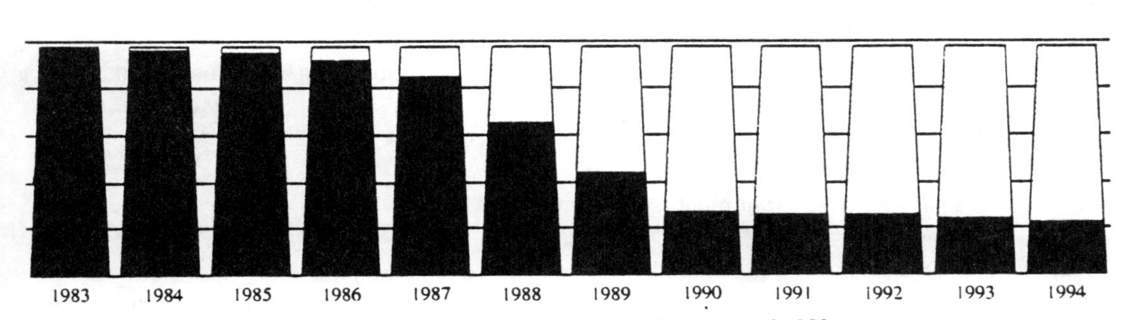

Angegeben sind die NO_x – Emissionen in Tonnen pro Jahr und bezogen auf 1983

Quelle: LEB NRW 1984, S. 102.

Tab. 37: Schadstoffbelastungen in Ruhr, Emscher, Lippe und Rhein in den Jahren 1980 und 1983

	I		II		III		IV		V		VI		VII		VIII	
	80 /	83	80 /	83	80 /	83	80 /	83	80 /	83	80 /	83	80 /	83	80 /	83
Rhein	2,9	4,6	0,6	0,4	0,6	0,5	4,9	4,3	0,4	0,3	12	11	11	7	7	8
Emscher*)	8,8	76	52	37	3,7	3,2	16,3	15,3	-	0,3	-	6	-	8	-	21
Lippe	4,4	4,4	2,9	2,2	1,5	1,1	8,5	7,2	-	-	3	8	9	10	7	9
Ruhr	3,8	3,7	0,9	0,6	0,8	0,6	4,7	4,3	1,0	0,5	5	11	11	8	25	19

I = BSB_5 V = Cadmium
II = Ammonium VI = Blei
III = Phosphat VII = Chrom
IV = Organ. Belastung VIII = Nickel

*) Die Emscher ist seit der Jahrhundertwende der Abwasserkanal des Reviers.

Quelle: Koch, R.: Die Lage der Nation 1985/1986, a.a.O., S. 214 u. 215.

infolge von Sedimentationsvorgängen aus Wasser und Luft sowie durch Klärschlammaufbringung Flächen in einer Weise mit Schwermetallen belastet sind, daß sie für eine landwirtschaftliche Nutzung nicht mehr zur Verfügung stehen.

Die Landesregierung wird daher die bereits vorliegenden Ergebnisse von Bodenuntersuchungen durch zusätzliche Untersuchungen ergänzen und für das Land ein systematisches Schwermetall-Bodenbelastungskataster erstellen lassen[54]."

In ihrem "Landesentwicklungsbericht Nordrhein-Westfalen 1984" stellt die Landesregierung Bodenschutz als Daueraufgabe dar, um den Boden mit "seiner Aufgabe

- als Lebensgrundlage für Mensch, Tier und Pflanze,
- als Speicher, Filter, Puffer und Transformator zur Regelung des Naturhaushaltes sowie
- als Produktionsgrundlage und als Rohstofflagerstätte

zukünftig stärker als bisher zu schützen, zu pflegen und zu sanieren[55]".

Koch weist auf die besonders niedrigen pH-Werte des Regens über dem Ruhrgebiet (bis unter 3,7) hin, der die Böden stark versauert und ein wichtiger Grund für das Waldsterben, z.B. der Haard, ist[56]. König und Krämer haben erschreckende

Schwermetallbelastungen von Böden und Kulturpflanzen feststellen müssen[57], die Roten Listen werden immer länger, weil u.a.

- die Anwendung von Umweltgiften und die Luftverschmutzung immer mehr zunehmen und
- "die Landwirtschaft von der reichstrukturierten Kulturlandschaft zur intensiv bearbeiteten, biozidbehandelten und gedüngten, großflächigen Monokultur übergegangen ist[58]."

2.5.4 Abfall

Im Bereich des Kommunalverbandes Ruhrgebiet wurden 1984 rd. 5,2 Mio. Ew. entsorgt, die 2,1 Mio. Tonnen, d.h. rd. 410 kg Hausmüll und Sperrmüll je Einwohner "produzierten". Insgesamt fielen 1984 nach der Städte- und Kreisstatistik Ruhrgebiet 1986 in den elf Städten des Ruhrgebiets 14,466 Mio. Tonnen Müll an, der folgende Struktur aufwies:

43,9 % Bauschutt, Bodenaushub
6,5 % feste mineralische Abfälle
18,8 % Asche, Schlacke, Ruß
4,3 % Metallabfälle
0,1 % flüssige Produktionsabfälle (Säuren, Laugen, etc.)
0,5 % Mineralölabfälle (Phenole, Ölschlämme)
0,1 % Kunststoffabfälle
5,7 % Schlämme (einschl. Abwasserreinigung)
2,9 % hausmüllähnliche Gewerbeabfälle
0,3 % Papier- und Pappeabfälle
2,6 % sonstige organische Abfälle
4,2 % Sonderabfälle

Angesichts dieser Menge und ihrer Struktur wird offenkundig, daß vor allem die Ziele

- vermeiden
- verringern
- wirtschaftlich verwerten
- verbrennen und
- deponieren

Vorrang haben müssen.

Landes- und Regionalplanung stehen auch hier besonders wegen der Dichte von Siedlungen und Industrie vor gewaltigen Aufgaben. Im Umweltprogramm der Landesregierung heißt es: "Gegenwärtig (besteht) ein ausreichendes Angebot zur Abfallentsorgung, das allerdings regional, strukturell und technisch weiter verbessert werden muß[55]."

Es bleibt auch abzuwarten, wie sich das Rohstoff-Rückgewinnungszentrum in Herten nach 1987 bewähren wird. In der Endphase sollen hier jährlich 395 000 Tonnen Haus-, Industrie- und Krankenhausmüll sortiert, verwertet, verbrannt bzw. zu Brennstoffen verarbeitet werden[59].

2.6 Konsequenzen für Menschen, Tiere und Pflanzen

Man nimmt an, daß der seit rd. 100 000 Jahren diesen Planeten bewohnende homo sapiens sapiens im Vergleich zum homo sapiens neanderthalensis und zu seiner "tierischen und pflanzlichen Mitwelt" besonders belastbar ist. Aber es scheint Grenzen der Belastbarkeit zu geben.

Sehr zurückhaltend formuliert der Landesentwicklungsbericht Nordrhein-Westfalen 1984:

"Neue Erkenntnisse über die Wirkungen luftverunreinigender Stoffe werden diskutiert, vor allem

- die erhöhte Häufigkeit der chronischen entzündlichen Erkrankungen der Atemwege (chronische Bronchitis),
- der "Krupp-Husten" der Kleinkinder,
- das Krebsrisiko durch Luftverunreinigungen.

Erkrankungen der Luftwege sind besonders häufig. Die Statistik über Sterbeursachen belegt die Bedeutung dieser Erkrankungen; sie stellen bei Männern die dritthäufigste, bei Frauen die vierthäufigste Todesursache dar.

Im Rahmen der Luftreinhaltepläne wurden etwa 50 000 Vorsorgeuntersuchungen über den Zusammenhang zwischen Luftverunreinigung und Bronchitis durchgeführt. Dabei zeigte sich in der am höchsten belasteten Region Ruhrgebiet-West ein direkter Zusammenhang zwischen der Schwefeldioxid- und Feinstaubbelastung einerseits und der Bronchitishäufigkeit andererseits.

Weitere Auswertungen weisen darauf hin, daß bei der Entstehung der chronischen Bronchitis das Zigarettenrauchen einen größeren Einfluß hat als Luftverunreinigungen. Diese Erkenntnisse werden durch britische und niederländische Studien bestätigt. Hinzu kommt, daß die erheblichen Belastungen der Atemwege bei Rauchern durch Luftverunreinigungen verstärkt werden.

Im Zusammenhang mit Luftverunreinigungen ist in den letzten Jahren auch der "Krupp-Husten" diskutiert worden. Der "Krupp-Husten" tritt bei Kindern zwischen dem 1. und dem 3. Lebensjahr auf und geht mit Erstickungsanfällen einher. Der "Krupp-Husten" wird vorwiegend durch Virus- oder Bakterieninfektionen hervorgerufen, die eine Überempfindlichkeit des Kehlkopfes auslösen. Bisherige Erkenntnisse deuten darauf hin, daß bei hoher Luftschadstoffbelastung mit einer erhöhten Häufigkeit von "Krupp-Husten" zu rechnen ist[60]."

Und unmittelbar anschließend heißt es:

"Auch der Zusammenhang zwischen Krebserkrankungen und Luftverunreinigungen muß verstärkt untersucht werden. Jährlich sterben in der Bundesrepublik etwa 150 000 Menschen an Krebs, davon allein ca. 25 000 an bösartigen Neubildungen der Atmungsorgane. Die Tendenz ist steigend.

Wie bei der chronischen Bronchitis nimmt auch beim Lungenkrebs das Rauchen die Spitzenstellung unter den Ursachen ein. Allerdings scheint auch der Faktor Luftverunreinigungen für die Entstehung von Lungenkrebs eine Rolle zu spielen. Schätzungen für den durch die Luftverunreinigungen bedingten Anteil an Lungenkrebserkrankungen reichen von 1 bis zu 20 Prozent.

Mit dem Krebsrisiko durch Luftverunreinigungen hat sich auf Veranlassung der Landesregierung die Umweltministerkonferenz erstmals im Februar 1980 befaßt. Diese Beratungen haben dazu geführt, daß in der 1983 novellierten TA Luft erstmalig die Frage der Bekämpfung des Auswurfs krebserzeugender Stoffe aus Industrieanlagen ihren Niederschlag gefunden hat[61]."

Untersuchungen über die Auswirkungen der anthropogenen Belastungen auf die natürlichen Lebensgrundlagen, also Tiere und Pflanzen im Detail, sind mir - mit Ausnahme der bereits erwähnten Neubearbeitung der roten Liste der Lölf - nicht bekannt geworden.

Die Auswirkungen der Schadstoffbelastungen auf den Wald, im Ruhrgebiet ist besonders schwer die rd. 5400 ha umfassende Haard betroffen, sind ähnlich wie in Nordost-Oberfranken und im Saarland.

So berichtet Koch[62], daß hier 3,2 Gramm Schwefel in einem kg Nadel gefunden werden, fast die gleiche Menge wie in Nordost-Oberfranken. Es erscheint deshalb nicht zweckmäßig, hierauf noch weiter im Detail einzugehen.

2.7 Weitere Entwicklung

M.E. wird die Entwicklung im Ruhrgebiet durch drei Faktoren geprägt werden:

- Rückgang der Immissionsbelastungen und damit verbunden absolute und relative Verbesserung der Attraktivität
- vergleichsweise große Verfügbarkeit von Flächen, die zu verschiedenen Zwekken genutzt werden können,
- eine überdurchschnittlich hohe, vermutlich ein bis zwei Generationen dauernde Arbeitslosigkeit, die den Übergang von der Arbeits-Leistungs-Gesellschaft zur Freizeit-Tätigkeits-Gesellschaft regional konzentriert besonders eindringlich vor Augen führt.

Aufgabe von Landes- und Regionalplanung ist es unter diesen Umständen, die planerische Vorsorge und Gestaltungsaufgabe besonders energisch anzupacken; dazu gehört, daß mit dem KVR und den einzelnen Gemeinden, aber auch den einschlägigen Landesanstalten wie LIS, Lölf u.a. die Grundlagen für die Realisierung einer neuen Vision für die Region zwischen Ruhr und Lippe zu schaffen.

Elemente dieser Vision sind:

- Rückführung der "doppelten Tragfähigkeit" auf eine "einfache Tragfähigkeit",
- Nutzung der optimalen infrastrukturellen Ausstattung,
- Begrünung der Halden,
- Qualifizierung von Brachflächen auf Vorrat, d.h. ohne auf die jetzt (noch) nicht vorhandene Nachfrage zu achten, zu
  - Gewerbeflächen für ubiquitäre "weiße" Betriebe,
  - aufgelockerte Wohnbebauung,
  - öffentliche Grünflächen (u.U. auch temporäre Parks),
  - Kleingartenanlagen

(- Qualifizierung der Jugendlichen für Arbeitsanforderungen der "Dienstleistungsgesellschaft").

Vorrangige planerische Aufgabe ist es zunächst:

- ein einheitliches Konzept für das Ruhrgebiet in den drei zuständigen Regierungspräsidien zu erarbeiten und
- die Überarbeitung der bereits vorhandenen Gebietsentwicklungspläne mit den entsprechenden Landschaftsrahmenplänen im Hinblick auf neue Ziele (eine neue Vision), um die Voraussetzungen zu schaffen für
- das Überarbeiten der Flächennutzungspläne mit den entsprechenden Land-

schaftsrahmenplänen in den einzelnen Ruhrgebietsstädten, unter Beachtung interkommunaler Arbeitsteilung,

um überhaupt die planerischen Voraussetzungen einer neuen "Begabung" der Region für neue Funktionen zu schaffen. Es gilt deshalb, die verschiedentlich erkennbaren Ansätze des Umdenkens kraftvoll zu bündeln und aus dem erlittenen Schock neue Kraft für eine neue, übergemeindliche Zusammenarbeit zu finden, die gemeinsam vor allem die Gemeindegrenzen als antiquierte Fesseln und Hemmnisse abstreift, um die Voraussetzungen für eine moderne Ruhrmetropole zu schaffen. Damit soll nicht der alte Gedanken "aufgewärmt" werden, es sei doch besser, wenn die Ruhrgebietsstädte auf ihre kommunale Selbständigkeit zugunsten einer gemeinsamen Groß-Stadt wie Berlin oder Hamburg verzichten würden. Das ist aus meiner Sicht nicht das Problem, es wäre per Saldo wohl auch gar nicht hilfreich. Unabdingbar ist allerdings bei der vergleichsweise engen Besiedlung und den fließenden Übergängen von Stadt zu Stadt die Schaffung eines für den Gesamtraum aussagekräftigen Planes; anzustreben wäre gewissermaßen das Konzept eines einheitlichen Flächennutzungsplanes als planerisches Leitbild, das über das verdienstvolle Regionale Freiraumsystem Ruhrgebiet hinausgeht und erkennen läßt, wie man sich die künftige Entwicklung vorstellen kann. Die jetzt stattfindende Umstrukturierung bietet m.E. dazu eine einmalige Chance, die noch mehr als bisher genutzt werden sollte. Dabei wäre es sicher hilfreich, wenn

- die Landesplanung aus ihrer Sicht anzustrebende Ziele bis zu der ihr gezogenen Grenze verfeinert,
- die Regierungspräsidenten auf eine möglichst detaillierte Zielangabe und denkbare Arbeitsteilung zwischen den Städten in den drei in Frage kommenden Gebietsentwicklungsplänen mit Nachdruck hinarbeiten,
- die Oberbürgermeister Selbstverwaltung als das begreifen, was es ist, z.B. die Ziele, die man in Abstimmung mit den Nachbarn anstreben sollte, auch realisiert, und vor allem die notwendige freiwillige Arbeitsteilung (z.B. beim Angebot von Gewerbeflächen, Infrastruktureinrichtungen, Naherholungsgebieten und ähnlichem). (Zusammenarbeit mit den Nachbarstädten (auch im Sinne des Kosten-Nutzen/Ertrags-Ausgleichs) praktizieren, ist Selbstverwaltung mit Bewährungsmöglichkeiten.)
- der Finanzminister des Landes sollte darüberhinaus Regierungspräsidenten, Oberbürgermeistern, KVR und den Parteien überzeugend deutlich machen, daß er finanzielle Unterstützungen (in welcher Form auch immer) im Benehmen mit dem Landtag nur dann anweist, wenn sich die Betroffenen auf ein mehrheitlich beschlossenes Konzept geeinigt haben, wie man die Region mittelfristig "umbauen" will, wobei Nutzen- und Ertrags-Ausgleich ebenso wie Kostenteilung eine wichtige Voraussetzung sind.

Es erscheint besonders wichtig, daß bei dem Bemühen, eine neue Vision für das Ruhrgebiet zu entwerfen und durchzusetzen, die gesicherten Erkenntnisse von Soziologie und Physiologie berücksichtigt werden. D.h., in diesem Fall ist es unabdingbar, die Bürger an der Erarbeitung der neuen Ziele und der Durchsetzung dieser neuen Ziele in Form einer Vision intensiv zu beteiligen.

2.8 Im Verlauf der hier wiedergegebenen Feststellungen und Überlegungen wurde deutlich, daß das engere Ruhrgebiet

- mehr als ein Jahrhundert lang so etwas wie boom-city-Mentalität hatte, mit entsprechenden Konsequenzen für Stadtgestalt, Landschaftsbild und natürliche Lebensqualität, und daß
- die doppelte Tragfähigkeit von Kohle und Stahl in diesem Jahrzehnt verloren gegangen ist,
- die ohnehin schon sehr deprimierende Lage der Ruhrgebietsstädte sich durch weitere Entlassungen bei Kohle und Stahl im Laufe des Jahres 1987 zu verschlechtern droht (man spricht von 20 000 Bergleuten und rd. 25 000 Stahlerzeugern),
- bei realistischer Betrachtung der weiteren wirtschaftlichen Entwicklung und unter Berücksichtigung der sog. Entkoppelungs-Effekte zwischen industrieller Produktion und Beschäftigtenzunahme nennenswerte Beschäftigungseffekte durch neue Betriebe nicht erkennbar sind,
- die generelle Entwicklung, daß sich unsere Gesellschaft von einer Arbeits-Leistungs-Gesellschaft zu einer Freizeit-Tätigkeits-Gesellschaft entwikkelt, am nachhaltigsten erfahren wird,
- und die im Ruhrgebiet lebenden Menschen in einem Umfang und in einer regionalen Konzentration die ihnen wirtschaftliche und emotionale Sicherheit gebende (Lohn-) Arbeit verloren haben, wie es sich in der Wirtschaftsgeschichte vergleichsweise selten ereignet.

Alle Fachpolitiker, aber auch die Landes-, Regional- und Stadtplaner sollten deshalb unter der Leitung eines erfahrenen, dynamischen und sozialengagierten Managers, der Augenmaß und Durchsetzungskraft verbindet, zusammen mit den Kirchen, den freien Wohlfahrtsverbänden sowie den früheren Arbeitgebern, also den Zechen- und Stahlgesellschaften, der Arbeitsverwaltung und den Kommunalverwaltungen eine Stiftung gründen, die vielleicht "Kampf der unverschuldeten Not im Ruhrgebiet" heißen könnte, und die als schlagkräftiges gemeinnütziges Unternehmen geführt:

- sich - ausgehend von den hier skizzierten Bedingungen und Beobachtungen - nicht dem Wandel der regionspezifischen Standortbegabung in den Weg stellt, sondern eine (ausgedünnte) Stadtlandschaft anstrebt, die bei hohem Wohn-,

Freizeit- und Umweltwert für ubiquitäre "weiße Industriebranchen" attraktiv ist,

- die Industriebrache zur Verbesserung der Wohn-, Freizeit- und Umweltqualität nutzt und durch die Schaffung geeigneter Gewerbeflächenareale die Voraussetzung für eine neue regionalspezifische Standortbegabung schafft,
- die interregionale Mobilität fördert, um wieder auf niedrigere Dichte-Ziffern zu kommen, (d.h. sich auf eine einfachere Tragfähigkeit und niedrigere Bevölkerungszahl einstellt) und damit in der Lage ist, die Vision vom neuen, zukunftsträchtigen Ruhrgebiet Stück für Stück in die Realität umzusetzen.

Diese Stiftung hat vor allem die Aufgabe, das soziale und emotionale Leid der - wahrscheinlich - für den Rest ihres Lebens "nicht-mehr-Gebrauchten" zu lindern und sie davon abzuhalten, der Frau "ständig auf dem Besen zu stehen" und damit auch noch zusätzliches persönliches Leid entstehen zu lassen.

Die Stiftung braucht:

a) Flächen, die von der Industriebrache beispielsweise zur Kleingarten-Qualität für ca. eine Generation qualifiziert werden können,
b) Flächen, die von der Industriebrache beispielsweise zur Qualität von öffentlichem Grün (Stadtökologie!) umgewandelt werden können,
c) Flächen, die von der Industriebrache beispielsweise zur Qualität von aufgelockertem Wohnen umgewandelt werden können,
d) Flächen, die von der Industriebrache beispielsweise zur Qualität von Gewerbeflächen umgewandelt werden können für
   - ubiquitäre weiße Industrien
   - ubiquitäre Gewerbebetriebe als Zulieferer
   - ubiquitäre "Denkfabriken".

Die Stiftung braucht vor allem Kraft, um ihre Vision durchzusetzen. Denn es dürfte ein schweres Stück Arbeit sein:

- alle jetzt "von Amtswegen Befaßten" aus ihrem im partiellen Denken verhafteten "Trott" herauszureißen und zur engagierten Mitarbeit zu motivieren,
- die notwendigen Gelder herbeizuschaffen,
- die Bedenkenträger und phantasielosen Berufs"bremser" zu überzeugen,
- die Sprachlosigkeit zwischen den Regierenden, den Betroffenen und den Vorsitzenden und Aufsichtsräten der Montan-Unternehmen zu überwinden und
- den rechten Mittelweg beim Umgang mit den verbitterten Arbeitslosen zu finden.

M.E. würde sich jedoch dieser nicht zu gering einzuschätzende Einsatz lohnen, denn die "Arbeitslosen von heute" sind "gestern" in dem Glauben erzogen worden, der Mensch erhalte seine individuelle und soziale Würde durch die tägliche (Lohn-) Arbeit die er für die Gesellschaft verrichte. Sie sind nach meinem Eindruck stark leistungsorientiert. Die hier konzipierte Strategie, um den Menschen des Reviers wieder eine neue Aufgabe und damit zugleich einen neuen Lebenswert zu vermitteln, setzt deshalb in zwei Bereichen an:

- für die heranwachsenden Jugendlichen muß eine Arbeitswelt aufgebaut werden, die es ihnen beim Übergang in das computergesteuerte Dienstleistungs-Zeitalter ermöglicht, den Teil der gesellschaftlich notwendigen und bezahlbaren Arbeit, der möglicherweise auf sie entfällt, auch "markt-gerecht" erfüllen zu können; deshalb muß ihr Fähigkeitspotential auf diese Fertigkeiten und Tätigkeiten hin orientiert werden. (Anders formuliert: keine Bergleute und Stahlleute in der vierten Generation!)
- für die Menschen, die durch den Verlust an Absatzmöglichkeiten für Steinkohle, Stahl und Stahlerzeugnisse direkt oder indirekt ihren Arbeitsplatz verloren haben, müssen neue Betätigungsmöglichkeiten geschaffen werden.

Das ist m.E. im Rahmen einer Stiftung "Kampf der unverschuldeten Not im Ruhrgebiet" möglich. Dieser Name hat "attrahierende" Wirkung und dürfte erfolgreich sein; die Angst vor dem "Armen-Haus-Gedanken" sollte dem nicht im Wege stehen. Letztlich geht es aber um eine gemeinnützige, schlagkräftige Stiftung, nicht um den Namen der Stiftung! Es ist möglich, wenn z.B.

- Arbeitslose angelernt werden, die Industriebrachen zu kultivieren für Grün-Maßnahmen, wie sie mit den Buchstaben a, b und c skizziert wurden,
- Arbeitslose angelernt werden, um Gewerbeflächen herzurichten (vgl. d), die bis zu ihrer allfälligen Nutzung mit einfachen Mitteln und sehr geringen Kosten (humuslos) begrünt werden können,
- Arbeitslose angelernt werden, die die Flächen gemäß a, b, c und d manuell pflegen und temporäre Baumschulen anlegen, da wo geeignete Flächen vorhanden sind,
- Arbeitslose angelernt werden, einfache Modernisierungsarbeiten auszuführen. Es ist aufschlußreich, daß derartige Überlegungen auch auf kommunaler Ebene angestellt werden, so soll z.B. in Kürze in Alsdorf b. Aachen eine "Kommunale Beschäftigungs GmbH" gegründet werden. Ich halte diesen Weg für richtig; im Ruhrgebiet sollte diese Aufgabe jedoch eine übergeordnete Stiftung wahrnehmen.

3. Saarland

3.1 Geographische Ausgangslage

(1) Das Saarland ist ein Mittelgebirgsland. Im Norden erreichen die zum Hunsrück gehörenden, meist bewaldeten Ausläufer des Schwarzwälder Hochwaldes fast 700 m Höhe. Nach Süden geht der Hochwald in das sanft geformte, rd. 400 m Höhe erreichende Saar-Nahe-Bergland über, das den größten Teil des Saarlandes ausmacht. Fast 50 % der Landesfläche werden landwirtschaftlich genutzt, rd. 33 % sind Wälder.

Für das Verständnis der saarländischen Situation scheint mir wichtig, sich zu vergegenwärtigen, daß das Saarland zweimal in diesem Jahrhundert, insgesamt 29 Jahre, zum französischen Wirtschaftsraum gehörte.

3.2 Demographische, wirtschaftliche, verkehrliche Ausgangslage

(2) Mit dem Stadtverband Saarbrücken, den Landkreisen Saarlouis, Merzig-Wadern, Sankt Wendel, Neunkirchen und dem Saar-Pfalz-Kreis ist das Saarland der kleinste Flächenstaat der Republik. 1983 lebten hier auf rd. 2570 km^2 1 050 000 Ew.; die Einwohnerzahl ist also kleiner als z.B. die von München, Hamburg oder Berlin.

Für die Zwecke dieser Untersuchung ist es ausreichend, sich auf die Landkreise Saarlouis, Neunkirchen, den Saar-Pfalz-Kreis und den Stadtverband Saarbrücken zu beschränken, die insgesamt rd. 860 000 Ew zählen.

In wirtschaftlicher Hinsicht sind die Probleme des Saarlandes denen des engeren Ruhrgebietes, als Folge der gemeinsamen Produktionsgrundlage, also ebenfalls einer doppelten Tragfähigkeit des Steinkohlenbergbaus und der Eisen- und Stahlerzeugung, sehr ähnlich. Ein wichtiger Unterschied zum Ruhrgebiet besteht allerdings in der Quantität des Arbeitslosenproblems und der Größe der räumlichen Erstreckung. Während zwischen Ruhr und Lippe, Duisburg und Dortmund ca. 300 000 Erwerbspersonen Arbeit suchen, waren es Ende 1986 an der Saar rd. 53 000. Das ist ein beachtlicher quantitativer Unterschied, der allerdings nichts an dem qualitativen Problem für den einzelnen ändert, von der Gesellschaft nicht mehr gebraucht zu werden[63)].

Das Industrierevier des Saarlandes erstreckt sich im wesentlichen von Dillingen über Saarlouis und Völklingen nach Saarbrücken und von dort nach Neunkirchen und Homburg, einem Raum, der aufgelockerter als das Ruhrgebiet bebaut ist.

Ebenso wie im Ruhrgebiet hat auch im Saarland die Montanindustrie tiefe historische Wurzeln. Erste urkundliche Nachweise stammen aus dem 15. Jahrhundert; besondere Bedeutung erhielt das Saarland als wichtiges Gebiet der Schwerindustrie, jedoch erst in der zweiten Hälfte - ähnlich wie das Ruhrgebiet - des vorigen Jahrhunderts, als die Hütten Völklingen, Burbach und Halberg ihre Produktion aufnahmen.

Der Raum Dillingen/Saarlouis ist neben Völklingen/Saarbrücken das bedeutendste Wirtschaftsgebiet des Saarlandes. Im dominierenden Montanbereich sind herausragend die Dillinger Hütte sowie die Zeche Duhamel in Ensdorf, eine der leistungsfähigsten Schachtanlagen Europas, deren Kohle im Großkraftwerk Ensdorf verstromt wird. Obwohl mit der Ansiedlung eines Fordwerkes in Saarlouis die einseitige Wirtschaftsstruktur aufgelockert werden konnte, liegt die Arbeitslosenquote bei rd. 14 %.

Im Stadtverband Saarbrücken, einem Zusammenschluß benachbarter Gemeinden aus dem Jahr 1974 konzentriert sich über ein Drittel der saarländischen Bevölkerung. Gleichzeitig liegt hier das Zentrum des saarländischen Arbeitsmarktes. 50 % aller industriellen Arbeitsplätze entfallen auf die Montanindustrie, also Bergbau, Eisen- und Stahlerzeugung und -verarbeitung. Größter Arbeitgeber ist im Stadtverband Saarbrücken die Saarbergwerke AG, die hier noch vier Gruben, drei Kraftwerke und eine Pilotanlage zur Kohleverflüssigung betreibt mit insgesamt rd. 25 000 Arbeitnehmern. An zweiter Stelle steht der Arbed-Konzern mit rd. 10 000 Arbeitnehmern (Völklinger und Burbacher Hütte) und Motorblöcke für fast alle europäischen Automobilhersteller. Die Halberger Hütte (rd. 3500 Arbeitnehmer) produziert hochwertige Gußrohre.

Im März 1986 waren im Saarland noch rd. 42 000 Arbeitnehmer bei Kohle und Stahl beschäftigt.

Saarbrücken verfügte Ende 1986 über rd. 78 000 Arbeitsplätze im Dienstleistungsbereich, die etwa die Hälfte aller Arbeitsplätze ausmachen[64)]. Angebot und Nachfrage sind jedoch auch hier nicht im Gleichgewicht; die Arbeitslosenquote beträgt über 16 %.

Der Landkreis Neunkirchen ist zugleich die kleinste, aber auch die am dichtesten besiedelte Verwaltungseinheit des Saarlandes (Fläche 250 km^2, 148 000 Ew.). Neunkirchen ist mit rd. 50 000 Einwohnern die zweitgrößte Stadt des Saarlandes und der östlichste Punkt des saarländischen Industriebandes. Gegenwärtig fördert noch die Zeche Reden mit rd. 3000 Arbeitnehmern. Sie ist der größte Arbeitgeber des Kreises. In den letzten zwei Jahrzehnten hat der Landkreis in der Montanindustrie rd. 10 000 Arbeitsplätze durch die Kohlen- und Stahlkrise verloren. Die Arbeitslosenquote liegt bei 17 %.

Der Saar-Pfalz-Kreis ist im Norden von Sankt Ingbert und Homburg industriell geprägt. Wichtigste Industrie ist hier die Metallverarbeitung mit bekannten Namen wie Homburger Stahlbau GmbH, Dillinger Stahlbau GmbH, Neunkircher Eisenwerke etc. Die Wirtschaftsstruktur wird im Kreisgebiet durch die Reifenfabriken Michelin und Kleber sowie die Bosch-Werke aufgelockert.

"Der ursprüngliche Mangel an Primärverbindungen des Saarlandes zu den benachbarten Oberzentren und den größeren Wirtschaftsräumen im übrigen Bundesgebiet und den westlichen Nachbarländern kann heute weitgehend als behoben angesehen werden, jedenfalls was die Streckenteile angeht, die innerhalb der Landesgrenzen liegen. Die zügige Fertigstellung der restlichen dieser Fernstraßen außerhalb des Saarlandes ist jedoch dringend erforderlich, um die Standortnachteile des Saarlandes weiter abzubauen.

Das Saarland besitzt heute drei Transversalen europäischer Fernverbindungen:

- die A 6, die einer historischen Achse folgend von Paris über Saarbrücken nach Mannheim führt und von dort ihre Fortsetzung über Nürnberg bis in den böhmischen Raum hat,
- die A 1, die das nord- und westdeutsche Autobahnnetz über Köln und Saarbrücken mit dem französischen Netz einerseits in Richtung Elsaß und andererseits in Richtung Rhonetal verbindet sowie
- die A 8, die aus dem Benelux-Raum von Antwerpen, Brüssel und Luxemburg kommend über Karlsruhe und München bis zum österreichischen Autobahnnetz nach Salzburg reicht und dabei am Nordrand des Verdichtungsraumes Saar entlang führt.

Von diesen drei Autobahnen sind die A 6 und die A 1 innerhalb des Saarlandes auf ganzer Länge fertiggestellt. Auch die A 8 steht im Streckenabschnitt Zweibrücken über Saarbrücker Kreuz, Saarlouis - Dillingen bis Merzig seit dem Frühjahr des Jahres 1982 dem Verkehr zur Verfügung[65)]."

Am 25.4.1985 hat der Saarländische Ministerpräsident erklärt: "Der Bedarf an Autobahnen und Schnellstraßen ist, von einigen Ausnahmen abgesehen, bis zum Übermaß befriedigt[66)]."

Der Ausbau der Saar zur Wasserstraße soll einen Anschluß über die Mosel zum Rhein schaffen, auf dem folgende Verkehrsströme bewältigt werden sollen:

Karte 12: Verdichtungsraum, Ordnungsraum und ländlicher Raum Saar

Quelle: Moll, P.: Die Anwendung gesellschaftlicher Indikatoren in der Raumordnung. Arbeitsmaterial der ARL Nr. 131, Hannover 1988.

1. Übersee-Erze mit	5,5-6	Mio. t
2. Brennstoffe von Übersee, Drittländern und von Ruhr/Aachen mit	1,3	Mio. t
3. Eisen von der Ruhr und nach der Ruhr/Norddeutschland mit	0,7	Mio. t
4. Eisen nach Übersee mit	0,5-0,6	Mio. t
	8,8-8,6	Mio. t[64]

Mit der Kanalisierung der Saar soll sichergestellt werden, daß "die Massengüter, die den Hauptteil des saarländischen Verkehrsaufkommens bilden, mit dem derzeit energiesparsamsten und umweltfreundlichsten Verkehrsmittel befördert werden[67]."

Die Saar-Kanalisierung wurde seinerzeit durchgesetzt, um "das Restrukturierungskonzept zur Sanierung der saarländischen Eisen- und Stahlindustrie" durchführen zu können. Es ist allerdings die Frage, ob bei 50 Millionen Tonnen Überkapazität der europäischen Stahlindustrie dieses Konzept zu verwirklichen sein wird. Auch die "quasi Bestandsgarantie", die der Ministerpräsident Lafontaine in seiner Regierungserklärung abgegeben hat[68], kann begründete Zweifel über die Zukunft des Stahlstandortes Saar nicht ausräumen.

Das Saarland hat in Saarbrücken-Ensheim einen Flughafen, der Anschlüsse an das internationale Netz via Frankfurt bzw. Düsseldorf und tägliche Direktverbindungen auch nach Berlin, Hamburg und München herstellt.

Zusammenfassend kann man also feststellen, daß die hohe Arbeitslosigkeit an der Saar - ebensowenig wie zwischen Ruhr und Lippe - nicht durch Defizite der Verkehrsinfrastruktur bedingt ist. Hier wie dort hat man so lange an Produktionsstrukturen festgehalten, die überholt sind und das Entstehen einer zeitgemäßeren Produktpalette verhinderten.

Diese Aussage ist als Feststellung, nicht als Schuldzuweisung zu verstehen.

In seiner Regierungserklärung am 24.4.1985 hat Ministerpräsident Lafontaine zum Ausdruck gebracht, daß er sich für die Probleme der Arbeitslosen und der Jugendlichen ohne Ausbildungsmöglichkeiten besonders engagiere. Im September 1986 hat die Arbeitsministerin des Saarlandes, Frau Dr. B. Peter Programme und Richtlinien für arbeitsmarktpolitische Maßnahmen im Saarland zusammengestellt und veröffentlicht, die die Vergabe von rd. 28 Millionen DM Haushaltsmitteln zur Förderung des Arbeitsmarktes regeln. "Mit diesen Mitteln soll die Beschäftigung, Qualifizierung und berufliche Integration folgender Gruppen besonders gefördert werden:

- Jugendliche unter 25 Jahren
- Langzeitarbeitslose
- ältere Arbeitslose
- schwerbehinderte Arbeitslose
- ausländische Jugendliche
- arbeitslose Empfänger von Sozialhilfe
- ausgebildete Jugendliche nach erfolgreichem Abschluß einer Berufsausbildung
- Arbeitslose, die eine selbständige Existenz in selbstverwalteten und gemeinschaftlichen Projekten anstreben[69].

Die wichtigsten (Teil-)Programme des saarländischen Maßnahmenbündels konzentrieren sich auf:

- das ABM-Landesprogramm "Arbeit und Umwelt",
- das Landesprogramm zur Schaffung von sozialversicherungspflichtigen Beschäftigungsverhältnissen für arbeitslose Sozialhilfeempfänger,
- das Sonderprogramm "Anschlußbeschäftigung" und
- das Landesprogramm zur Einstellung schwervermittelbarer Arbeitsloser[70].

Die saarländische Regierung scheint die Probleme des Übergangs von der Arbeits-Leistungs-Gesellschaft zur Freizeit-Tätigkeits-Gesellschaft erkannt zu haben, wenn (in der Einleitung dieses Programms) formuliert wird: "Eine große Chance liegt daher auf dem sog. 'zweiten Arbeitsmarkt'. "Hierunter ist die Schaffung von Arbeitsverhältnissen mit Haushaltsmitteln der Bundesanstalt für Arbeit, der Bundesländer, der Gemeinden, der Sozialhilfeträger und des Europäischen Sozialfonds bei kommunalen und gemeinnützigen Trägern, bei örtlichen Beschäftigungsinitiativen und in selbstverwalteten Projekten zu verstehen. Die Hoffnung beim Einsatz von Landesmitteln liegt dabei auf einer Zunahme der dauerhaft geschaffenen Arbeitsplätze, die auch nach Auslaufen der Landesförderung Bestand haben[71]."

Und wenn ausgeführt wird: "Programme zum regionalen Abbau der Arbeitslosigkeit sind daher für die Landesregierung fester Bestandteil ihres politischen Handelns geworden; sie werden auf absehbare Zeit aufgelegt werden müssen, um die Wirtschaftspolitik, die Strukturpolitik und Ansiedlungspolitik, die Mittelstandspolitik und die Tarifpolitik zu ergänzen. Sie sind darüber hinaus aktiver Bestandteil einer verantwortungsbewußten Sozialpolitik"[72].

Es ist von großem überregionalen Interesse, welche Erfolge mit einem derartigen Maßnahmenbündel erreicht werden können. Sollten die Maßnahmen nennenswerte Erfolge beim Abbau der hohen Arbeitslosen-Zahlen haben, dann ergeben sich damit Hinweise auf ähnliche Maßnahmen im Ruhrgebiet[73].

3.3 Indikatoren der Laufenden Raumbeobachtung

Betrachtet man die Indikatoren der Laufenden Raumbeobachtung für das Saarland, so ergibt sich bei einem Vergleich der Jahre 1981 und 1985 in Tab. 38

- ein deutlicher Anstieg der Arbeitslosenquote von 8,5 % auf 15,8 %,
- ein Anstieg des Indikators der Dauerarbeitslosigkeit von 21 auf 55,
- ein Anstieg des Indikators für junge Arbeitslose von 55 auf 81.

Diese wenigen Indikatoren zeigen deutlich den Niedergang der saarländischen Montanindustrie; die schlechten Werte dieser Indikatoren für die Ruhrgebietsstädte haben die gleiche Ursache. Allerdings war die Arbeitslosenquote 1985 im Saarland mit 15,8 % höher als im Ruhrgebiet, wo sie bei 14,4 % lag.

Vergleicht man die Werte für die Abwasser- und die Abfallbeseitigung des Saarlandes mit denen des Bundesgebietes zeigt sich deutlich die saarländische Misere. Daß sich hier entgegen zahlreichen Ankündigungen nichts Wesentliches bewegt hat oder in Bewegung gebracht wurde, dürfte wohl ein Grund mit dafür sein, daß der zuständige Stelleninhaber seine fachliche Glaubwürdigkeit verloren hat, zumal er nach meinem eigenen Eindruck nicht einmal in der Lage ist, sein Haus fachgerecht zu führen[74].

Tab. 38: Ausgewählte Indikatoren der Laufenden Raumbeobachtungen für die Bundesrepublik und das Saarland für die Jahre 1981[1] und 1985[2]

Indikatoren	Bundesgebiet		Saarland	
	1981	1985	1981	1985
Wanderungssaldo je 1000 Ew.	5,1	2,4	-0,3	- 0,7
Arbeitslosenquote	5,7	10,5	8,5	15,8
Dauerarbeitslosigkeit	9,0	29,0	21,0	55,0
Ältere Arbeitslose	-	42,0	-	64,0
Binnenwanderungssaldo der Erwerbspersonen	6,0	0,0	-5,6	-0,8
Siedlungsdichte	2349	1960	2664	2237
Bebaute Fläche	0,11	0,13	0,18	0,21
Freifläche in qm je Ew.	3631	3623	2044	2025
Naturnahe Fläche in qm je Ew.	1317	1346	839	855

1) Aktuelle Daten und Prognosen zur räumlichen Entwicklung, hrsg. v. Bundesforschungsanstalt für Landeskunde und Raumordnung, Jg. 81, H. 11/12.
2) Aktuelle Daten und Prognosen zur räumlichen Entwicklung, hrsg, v. Bundesforschungsanstalt für Landeskunde und Raumordnung, Jg. 85, H. 11/12.

Tab. 39: Indikatoren der Laufenden Raumbeobachtung 1985

	BRD	Saarland
Bevölkerungsstruktur und -entwicklung		
- Bevölkerungsbestand in 1000	61 049	1 051
- Bevölkerungsdichte (E je qkm)	245,0	409,0
- Natürliche Zuwachsziffer	-1,8	-2,6
- Wanderungssaldo je 1000 Einwohner	-2,4	0,7
- Abhängigkeitsverhältnis	42,9	40,1
- Ausländerquote	7,2	4,3
- Erwerbsfähigenquote	70,0	71,4
Arbeitsplatzangebot und -qualität		
- Abhängig Beschäftigte je 1000 Erwerbsfähige	477,0	445,0
- Industriebeschäftigte je 1000 Erwerbsfähige	162,0	185,0
- Beschäftigte im sekundären Sektor	48,6	54,1
- Beschäftigte im tertiären Sektor	50,3	45,3
- Offene Stellen je 1000 Arbeitslose	43,0	27,0
- Beschäftigte ohne abgeschlossene Berufsausbildung	36,1	35,6
- Beschäftigte mit hochqualifizierter Berufsausbildung	4,7	4,1
- Verdienstmöglichkeiten in der Industrie	3 512	3 446
Arbeitsmarktsituation und Arbeitsplatzwanderer		
- Arbeitslosenquote	10,5	15,8
- Dauerarbeitslosigkeit	29,0	55,0
- Ältere Arbeitslose	42,0	64,0
- Binnenwanderungssaldo der Erwerbspersonen	0,0	-0,8
- Binnenwanderungssaldo der 25- bis unter 30jährigen	0,0	-2,3
Wirtschaftliche Leistungskraft und kommunale Finanzen		
- Bruttowertschöpfung in DM je Einwohner	25 337	23 613
- Steuereinnahmen in DM je Einwohner	911,0	671,0
- Gewerbesteuern (netto) der Gemeinden in DM je E	395,0	258,0
- Einkommensteueranteil der Gemeinden in DM je E	400,0	302,0
- Schlüsselzuweisungen in DM je E	252,0	364,0
- Zuweisungen für Investitionen in DM je E	166,0	112,0
Ausbildungsangebot und Bildungswanderer		
- Quartanerquote	58,0	52,2
- Studienplätze für Erstsemester	34,6	34,7
- Betriebliche Ausbildungsplätze	92,7	104,8
- Junge Arbeitslose	55,0	81,0
- Binnenwanderungssaldo der 18- bis unter 25jährigen	0,0	-2,3
Wohnungsbau- und Siedlungstätigkeit		
- Fertiggestellte Whg. je 1000 Whg. des Bestandes	14,9	11,8
- Anteil neuerstellter Wohngebäude mit 1 und 2 Whg.	86,9	91,0
- Anteil neuerstellter Wohngebäude mit 3 u.m. Whg.	13,1	9,0

Tab. 39 (Forts.)

	BRD	Saarland
- Baulandpreise in DM je qm	117,0	78,0
- Binnenwanderungssaldo der Familienwanderung	0,0	-1,2
Medizinische Versorgung		
- Einwohner je Arzt in freier Praxis	892,0	*)
- Einwohner je Facharzt	797,0	*)
- Planmäßige Betten für Akutkranke je 10 000 E	76,0	*)
- Betten je 100 Krankenhausärzte	623,0	*)
Wasserversorgung		
- Anschlußgrad an zentrale Wasserversorgung	97,3	99,7
- Spezifischer Wasserverbrauch in Liter je E	204,0	173,0
- Grundwasseranteil der Trinkwasserversorgung	72,4	100,0
- Grundwasseranteil der Industrie	27,6	15,8
- Eigengewinnungsanteil der Industrie	90,5	89,2
Abwasserbeseitigung		
- Anschlußgrad der E an öffentl. Kläranlagen	80,4	57,8
- Anteil biolog. behandelten öffentl. Abwassers	84,3	88,6
- Anteil behand. abgel. ind. Abwassers	23,7	24,4
- Anteil behandelter Indirekt-Einleitungen	16,5	6,4
- Biolog. beh. Abwasser der Industrie	24,9	1,5
Abfallbeseitigung		
- Anschlußgrad an Deponien	72,0	83,2
- Anschlußgrad an Müllverbrennungsanlagen	24,9	16,8
- Hausmüllaufkommen in kg je E	375,0	518,0
- Deponierte Abfallmenge in t je ha	8,3	19,0
Natürliche Umweltbedingungen		
- Siedlungsdichte	1960	2 237
- Bebaute Fläche	0,13	0,21
- Freifläche in qm je Einwohner	3 623	2 025
- Naturnahe Fläche in qm je Einwohner	1 344	855,0

*) Keine medizinischen Daten erfaßt.

In diesem Zusammenhang ist es von Interesse, daß mit dem Handbuch für ökologische Planung - Pilotanwendung Saar - eine gute, speziell auf das Saarland abgestellte Basis für die angekündigte Änderung der ökologischen Situation gegeben wäre[75].

Daß insbesondere Luft- und Wasserqualität dringend verbesserungsbedürftig sind, zeigte schon 1972 ein Beitrag von Kroeber-Riel, der unter der Überschrift: "Die subjektive Wahrnehmung der Umweltverschmutzung durch die Saarländer und ihre politische Bedeutung" ausführte: "Auf die Frage, was die Neuzuwanderer, bevor sie das Saarland kennenlernten, für ein typisches Merkmal des Saarlandes hielten, antworteten rund zehn Prozent, das sei der "Schmutz" im Saarland. Diese (stereotype) Vorstellung rangiert in ihrer Häufigkeit unter allen genannten Nachteilen des Saarlandes an erster Stelle. Das Gewicht dieses Ergebnisses wird verstärkt durch die Antworten auf die Frage, was die Zuwanderer im Saarland gegenüber ihren früheren Wohngebieten vermissen: Über dreizehn Prozent vermissen Sauberkeit und gesunde Luft.

Nachdem die Zuwanderer einige Zeit im Saarland gelebt haben, scheint sich der Eindruck einer schmutzigen Umwelt (man kann in diesem Kontext genausogut von Umweltverschmutzung sprechen) zu verstärken. Nach dem Hauptgrund gefragt, warum sie sich im Saarland nicht endgültig niederlassen wollen, wiesen rund siebzehn Prozent von denjenigen Neuzuwanderern, die wegziehen wollen (das waren weniger als die Hälfte aller Neuzuwanderer), auf die Umweltverschmutzung hin. Dieser Grund liegt auch hier wieder an erster Stelle aller Gründe!" und "Jeder vierte Saarländer und fast jeder dritte Neuzuwanderer sieht in der Luftverschmutzung den entscheidenden Nachteil des Saarlandes. Es ist deswegen verständlich, daß die Bewohner des Saarlandes, als man sie fragte, wie sie ein Sonderbudget der Regierung aufteilen würden, die Verwendung der öffentlichen Mittel für die Reinhaltung von Luft und Wasser als besonders vordringlich ansahen. Die alteingesessene Bevölkerung setzte den Ausbau der Krankenhäuser auf die erste Dringlichkeitsstufe und die Reinhaltung von Luft und Wasser auf die zweite Dringlichkeitsstufe; bei den Neuzuwanderern war das Ergebnis umgekehrt[76]."

Kroeber-Riel kam schon 1972 zu dem Ergebnis: Aufgrund der oben angegebenen Untersuchungsergebnisse dürfte es naheliegen, in der Umweltverschmutzung im Saarland einen wesentlichen Grund für die mangelnde Attraktivität dieses Landes als Lebensraum zu sehen. Die von der Bevölkerung subjektiv wahrgenommene und empfundene Umweltverschmutzung ist ja auch tatsächlich vorhanden, wie neue Untersuchungen ... zeigen.

Man kann sich als Beobachter - so Kroeber-Riel 1972 - nicht des Eindruckes erwehren, daß die Verringerung der Umweltverschmutzung im Saarland verspätet und nicht in dem Maße erfolgt, wie es erwartet werden könnte[77]." Ich kann dem nur zustimmen.

Die später in diesem Abschnitt zu referierenden Ergebnisse von Wagner und Beckenkamp illustrierten diesen Befund, indem sie von den Konsequenzen dieser Umweltverschmutzung für die Wälder und die menschliche Gesundheit berichten.

3.4 Status-quo-Prognose

Bei Vollbeschäftigung und einem gut florierenden Immobilienmarkt wandern Arbeitskräfte, denen

- Wohnwert
- Umweltwert und
- Freizeitwert

an ihrem bisherigen Standort nicht mehr zusagen, in die Region, deren Lohnwert vergleichbar und die anderen Komponenten des Wohlbefindens attraktiver erscheinen.

Trotz der im vorigen Abschnitt geschilderten Umweltsituation werden Abwanderungen aus dem Saarland vermutlich sehr geringfügig sein, weil für die Saarländer eine große Heimatverbundenheit typisch ist und bei der vorherrschenden (montan-industriellen) Ausbildung anderen Orts kaum bessere Bedingungen anzutreffen sind, wenn überhaupt freie Arbeitsplätze verfügbar wären.

Nach Angaben der Industrie- und Handelskammer des Saarlandes wurden in den letzten zehn Jahren rund 200 neue Industriebetriebe mit rund 40 000 Arbeitsplätzen angesiedelt. Dabei hat es sich als besonders schwierig herausgestellt, die rigorosen Ansprüche ansiedlungswilliger Betriebe, z.B. im Hinblick auf die benötigten Flächen zu befriedigen. Nach Auskunft der Industrie- und Handelskammer des Saarlandes machte es in der Vergangenheit besondere Schwierigkeiten, die 40 000 unter Tage verlorengegangenen Arbeitsplätze über Tage anzusiedeln, da im Saarland geeignete Industrieflächen sehr knapp sind. (Man rechnet mit einem Flächenbedarf von 200 m^2 Grundfläche pro Arbeitsplatz). Auch das Flächenrecycling kann nicht so zügig durchgeführt werden, wie es wünschenswert wäre.

Faßt man die hier ausgebreiteten Fakten, Beobachtungen und Eindrücke aus zahlreichen Gesprächen zusammen, so dürfte unter Status-quo-Bedingungen der Saldo aus rückläufigen und expandierenden Entwicklungen im Hinblick auf Beschäftigung sowie gewerblichen und industriellen Umsatz tendenziell Stagnation bzw. Schrumpfung anzeigen. D.h., auch im Saarland sind keine Zeichen erkennbar, die einen erneuten Übergang zur Vollbeschäftigung erkennen ließen. Für Umweltschutz und Landesplanung sind das auch im Saarland keine guten Vorzeichen, denn trotz sehr stark wahrnehmbarer Umweltbelastung im Industriegürtel von Dillingen bis Homburg gilt auch heute noch die Devise: "Ökologische Gesichtspunkte sind wichtig, sie dürfen aber nicht die wirtschaftlichen Interessen an die zweite Stelle der Prioritätenliste verdrängen." Nicht nur J. Schreiber gibt die Meinung wieder: "Oskar (Lafontaine) schreibe lieber theoretische Abhandlungen zur Umweltpolitik, sei aber praktisch für die Sache ähnlich taub wie die CDU[78]."

Betrachtet man abschließend die Bevölkerungs- bzw. Erwerbspersonenprognose, so zeigen Modellrechnungen der Gesamtbevölkerung von 1980 bis 2050 eine deutliche Abnahme der Gesamtbevölkerung (vgl. Tab. 40).

Das zuständige Ministerium hat aus meiner Sicht relativ früh die aus dieser Bevölkerungsabnahme erkennbaren Konsequenzen dem Landtag und damit der interessierten Öffentlichkeit zur Kenntnis gebracht. Da die entsprechenden Ausfüh-

Tab. 40: Entwicklung der Gesamtbevölkerung im Saarland 1980 - 2050

Jahr	Status-quo-Prognose (B)[1]	Zielwert-prognose (C)[2]	sinkende Fruchtbarkeit (A)[3]	steigende Geburtenrate (D)[4]
1980	1.068.000	1.068.000	1.068.000	1.068.000
1990	1.016.500	1.028.200	1.006.300	1.045.000
2000	957.400	982.000	928.400	1.023.300
2010	870.700	908.200	826.100	971.900
2020	781.200	831.500	715.600	930.500
2030	682.500	744.500	597.800	876.500
2040	557.800	649.200	475.900	815.500
2050	479.100	558.100	361.600	760.500

1) Status-quo-Prognose (B): Konstante Fruchtbarkeitsziffer (wie für 1980) geschätzt; Wanderungsverlust von 3000 auf 1000 (bis 1989) abnehmend, dann konstant.

2) Zielwertprognose (C): Konstante Fruchtbarkeitsziffer; Abbau des Wanderungsverlustes von 3000 auf 0 (bis 1990), danach ausgeglichene Wanderungsbilanz.

3) Sinkende Fruchtbarkeit (A): Fruchtbarkeitsziffern linear um 20 % bis 1990 abnehmend, danach konstant; Status-quo-Wanderungen.

4) Steigende Fruchtbarkeit (D): Fruchtbarkeitsziffern stufenförmig um 25 % zunehmend, dann konstant auf dem erreichten Niveau; Zielwertwanderungen.

Quelle: Raumordnung im Saarland, Bericht zur Landesentwicklung 1982, hrsg. v. Minister für Umwelt, Raumordnung und Bauwesen, Saarbrücken 1982, S. 13.

Abb. 11: Alterspyramiden der Bevölkerung des Saarlandes 1963, 1980, 1990, 2000, 2030 und 2050 nach der Zielwertprognose des Landesentwicklungsprogramms - Teil 1 Bevölkerung und Erwerbspersonen 1990

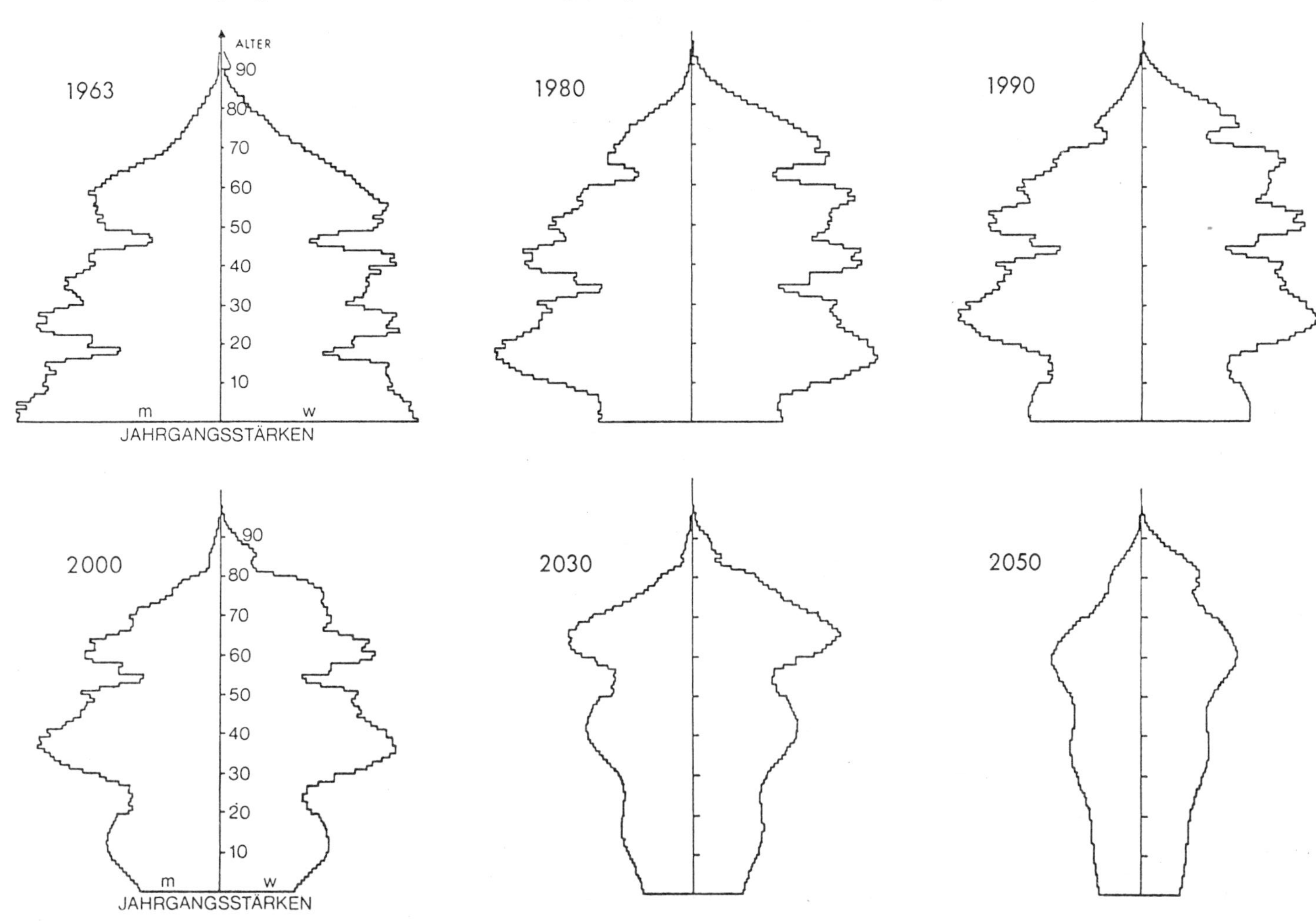

rungen von grundsätzlicher Bedeutung sind, d.h. ebenso für Nordrhein-Westfalen bzw. das engere Ruhrgebiet und Nordostoberfranken gelten, werden sie nachfolgend im Wortlaut wiedergegeben.

"Auch auf der Grundlage der Zielwertprognose sinkt der Bevölkerungsstand bis 2050 auf nahezu die Hälfte ab, obgleich die zugrunde gelegten Geburtenzahlen in den Jahren 1980 und 1981 nicht ganz erreicht wurden. Selbst bei stark steigender Fruchtbarkeit - Variante D - schrumpft die Bevölkerung des Landes immer noch um mehr als ein Viertel. Bei allen Varianten setzt der Schrumpfungsprozeß relativ langsam ein, um sich nach 1990/2000 zu beschleunigen. Da der Schrumpfungsprozeß durch Einschnürung der Alterspyramide vom Sockel her - bei den einzelnen Varianten mit unterschiedlicher Stärke - einsetzt, macht sich die demographische Entwicklung bei der Veränderung der Altersgliederung viel schneller bemerkbar als bei der Verringerung des Bevölkerungsstandes. Dieser Alterstruktureffekt wird in der Abbildung 11 - beispielhaft für die Zielwertprognose - sichtbar.

Die Landesregierung hält es für ratsam, die Auswirkungen dieses Prozesses bei langfristig angelegten politischen Entscheidungen heute schon zu berücksichtigen.

So dürfte der Rückgang der Zahl der Kinder und Jugendlichen schon während des nächsten Jahrzehnts, noch mehr aber auf lange Sicht, weit über das hinausgehen, was man als Abbau einer Überauslastung der für diese Altersgruppen bereitgestellten Einrichtungen wie Kindergärten, Schulen u.a. bezeichnen könnte. Dann stellt sich die Frage der finanziell und organisatorisch tragbaren Mindestauslastung dieser Einrichtungen, die nur im Zusammenhang mit der Größe der zumutbaren Einzugsbereiche beantwortet werden kann.

Mit zunehmender Schrumpfung der Einwohnerzahlen geraten auch diejenigen zentralen Einrichtungen, die nicht ausschließlich oder vorwiegend von jungen Leuten frequentiert werden, in ein Auslastungsdefizit. Auf diese Weise wird es zunehmend schwieriger, unser gegenwärtig erfreulich dichtes Netz von Versorgungsorten - zentralen Orten und Selbstversorgungsorten - aufrechtzuerhalten. Sollte die Maschenbreite unseres Versorgungsnetzes erheblich aufgeweitet werden müssen, würde auch das Siedlungsgefüge in Gefahr geraten[79]."

Bezieht man sich zunächst einmal nur auf das Jahr 2000, dann würde bis dahin die Gesamtbevölkerung vermutlich im Zeitraum 2000/1980 zwischen 140 000 (Prognose A) und 111 000 (Prognose B) abnehmen. Demgegenüber kommt die Raumordnungsprognose für die Region 44 im Zeitraum 1995/1978 zu einer Abnahme von rund 72 000 Personen bei der Gesamtbevölkerung (vgl. Tab. 41) und einer Abnahme der Erwerbspersonen von rund 16 000 (vgl. Tab. 42). Zwar geht man allgemein von der These aus, daß sich in den 90er Jahren der Arbeitsmarkt wieder positiv

Tab. 41: Raumordnungsprognose (inkl. Wanderungen) - Region Saar (44)
- Bevölkerung -

Alter	1978 männlich	1978 weiblich	1978 gesamt	1985 männlich	1985 weiblich	1985 gesamt
0	4 746	4 649	9 395	5 533	5 328	10 861
1- 4	19 417	18 372	37 789	20 803	20 214	41 017
5- 9	30 591	29 650	60 241	24 200	23 218	47 518
10-14	45 579	44 076	89 655	28 728	27 385	56 113
15-19	50 421	47 647	98 068	40 878	38 456	79 334
20-24	42 423	40 944	83 367	48 048	43 732	91 780
25-29	38 697	37 428	76 125	44 051	40 199	84 250
30-34	28 794	27 926	56 720	39 414	37 368	76 782
35-39	37 370	37 941	75 311	31 646	31 101	62 747
40-44	40 806	40 805	81 611	32 648	33 465	66 113
45-49	35 075	34 383	69 458	37 858	39 041	76 899
50-54	32 242	37 916	70 158	35 390	36 113	71 503
55-59	27 415	38 429	65 844	30 857	35 219	66 076
60-64	17 181	25 641	42 822	25 725	35 994	61 719
65-69	21 623	34 806	56 429	17 005	27 891	44 896
70-74	17 776	29 844	47 620	13 645	26 116	39 761
75 +	17 375	34 967	52 342	19 146	45 113	64 259
gesamt	507 531	565 424	1 072 955	495 575	546 053	1 041 628

Alter	1990 männlich	1990 weiblich	1990 gesamt	1995 männlich	1995 weiblich	1995 gesamt
0	5 668	5 407	11 075	5 120	4 838	9 958
1- 4	22 287	21 445	43 732	21 397	20 383	41 780
5- 9	26 415	25 580	51 995	28 050	26 905	54 955
10-14	24 806	23 690	48 496	27 044	25 967	53 011
15-19	29 830	27 480	57 310	26 039	23 943	49 982
20-24	40 424	36 427	76 851	30 149	26 183	56 332
25-29	47 345	41 742	89 087	40 367	34 957	75 324
30-34	43 598	39 469	83 067	47 038	41 125	88 163
35-39	38 545	36 991	75 536	42 713	39 103	81 816
40-44	30 818	30 828	61 646	37 613	36 689	74 302
45-49	31 657	33 066	64 723	29 922	30 488	60 410
50-54	36 312	38 346	74 658	30 350	32 481	62 831
55-59	33 311	35 117	68 428	34 145	37 254	71 399
60-64	27 778	33 592	61 370	30 004	33 509	63 513
65-69	21 529	33 227	54 756	23 227	30 989	54 216
70-74	12 874	24 451	37 325	16 208	29 023	45 231
75 +	16 896	44 562	61 458	15 428	42 844	58 272
gesamt	490 093	531 420	1 021 513	484 814	516 681	1 001 495

Tab. 42: Raumordnungsprognose (inkl. Wanderungen) - Region Saar (44)
- Erwerbspersonen -

Alter	1978 männlich	1978 weiblich	1978 gesamt	1985 männlich	1985 weiblich	1985 gesamt
15-19	23 547	21 965	45 512	17 095	16 249	33 344
20-24	36 441	25 795	62 236	38 939	26 774	65 713
25-29	34 866	18 564	53 430	39 198	21 003	60 111
30-34	27 700	9 495	37 195	37 788	13 427	51 215
35-39	36 361	11 344	47 705	30 669	10 026	40 695
40-44	39 419	12 772	52 191	31 394	11 522	42 916
45-49	33 391	8 218	41 609	35 952	10 670	46 622
50-54	28 115	8 228	36 343	30 903	9 099	40 002
55-59	17 381	9 031	26 412	19 972	9 236	29 208
60-64	4 227	2 590	6 817	6 199	3 426	9 625
65 +	1 874	697	2 571	1 504	706	2 210
gesamt	283 322	128 699	412 021	289 523	132 138	421 661

Alter	1990 männlich	1990 weiblich	1990 gesamt	1995 männlich	1995 weiblich	1995 gesamt
15-19	11 450	10 846	22 296	9 104	8 777	17 881
20-24	31 236	21 654	52 890	22 101	15 064	37 165
25-29	41 319	22 478	63 797	34 516	19 288	53 804
30-34	41 844	14 905	56 749	44 855	16 152	61 007
35-39	37 172	12 557	49 729	41 162	14 110	55 272
40-44	29 542	11 310	40 852	35 863	14 304	50 167
45-49	30 049	9 854	39 903	28 384	9 844	38 228
50-54	31 763	10 626	42 389	26 624	9 822	36 446
55-59	21 884	9 897	31 781	22 778	11 236	34 014
60-64	6 593	3 058	9 651	7 016	2 913	9 929
65 +	1 447	737	2 184	1 437	751	2 188
gesamt	284 299	127 922	412 221	273 840	122 261	396 101

entwickelt; ob das aber auch für montan-industriell geprägte Arbeitsmärkte mit vergleichsweise schlechtem Wohn-, Freizeit- und Umweltwert gilt, muß unter ceteris paribus Bedingungen wohl bezweifelt werden. Umweltschutz und Landesplanung wären jedenfalls aus meiner Sicht gut beraten, wenn sie die Ergebnisse der hier nur skizzenhaft entwickelten Status-quo-Prognose als Herausforderung betrachten würden. Zur Zeit meiner Untersuchungen war das beim zuständigen Stelleninhaber nicht festzustellen.

3.5 Die wirtschaftliche Entwicklung der Bundesrepublik ist gegenwärtig deutlich durch zwei wichtige Entkoppelungs-Prozesse gekennzeichnet:

- die enge Verbindung zwischen dem Wachstum der Industrieproduktion und dem Energieeinsatz hat sich deutlich gelockert und
- mit der Zunahme wirtschaftlichen Wachstums ist nicht mehr automatisch die Zunahme der Beschäftigung verbunden

Der dritte Entkoppelungs-Prozeß, die wünschbare Trennung zwischen wirtschaftlichem Wachstum der Industrieproduktion und den human- und ökotoxikologischen Emissionen ist durch die verschärfte Umwelt-Gesetzgebung zwar auf dem richtigen Wege, aber noch nicht bei befriedigenden Ergebnissen angelangt[80)].

3.5.1 Wenn im Saarland die Luftbelastung zurückgeht, z.B. der tägliche Staubniederschlag von 1972 = 850 Milligramm je m^2, zehn Jahre später nur noch 200 Milligramm je m^2 beträgt, dann ist das das Ergebnis besserer Filtertechnik (erzwungen durch Verschärfungen der TA-Luft) und der Absatzprobleme des Saarlandes, also von Verringerungen der Produktion. Mehr als 90 % der Schadstoffe, die über den Luftpfad gehen, stammen aus der Industrie, der Anteil des Hausbrandes erreicht c.a. 5,5 %, der Kraftfahrzeugverkehr ist mit rd. 8,5 % bei Stickoxiden beteiligt[79)]. Die zwölf größten Kohlekraftwerke produzierten 1983 rd. 97 000 Tonnen Schwefeldioxid (die bis 1988 deutlich reduziert werden sollen[81)] und die aus z.T. 200 m hohen Schornsteinen kommend anderenorts als saurer Regen niedergehen.

Die Luftverschmutzung vor Ort wird vor allem durch die Emissionen von Kleingewerbe und Hausbrand sowie den Kraftverkehr verursacht[82)].

Die Hauptwindrichtungen sind im Saarland so eindeutig, daß der Arbeitsmediziner Beckenkamp und seine Mitarbeiter glauben, auch einen unmittelbaren Zusammenhang zwischen hoher Luftverschmutzung und erhöhtem Krebsrisiko nachweisen zu können[83)].

Koch weist darauf hin, daß im Saarland - im Gegensatz zu Nordrhein-Westfalen und Baden-Württemberg - bei Drucklegung seiner Arbeit noch kein verbindliches Entstickungskonzept vorlag.

In der verfügbaren Literatur und durch einzelne Fachgespräche bestätigt entsteht im Saarland stets der nachhaltige Eindruck, daß Umweltschutz bei den Verantwortlichen in der Gefahr steht, als überflüssiges, auf jeden Fall als lästiges Übel betrachtet zu werden, weil er die wirtschaftlichen Grundlagen des Saarlandes (auch vermeintlich) negativ tangiert. Selbst der zuständige Minister Leinen vermittelte im Dezember 198[illegible] in einem persönlichen Gespräch den Eindruck, daß Hausbegrünungen vielleicht wichtiger seien als emissionsmindernde Initiativen des Aktionärs Saarland bei den Saarbergwerken[84]. Zur Entwicklung des Staubniederschlags vgl. die die Abbildung 12 und die Ausführungen unter Tz. 6.)

Die Staubniederschläge zwischen 1979 und 1982 sind zurückgegangen, vor allem in Dillingen. In der Umgebung von ARBED Saarstahl in Völklingen liegen die Werte jedoch immer noch über dem Limit der TA-Luft von 350 Milligramm. In den weißgepunkteten Flächen wird überdies der Kurzzeitgrenzwert überschritten.

Abb. 12: Die 12 größten Kohlekraftwerke des Saarlandes und ihre Emissionen

Kohlekraftwerke									
Kraftwerke	Betreiber	Brennstoffe	Bruttoleistung (Megawatt)	SO_2			NO_x	Bewertung der Maßnahmen*	
Etwa 90 % der Schwefeldioxid- und Stickoxid-Emissionen aus Kraftwerken entfallen auf die 12 größten			1983	Emissionen (Tonnen pro Jahr) 1983	1988	1994	1983/88/94	bis 88	bis 94
Weiher II	Saarbergwerke	S	300	13700	2500	2500	Das Saar-	(+)	(+)
Ensdorf III	RWE	S	300	11300	1900	1900	land hat	(+)	(+)
Weiher III	Saarbergwerke	S	707	9000	3500	3500	bisher	(+)	(+)
Fenne II**	Saarbergwerke	S	145	9000	2200	-	noch kein	-	
Barbara II**	Saarbergwerke	S	150	7500	2000	-	verbind-	(+)	
Bexbach	Saarberg-, Badenwerke, Bayernwerk, EVS	S	750	7450	3500	3500	liches Ent- stickungs-	(+)	(+)
Fenne III	Saarbergwerke	S	163	7400	1000	1000	Konzept.	(+)	(+)
Ensdorf II**	Saarbergwerke	S	110	7400	4000	-	Pilotanla-	-	
Wehrden**	Saarbergwerke	S	190	7300	1000	-	gen zur	(+)	
Ensdorf I	Saarbergwerke	S	110	7100	950	950	Entstik-	-	-
Barbara III	Saarbergwerke	S	110	5600	2000	-	kung ent-		
Fenne IV (Modell-kraftwerk)	Saarbergwerke	S	231	3700	1200	600	stehen in Weiher III und Fenne III	(+)	(+)

* Grundlage der Bewertung sind die Emissionen pro Megawatt (elektrisch) für SO_2 und NO_x.
** Ab 1986 eingeschränkter Betrieb; bis 1993: stillgelegt.

Quelle: Koch, E.R., a.a.O., S. 310.

3.5.2 Das Paradebeispiel für Gewässerverschmutzung ist in Europa die Rossel, ein Nebenfluß der Saar, der von Frankreich kommend täglich 40 Tonnen Ammonium, 250 Tonnen Chlorid, 3 Tonnen Nitrat, 1,3 Tonnen Phenol, 130 Tonnen Sulfat und 40 kg Cyanide bei Völklingen in die Saar einbringt[85].

Fairerweise muß eingeräumt werden, daß nicht nur die Franzosen die Rossel verschmutzen, auch die Saarländer gehen mit ihren Gewässern, d.h. den anderen Nebenflüssen der Saar nicht so um, wie das aus der Sicht des Umweltschutzes zu wünschen bzw. zu erwarten wäre[86]. Neben industriellen Abwässern, wie denen der Zentralkokerei bei Dillingen und der Dillinger Hütte[87], fließen die Abwässer von rd. ein Drittel der Saarländischen Bevölkerung ungeklärt in die Saar, d.h. für rd. 400 000 Menschen sind noch Kläranlagen zu errichten. So besitzt z.B. Völklingen, die drittgrößte Stadt des Saarlandes, noch keine kommunale Kläranlage. "Auch die Abwässer aus einigen Stadtteilen der Landeshauptstadt gelangen noch völlig ungeklärt in die Saar. Im gesamten Land wäre der Bau von ca. 100 Kläranlagen notwendig, mit einem geschätzten Aufwand von mehr als 3 Mrd. DM[88]t."

3.5.3 Beim Schutz des Bodens sind cum grano salis zu unterscheiden:

- Industrieflächen
- Überschwemmungsgebiete der Saar und ihrer Nebenflüsse
- Ackerland.

Bei den Industrieflächen sind die bekannten Bodenbelastungen anzutreffen, wie z.B. auch zwischen Ruhr und Lippe. Die Stahlstiftung Saar beabsichtigt nach einem Fernsehbericht vom 24.4.1987, arbeitslose Hüttenwerker, die nicht umgeschult werden können, mit der Beseitigung industrieller Altlasten zu beschäftigen.

Die Überschwemmungsgebiete der Saar und ihrer Nebenflüsse weisen Belastungen auf, die angesichts der Gift-Frachten, die diese Gewässer transportieren müssen, nicht verwunderlich sind. Von entsprechenden Maßnahmen durch das hierfür zuständige Ministerium oder die Staatskanzlei ist jedoch nichts bekannt.

Nach Koch ergab eine Untersuchung saarländischer Ackerböden 1983, daß 64,5 % einen ph-Wert unter 6 hatten, d.h. versauert sind.

3.5.4 Der unerfreuliche, offenbar nicht an präzisen Zielen und dem Postulat der Effizienz orientierte Arbeitsstil des Umweltschutzes im Saarland bestätigt sich nicht nur bei Luft-, Wasser- und Bodenschutz, sondern auch bei der Abfallwirtschaft. "Eine Gefährdung des Grundwassers befürchtet das Landesamt für Umweltschutz besonders bei den Hausdeponien der drei Saarhütten in Dillingen,

Völklingen und Halberg, die dort ihre schwermetallhaltigen Abfälle ablagern...."

Im November 1984 wurde eine Abfallstudie vorgelegt, deren Schlußfolgerungen so lauten:

- "Die Ablagerung von Sonderabfällen auf Hausmüll-Deponien ist nicht länger vertretbar",
- "Alle Ablagerungsstellen, vor allem aber die Hütten-Halden, bedürfen einer sofortigen, intensiven Überprüfung,"
- "Privaten Sonderdeponien muß ein besonderes Augenmerk gelten",
- "Das Saarland braucht eine Sondermülldeponie mit Benutzungszwang",
- "Dringend klärungsbedürftig sind die Altlasten"[89].

Dem ist nichts hinzuzufügen.

In Saarbrücken kursierte im Dezember 1985 bei meinen Gesprächspartnern ein bonmot, das mit entsprechendem Achselzucken begleitet, lautete: "Wer, wie unsere Regierungsspitze, nach Höherem strebt, kann sich um (Leinens) "Kleinigkeiten" nicht mehr kümmern."

3.6 Konsequenzen für Menschen, Tiere, Pflanzen

Eine ähnliche Untersuchung, wie sie Sies für Nordost-Oberfranken durchgeführt hat, ist mir im Saarland nicht bekanntgeworden. Es gibt jedoch Untersuchungen, wie die von Min.Rat Arnold Wagner über die Belastungen des Waldes mit Schadstoffen, die auch Anhaltspunkte für die Vergangenheit geben, und Forschungsergebnisse von Prof. Dr. Beckenkamp über Auswirkungen der Luftverschmutzung auf die menschliche Gesundheit. Nachfolgend wird das Ergebnis entprechender Gespräche (und die vertiefende Nacharbeit mit Hilfe der Veröffentlichungen dieser beiden Gesprächspartner) referiert[90]. Dabei muß berücksichtigt werden, daß Gesprächspartner, die verständlicherweise ungenannt sein wollen (es handelt sich dabei weder um Min.Rat Wagner noch um Prof. Beckenkamp), sinngemäß folgendes ausführten: Für den Umweltschutz im Saarland wäre es viel besser, auf Kohle (zur Verstromung bei ohnehin vorhandenen Energieüberschüssen) zu verzichten, und stattdessen Kernenergie zu nutzen, aber niemand traut sich, hier im Saarland eine Industriepolitik zu betreiben, die die Dominanz von Saarberg überwindet.

1585 wurde erstmals im Raum Völklingen eine Eisenhütte mit Schmelze, Pochwerk und Schmiede errichtet.

1620 fanden die ersten Schmelzversuche mit lothringischer Minette statt. Etwa ab 1740 stand diese Eisenhütte in voller Blüte und stellte einen bedeutenden Industriezweig an der Saar dar. Nach 1825 wurde die Stahlerzeugung erfolgreich auf Steinkohle umgestellt. Minette konnte "im Großen" durch das seit 1879 funktionierende Thomas-Verfahren verwertet werden.

"Waren die Abgase der Holzfeuerungen noch relativ harmlos, so begann mit der Steinkohlennutzung nach 1825 die örtliche Belastung der Wälder. Es traten die ersten So_2-Emissionen auf. Dabei spielte die Höhe der Schornsteine noch keine wesentliche Rolle. Kokereien, Kohlekraftwerke und sonstige Großfeuerungen, Hausbrand und später auch Kraftmaschinen und Autos verursachten Schäden am Wald, erkennbar besonders in der Nähe großer Siedlungskomplexe und rauchentwickelnder Anlagen. Über diesen Zeitraum liegen wenig Messungen vor, jedoch kann angenommen werden, daß in Siedlungs- und Industrienähe durchschnittlich mehr als 90 Mikrogramm SO_2/m^3 Luft auf den Wald niedergingen und daß Kurzzeitbelastungen über 280 Mikrogramm/m^3 Luft gelegen haben.

Weiterhin kann angenommen werden, daß diese Rauchgasbelastungen spätestens in einer Entfernung von 20 km vom Emissionsort in der Hauptwindrichtung von 20 km vom Emissionsort in der Hauptwindrichtung spürbar zurückgegangen sind, bei mittleren Werten auf unter 60 Mikrogramm/m^3, bei Kurzzeitbelastungen auf unter 170 Mikrogramm/m^3.

Der Ausstoß von Stäuben in die Luft vollzog sich im wesentlichen im Zusammenhang mit der Eisenverhüttung. Neben den Sinter- und Hochofenstäuben kamen Staubemissionen aus den Thomaskonvertern und den Zement- und Kalkwerken hinzu. Alle diese Stäube waren entweder reine Kalke oder Kalkverbindungen, wie etwa die Minette. Hier spielte die Höhe der Essen eine wichtige Rolle, so daß z.B. die Aufstockung des Schornsteins der Röckling'schen Eisen- und Stahlwerke Ende der 30er Jahre von Bedeutung war.

In fabriknahen Waldungen kann damit gerechnet werden, daß diese fast neunzig Jahre dauernden Immissionen ca. 15 bis 31 dt pro Jahr und Hektar betrugen (ca. 0,42 - 0,85 g pro m^2 und Tag). Erst am Rande des Rauchschadensbereiches, also etwa in 20 km Entfernung in der Hauptwindrichtung, sanken die Staubimmissionen unter 4 dt pro Jahr und Hektar ab[91)]."

"Die Abgase, besonders deren SO_2-Gehalt, zerstörten das Blattgewebe um die Spaltöffnungen, drangen in das Innere ein und zersetzten Blätter und Nadeln, was an braunen Flecken (Nekrosen) erkennbar wird. Wenn dadurch der Schließmechanismus der Spaltöffnungen gelähmt wurde, verstärkte sich Verdunstung und Austrocknung der Pflanze. Es konnte zu vorzeitigem Abwurf von Blättern und Nadeln kommen und zur Schwächung der Widerstandskraft der Bäume gegen andere Erkrankungen[92)]."

"Der Hausbrand verstärkte die Immissionen im Winter, teilweise bis auf das Doppelte und Dreifache, was die Gefahr für den Nadelwald weiterhin erhöhte. Die Nadelbäume sind daher in siedlungs- und industrienahen Waldungen weniger geworden, obwohl sie als empfindliche Testbäume und gute Luftreiniger von besonderem Wert wären.

Tödliche Schäden an Bäumen jeden Alters sind bisher nur in unmittelbarer Nähe von Siedlungen, stark befahrenen Straßen, Industrieanlagen und anderen Emittenten, z.B. brennenden Halden, eindeutig beobachtet worden. In weiterer Entfernung von diesen Punkten konnte mit einer Verkürzung der Lebensdauer der Waldbäume neben den oben erwähnten Schädigungen gerechnet werden[93]."

"Zusammenfassend kann man davon ausgehen, daß in der Minettezeit

a) tödliche Schäden durch Luftverunreinigungen an Einzelbäumen und kleinflächig aufgetreten sind,
b) leichte Schäden an Baumkronen, nach Baumarten verschieden, in einem Bereich von rd. 10 000-12 000 ha beobachtet wurden und
c) Schäden am Waldboden durch die Staubimmissionen verhindert wurden. Im Gegenteil, die Böden im Ballungsraum haben durch die Staubablagerungen ein "Sicherheitspolster" erhalten, das einige Jahrzehnte wirksam sein kann, was auch die später noch anzuführenden Bodenanalysen beweisen[94]."

Zum Ende des Jahres 1973 ging die Minette-Verhüttung in den saarländischen Eisenwerken zu Ende. Die Eisenindustrie hat sich auf hochprozentige Erze umgestellt, "das Thomas-Verfahren wurde durch andere Blasstahlverfahren ersetzt, so daß kein Kalk mehr benötigt wird[95]."

Inzwischen sind neue Emissions- und Immissionsverhältnisse durch die Umstrukturierung und Neugestaltung der Schwerindustrie entstanden. In diesem Zusammenhang sind vor allem zu nennen:

- Abfilterungsmaßnahmen
- Höhere Schornsteine.

Im Hinblick auf die Struktur der Schornsteinhöhen, vgl. Tab. 43 "Emissionen der Industrie im Jahre 1979, aufgeteilt nach Höhenklassen der Schornsteine".

Wagner führt in seinem m.E. äußerst wichtigen Beitrag weiter aus, daß die TA-Luft 1974 mit ihren SO_2-Grenzwerten IW_1 = 0,14 $mg7m^3$ Luft und IW_2 = 0,40 $mg7m^3$ Luft[96] außerhalb der Industrie- und Wohngebiete in der Regel nicht erreicht und doch Schäden beim Wald beobachtet wurden.

Tab. 43: Emissionen der Industrie im Jahre 1979, aufgeteilt nach Höhenklassen der Schornsteine

Stoff	Schornsteinhöhe in Metern ≦20 kg/Jahr	%	>20 - 50 kg/Jahr	%	>50 - 100 kg/Jahr	%	>100 - 150 kg/Jahr	%	>150 kg/Jahr	%	Summe 100 % kg/Jahr
Staub	6.417.235	38,0	4.037.044	23,9	2.826.020	16,7	2.186.606	13,0	1.410.292	8,4	16.877.197
Schwefeldioxid	986.130	1,4	1.912.363	2,7	17.501.995	24,8	22.375.586	31,7	27.904.400	39,5	70.680.474
Stickoxide	1.055.875	2,7	1.663.310	4,3	4.626.808	11,8	11.990.914	30,6	19.835.978	50,6	39.172.885
Kohlenmonoxid	2.149.145	0,8	8.251.672	2,9	248.585.822	87,2	24.834.205	8,7	1.136.404	0,4	284.957.248
organ. Verbindungen	2.582.460	85,6	67.688	2,3	102.861	3,4	82.086	2,7	181.475	6,0	3.016.570
anorgan. gasförmige Chlorverbindungen	64.330	0,4	32.851	0,2	2.963.524	20,5	4.573.738	31,6	6.835.000	47,2	14.469.443
anorgan. gasförmige Fluorverbindungen	560	0,2	1.633	0,4	103.092	27,2	137.869	36,4	135.700	35,8	378.854
Schwefelwasserstoff	99.955	71,2	27.204	19,4	13.288	9,5	-	-	-	-	140.447
Blei	18.303	18,5	13.238	13,4	34.312	34,8	30.633	31,0	2.233	2,3	98.719
Cadmium	28	8,3	36	10,7	77	22,8	122	36,2	74	22,0	337
Summe	13.374.021		16.007.039		276.757.799		66.211.759		57.441.556		429.792.174

Quelle: 4. Umweltbericht der Regierung des Saarlandes, hrsg. v. Minister für Umwelt, Raumordnung und Bauwesen, Saarbrücken 1984, S. 221.

Wagner führt folgende, in Tab. 44 wiedergegebenen Werte der Internationalen Union der forstlichen Versuchsanstalten (IUFRO) an, zu denen er kommentierend ausführt:

"Sie wurden aufgrund des neuesten Standes der naturwissenschaftlichen Erkenntnisse und waldbaulichen Erfahrungen aufgestellt und auf die Baumart Fichte (Picea abies) ausgerichtet. Diese Grenzwerte beziehen sich nur auf das alleinige Auftreten von SO_2. Bei Mischung mit anderen Schadstoffen muß mit erhöhter Wirkung gerechnet werden.

Tab. 44: IUFRO-Richtwerte für Schwefeldioxid

	Jahresmittelwert	24-Stunden-Mittelwert	97,5 Perzentil der 1/2-Stunden-Werte in der Vegetationszeit mg/m^3
auf normalen Standorten	0,05	0,1	0,15
auf kritischen oder extremen Standorten	0,025	0,05	0,075

Der 24-Stunden-Mittelwert darf nur 12mal im Halbjahr überschritten werden. Als kritische oder extreme Standorte werden solche angesehen, die dem Erosions-, Lawinen- und Klimaschutz der höheren Lagen oder Nordeuropas dienen.

In einem gemeinsamen Bericht über die Schäden am Wald durch Luftverunreinigungen der Länder Hessen, Rheinland-Pfalz und Saarland wurde als Ergebnis festgestellt, daß die große Mehrheit der geschädigten Waldbestände in einem Immissionsbereich von 0,05 bis 0,09 mg $SO_2$7m^3 Luft (I_1) bzw. 0,14 bis 0,28 mg SO_2/m^3 (I_2) liegt. Die Waldgebiete mit vermuteten Schäden weisen SO_2-Immissionen von 0,04-0,06 mg/m^3 Luft (I_1) bzw. 0,10 - 0,20 mg/m^3 Luft (I_2) auf.

Es kann daher davon ausgegangen werden, daß im Immissionsbereich von 0,04-0,06 die Spanne des Schadenbeginnes bzw. die Luftreinhalteschwelle liegt und erst bei weniger als 0,04 mg SO_2/m^3 Luft (Langzeitwerten) bis jetzt keine schädlichen Einflüsse auf den Assimilationsapparat des Waldes festgestellt werden konnten. Die Auswirkung von "versauertem Regen" auf den Boden durch Anreicherung in Jahrzehnten ist davon ausgenommen[97)]."

"Die Staubemissionen, besonders der gröberen Stäube, wurden als Folge der TA-Luft 74 um mehr als die Hälfte reduziert, so daß in einem Gebiet, in welchem früher ca. 15 bis 20 dt pro Jahr und Hektar an Staub niedergingen, 1974/1975 nur noch 8 bis 11 dt, 1978/79 nur noch 4-8 dt gemessen werden.

Die SO_2-Immissionen gingen im gleichen Untersuchungsbereich in ihren Langzeitwerten I_1 von ungefähr durchschnittlich 0,08 auf 0,04 bis 0,05 $mg7m^3$ Luft zurück, wobei die Kurzzeitwerte I_2 von 0,25 auf rd. 0,14 bis 0,17 fallen konnten, und lassen in ihren Maximalwerten ein Absinken auf 0,07 mg (Langzeitwerte I_1) bzw. 0,18 mg (Kurzzeitwerte I_2) erwarten (Mitteilung des Staatl. Institutes für Hygiene und Infektionskrankheiten, Saarbrücken).

Die 3,5 km nördlich des Stadtrandes von Saarbrücken durchgeführten Messungen aus dem Jahre 1977 am Forsthaus Neuhaus haben einen I_1-Wert für Staub von 0,09 g/m^2/Tag ergeben, das sind 3,3 dt/ha/Jahr. Im Verhältnis zu den mittleren Staubimmissionswerten an den Stadträndern von Völklingen (durchschnittlich 0,15 g/m^2/Tag) und Saarbrücken (durchschnittlich 0,13 g/m^2/Tag) ist eine signifikante Abnahme der Staubablagerungen festzustellen. Leider liegen keine Unterlagen darüber vor, wie weit diese Abnahme sich bis zur Landesgrenze im Nord-Osten fortsetzt und die Immissionsmenge von 2 dt/ha/Jahr, die bis etwa 1974 angenommen werden kann, unterschreitet.

Der mittlere Schwefeldioxidbelastungswert (I_1) lag 1977 in Saarbrücken bei etwa 0,06 $mg7m^3$ Luft und fiel bei Neuhaus auf 0,026 mg ab. Dabei lag das Minimum von 0,01 im Juli und August und das Maximum von 0,05 im März und Dezember. Die I_2-Werte fielen von durchschnittlich 0,18 mg/m^3 Luft in Saarbrücken auf 0,12 mg bei Neuhaus.

Der höchste Tagesmittelwert betrug in der Stadt Saarbrücken 0,206 mg/m^3 Luft und am Forsthaus Neuhaus 0,166 mg. Die drei höchsten Tagesmittelwerte lagen im Winter zwischen 0,13 und 0,166, im Sommer bei 0,08 mg/m^3 Luft (Neuhaus).

Der IW_1-Wert von 0,14 mg/m^3 Luft wurde in der Stadt Saarbrücken an 17 Tagen, am Forsthaus Neuhaus an 2 Tagen erreicht oder überschritten. Der höchste Halbstundenmittelwert lag in Neuhaus bei 0,41 mg/m^3 Luft unerwartet hoch[98]."

Wagner geht in seinem richtungsweisenden Beitrag auch auf eine Reihe weiterer Gesichtspunkte, wie Ferntransport, versauerter Regen, pH-Werte des Waldbodens und die damit zusammenhängenden Aspekte des Waldsterbens ein. Diese Aspekte sollen hier jedoch nicht weiter diskutiert werden.

M.E. war es wichtig, aus der Sicht eines Forstwirtes die historische Entwicklung der Luftbelastungen und ihre Auswirkungen auf den Wald im Saarland zur Kenntnis zu nehmen und zwar, weil m.E. diese Erkenntnisse

- übertragbar sind auf andere Wuchsbezirke und damit zugleich

- eine objektive Basisinformation für die Forschungsergebnisse von Beckenkamp geliefert werden konnte, auf die nachfolgend eingegangen wird.

Eine gute Basisinformation liefern noch zusätzlich Tab. 45 und Abbildung 13.

Tab. 45: Aus Quellen der Industrie im Jahre 1979 emittierte luftfremde Stoffe (in kg/Jahr und in % der Gesamtsumme)

Stoff Nr.	Stoff	Emissionen kg/Jahr	% (gerundet)
1	Staub	16.877.197	3,93
2	Schwefeldioxid	70.680.474	16,44
3	Stickoxide	39.172.885	9,11
4	Kohlenmonoxid	284.957.248	66,27
5	organische Verbindungen	3.016.570	0,70
6	anorganische gasförmige Chlorverbindungen	14.469.443	3,37
7	anorganische gasförmige Fluorverbindungen	378.854	0,09
8	Schwefelwasserstoff	140.447	0,03
9	Blei	98.719	0,02
10	Cadmium	337	0,01
Summe aller Stoffe		429.792.174	100,00

Quelle: Emissionskataster Industrie S. 32.

Beckenkamp geht davon aus, daß die gesundheitsschädigende Wirkung zahlreicher Luftschadstoffe durch toxikologische Grundlagenforschung bewiesen ist; viele dieser Stoffe kommen in der Atemluft an Arbeitsplätzen vor und führen, wenn nicht unschädlich gemacht, zu anerkannten Berufskrankheiten. Gesichert ist auch die Erkenntnis, daß die Abluft von Industrieanlagen, Kraftfahrzeugen und - gelegentlich - auch Haushalten gleichartige schädliche Stoffe enthält.

Abb. 13: Massenströme und Relevanzreihen (Stand 1979)

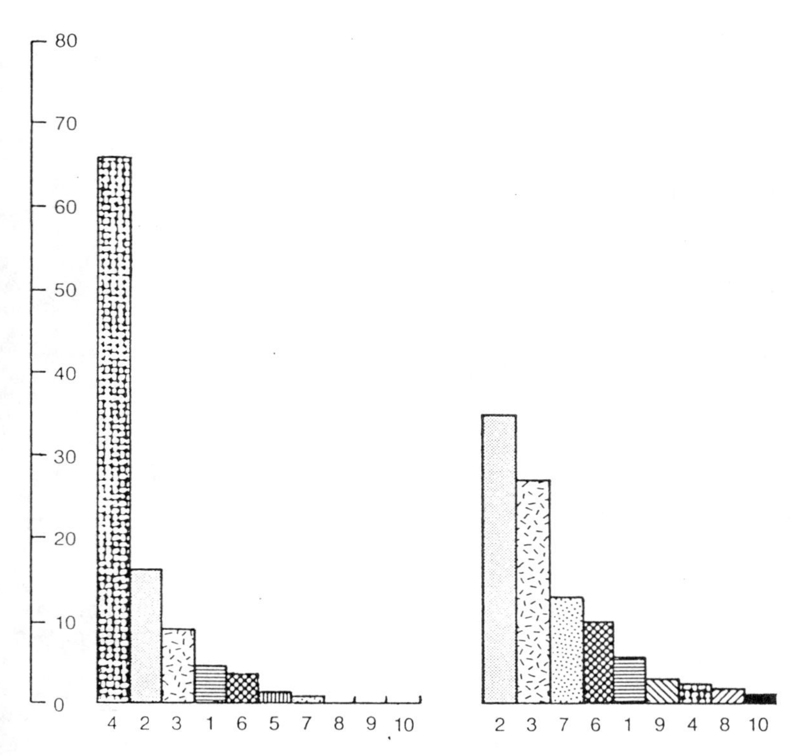

Prozentualer Anteil der Stoffe an den Emissionsmassen-strömen	Relevanzreihen der Emississionen

1 Staub
2 Schwefeldioxid
3 Stickoxide
4 Kohlenmonoxid
5 organische Verbindungen
6 anorg. gasförm. Chlorverbindungen
7 anorg. gasförm. Fluorverbindungen
8 Schwefelwasserstoff
9 Blei
10 Cadium

Quelle: Emissionskataster Industrie, S. 36.

Die Schadwirkungen treten in teilweise sehr ähnlicher, teilweise auch unterschiedlicher Weise auch an anderen Lebewesen auf, zum Beispiel an Bäumen, wie folgende Systematik zeigt:

	Bäume	Menschen
1. Direkte Wirkungen	Beeinflussung der Blätter oder Nadeln - Zerstörung des Blattgewebes um die Spaltöffnungen[1] - Lähmung des Schließmechanismus der Spaltöffnungen[1] - verstärkte Verdunstung und Austrocknung der Pflanze[1]	Beeinflussung der Luftwege, Lunge - fibrogen - allergen - inflammatorisch - karzinogen, mutagen, teratogen
2. Indirekte Wirkungen	- Wurzelschädigungen, - Störungen des Mineralhaushaltes des Bodens, z.B. auch Versauerung - Sekundärschäden, z.B. Borkenkäfer	- Blut, z.B. Leukozytose chron. Leukämien Osteosarkome[2/3] Enzymwechselstörungen - Haut

1) Nach Wagner, a.a.O., S. 558.
2) Untersuchungen von O. Schmitt.
3) Beckenkamp hat in dem am 4.12.1985 geführten Gespräch ausdrücklich darauf hingewiesen, daß sich seine Ausagen zu Osteosarkome (bösartige Knochengeschwulst) auf ein vergleichsweise kleines Sample stützen.

Beckenkamp und Mitarbeiter haben die statistischen Zusammenhänge zwischen Luftverschmutzung, Bioindikatoren (natürliches Verbreitungsgebiet der Baumflechte Hypogymnia physodes nach P. Müller, Alt-Waldschadenszonen durch vermutliche Raucheinwirkung, Bio-Indikator-Expositionstests vor allem nach dem BEPROM-Verfahren) und Krebserkrankungen seit 1974 umfassend erforscht.

Er vertritt im persönlichen Gespräch überzeugend das Ergebnis seiner Forschungen, wonach zwischen Luftverschmutzungen, wie sie im Saarland seit langem üblich sind, und Lungenkrebs und Blutkrebsen ein deutlicher Zusammenhang besteht. Beckenkamp weist aber dabei auch darauf hin, daß z.B. bei Lungenkrebs monokausale Zuordnungen nicht möglich sind, weil Lungenkrebs auch durch Rauchen entsteht. So führen z.B. Becker, Frentzel-Beyme und Wagner aus, daß bei Lungenkrebs der bei weitem wichtigste Risikofaktor das Rauchen ist. "90 % aller an Lungenkrebs Erkrankten waren zuvor starke Raucher[99]." "Als weiterer Risikofaktor wurde die Luftverschmutzung seit langem verdächtigt. Allerdings ist ihre Rolle nicht einfach zu bestimmen, da Bevölkerungsgruppen, die in industriellen Ballungsgebieten mit erhöhten Schadstoffkonzentrationen in der Luft leben, häufig auch am Arbeitsplatz einer beruflichen Exposition gegenüber Karzinogenen unterworfen sind. Außerdem ist zu berücksichtigen, daß in städtischen Ballungsgebieten früher (für Lungenkrebstodesfälle im Jahre 1980 können nur Expositionen verantwortlich gemacht werden, die 10 bis 30 Jahre zurückliegen!) mehr geraucht wurde als in ländlichen Regionen[100]".

"Für die Karzinogenese und das Malignom-Risiko ist nicht nur Art und Dauer der Exposition am Arbeitsplatz, und auch nicht nur das Raucherverhalten maßgeblich." Vielmehr interpretiert Beckenkamp die Ergebnisse seiner Krebsverteilungs-Untersuchungen dahingehend, "daß in Wohngebieten mit guter Luftqualität die Inzidenz an Lungenkrebs signifikant niedriger ist als in Wohngebieten schlechter Luftqualität, weil in der arbeitsfreien Zeit und nachts die aufgenommenen Schadstoffe besser eliminiert werden[101]."

Es würde den Rahmen dieser Untersuchung überschreiten, wenn an dieser Stelle auf die offensichtlich bestehenden Zusammenhänge zwischen Luftbelastung am Arbeitsplatz, im Wohnumfeld (und möglicherweise auch noch im Innenraum) und Erkrankungen der Atemwege und der Lunge noch weiter eingegangen würde. M.E. sind die Belastungen der menschlichen Gesundheit durch Umweltverschmutzung evident. Es ist naheliegend, daß Tiere und Pflanzen den gleichen Belastungen unterworfen sind und mit Minderwuchs bzw. Tod reagieren.

Die Untersuchungen von Kroeber-Riel, Wagner und Beckenkamp haben gezeigt, daß im Saarland erheblicher Handlungsbedarf besteht, der - so sollte man meinen - um so leichter erfüllt werden könnte, wenn man sich die öffentlichen Beteiligungen an den Haupt-Emittenten ansieht.

3.7 Weitere Entwicklung

Einleitend wurde darauf hingewiesen, daß im Saarland - ebenso wie im Ruhrgebiet -, abstrakt gesprochen, zu lange an "alten" Produkten und Produktionsstrukturen festgehalten wurde. Das Problem bestand hier wie dort darin, daß es nicht gelang, Betriebe mit anderen Produkten anzusiedeln.

Die Bundesrepublik zählt sicherlich nach wie vor zur Gruppe der Industrieländer, in der neues technisches Wissen zur Gestaltung neuer Produkte und Produktionsverfahren entstehen und in der - aufgrund dieser "Innovationsfortschritte" auch ein hohes Lohnniveau realisiert werden kann. Die Zahl von mehr als 2 Millionen Arbeitlosen zeigt allerdings, daß das Niveau der Reallöhne und das Wachstum der Reallohnzuwächse mit der gleichzeitigen Sicherung eines hohen Beschäftigungsstandes nicht in Übereinstimmung zu bringen ist. Um die Arbeitslosigkeit abzubauen sind deshalb

- Tätigkeitsbereiche zu schaffen für solche freigesetzten Arbeitnehmer, die aufgrund ihrer Vorbildung und ihres Lebensalters und des generellen Übergangs von der Arbeits-Leistungs-Gesellschaft zur Freizeit-Tätigkeits-Gesellschaft nicht mehr in den ("ersten") Arbeitsmarkt eingegliedert werden können und ferner ist vermutlich

- eine aktivere Technologiepolitik auf Landes- und Bundesebene zu betreiben, die ausgehend von dem hohen Stand des technischen Wissens und des relativen Kapitalreichtums dazu beiträgt, daß solche Wirtschaftszweige international konkurrenzfähig sind, die Produkte oder Produktionsverfahren herstellen, die relativ kapitalintensiv sind und ein hohes Maß an technischem Know-how erfordern.

Beispiele hierfür könnten sein:

- im Bereich der Abwasserreinigung: moderne Klärtechniken (das Saarland hat - wie dargelegt wurde - erhebliche Rückstände im Bereich der Abwasserreinigung aufzuholen),
- im Bereich der Abfallbewirtschaftung: intelligente Systeme zur Abfallverringerung und Wertstoffabschöpfung[101)], "Verfahren der Vorsortierung, Verwertung und unschädliche Beseitigung von Abfällen werden bundesweit und international gesucht[103)]",
- Verfahren und Technologien zur Beseitigung von industriellen Altlasten (Bodenentgiftung)[104)],
- Weiterentwicklung von Druckwirbelschichtkraftwerken und wirtschaftliche Verwertung von Wirbelschichtasche[103)].

Ebenso wie im Ruhrgebiet kommt es darauf an, dynamische Unternehmer zu finden und zu fördern, die in dem nur beispielhaft angeführten Technologie-Feldern entsprechende Marktchancen nutzen. Es bestehen allerdings trotzdem - wie bereits erwähnt - begründete Zweifel, ob diese Bemühungen ausreichen werden, auf absehbare Zeit alle Arbeitswilligen auch zu beschäftigen.

Die Wechselwirkungen zwischen Raumordnung/Landesplanung und Umweltschutz gehen aber über die für die Landesplanung nur mittelbare Unterstützung einer aktiven Technologiepolitik weit hinaus. Versucht man zunächst zu erfassen, wie Landesplanung und Umweltschutz in der Vergangenheit im Saarland zusammenwirkten, dann läßt sich folgendes feststellen: Seit ca. 1974 wurden von der saarländischen Landesplanung die LEPl "Siedlung (Wohnen)" und LEPl "Umwelt (Flächenvorsorge)" erarbeitet. Bereits in der Erarbeitungsphase dieser Pläne wurde versucht, die vorgesehenen Ziele bei den entsprechenden Planungen der Gemeinden zur Geltung zu bringen. Seit 1979 konnten die siedlungspolitischen Vorstellungen der Gemeinden erheblich durch Kontingentierung der Wohnbaurechte korrigiert werden. Seit ca. 1980 betreibt die saarländische Landesplanung die vorsorgliche Fl¨chen- und Standortsicherung für Zwecke des Naturschutzes, der Grundwassergewinnung, der Forstwirtschaft, der Wasserspeicherung, Abwasser-

und Abfallbeseitigung und zwar durch Festlegung von Vorranggebieten und Einzelstandorten.

Parallel dazu, z.T. vorlaufend hat sich die Landesplanung für die Erstanwendung des "Ökologischen Handbuchs" von Dornier im Saarland eingesetzt. Dadurch konnten erstmals regionalisierte Erkenntnisse über die multimediale Umweltbelastung gewonnen werden. Durch verschiedene Gespräche entstand der Eindruck, daß sowohl die Betreuung des Vorhabens als auch seine Ergebnisse vom fachlich zuständigen Immissionsschutz-Referat abgelehnt werden.

Ca. 1980 wurde damit begonnen, durch Zuschüsse die Bereitschaft der Gemeinden zu fördern, Landschaftspläne zu erstellen. Die Förderungspraxis läuft weiter, es fehlt aber wohl an der nachhaltigen Unterstützung durch die oberste Naturschutzbehörde. Bis Mitte 1986 wurde noch kein Landschaftsplan, der das Gebiet einer Gemeinde abdeckt, genehmigt (Landschaftspläne i.S. von Grünordnungsplänen wurden in ca. drei Fällen genehmigt). 1985 wurde durch die Landesplanung die grenzüberschreitende Abstimmung zwischen dem Saarland, Luxemburg und Lothringen zu Fragen der Naturpark- und Schutzgebietsausweisung angeregt. Erste Gespräche haben 1986 begonnen. Ebenfalls 1986 wurde zwischen den Bereichen Naturschutz und Wasserwirtschaft eine Grundsatzdiskussion im Hinblick auf die Abwasserbeseitigung in Gang gebracht, desgleichen zwischen Naturschutz und Forstwirtschaft.

Es besteht der Eindruck, daß die Landesplanung im Sinne ihrer Aufgabenstellung unter der früheren Landesregierung erfolgreicher arbeiten konnte, denn sie hat damals wie eine Koordinierungsstelle für allgemeine Umweltfragen gewirkt. (Im Geschäftsverteilungsplan des damaligen MURB war hierfür kein Referat zuständig). Die Landesplanung hat deshalb auch die Umweltberichte 1981 und 1983 der Landesregierung erstellt.

In jüngster Zeit entsteht der Eindruck, daß die Durchführung von Umweltverträglichkeitsprüfungen (1. Stufe) im Rahmen von Raumordnungsverfahren die Position der Landesplanung stärkt. Bisher ist sie offenbar die einzige Stelle, die sich bereit erklärt hat, Umweltverträglichkeitsprüfungen durchzuführen. Aufgrund meiner Gespräche vor Ort entstand der Eindruck, daß andere verfahrensführende Stellen sich (1986) noch darum bemühten, möglichst nicht damit beauftragt zu werden. Versucht man die praktischen Wechselwirkungen zwischen Landesplanung und Umweltschutz zusammenzufassen, so muß auf folgende Punkte hingewiesen werden:

1. Die Anforderungen der Landesplanung an die Planungsträger von Infrastrukturmaßnahmen haben zu forcierter Sorgfalt und größerem Umfang bei der Lieferung umweltrelevanter Angaben geführt.

2. Die Landesplanung hat z.T. mit Erfolg versucht, die regionale Industriestruktur aufzulockern, indem sie massiv für die Ansiedlung von Industrie außerhalb des Verdichtungsraumes eintrat, auch unter Inkaufnahme gewisser Nachteile für das Naturparkgebiet im nördlichen Saarland.

3. Einige Planungsträger stimmen sich mit der Landesplanung von sich aus so ab, daß sie ohne landesplanerisches Einvernehmen ihre Planung nicht weiter betreiben (z.B. bereits seit etwa 1970 die Energieaufsicht im Wirtschaftsministerium, seit etwa 1975 die Straßenbaubehörde, seit etwa 1980 die Bergverwaltung).

4. Eine räumlich differenzierte Denkweise (z.B. zur Frage von Schwerpunkten oder der regionalen Präferenzierung) konnte die Landesplanung bisher nicht im Bereich Immissionsschutz etablieren.

5. Probleme hat die Landesplanung mit den Schutzpolitikbereichen, die für die Naturgüter zuständig sind (z.B. Artenvielfalt, Landschaft, Gewässer, Grundwasser). Die zuständigen Fachverwaltungen vertrauen sich offenbar nicht gern der vorsorglichen Flächen- und Standortsicherung der Landesplanung an und lehnen insbesondere die Einbringung ihrer Belange in die Abwägung mit anderen Belangen durch die Raumordnung ab.

Zusammenfassend muß man feststellen, daß der Stellenwert von Raumordnung und Landesplanung im politischen Kalkül des gegenwärtigen Stelleninhabers ziemlich gering zu sein scheint; es entsteht bei Überprüfung aller zur Verfügung stehenden Informationen der Eindruck, der gegenwärtige Stelleninhaber hat nicht genügend Grundwissen und deshalb kein Interesse und deshalb vermutlich auch keine Zeit, langfristige, zukunftsweisende Konzeptionen - zusammen mit seinen Mitarbeitern - zu erarbeiten und sich damit auch politisch festzulegen und seine Politik transparent und überprüfbar zu machen.

Eine derartige Einstellung ist zutiefst zu bedauern, denn gerade das Saarland mit seinen vielfältigen Gemengelagen braucht keine "ökologische Wende" (Leinen), sondern dringend für den Übergang in eine Zukunft mit "einfacher Tragfähigkeit" ein Konzept, das angibt, wie die Umstrukturierung der Wirtschaft mit den ökologischen Erfordernissen der Erhaltung der natürlichen Lebensgrundlagen sinnvoll in Übereinstimmung gebracht werden kann.

3.8 Was kann man tun?

Wie bereits dargelegt wurde, besteht der begründete Eindruck, daß der derzeitige Stelleninhaber seine Aufgabe weder mit dem notwendigen Engagement noch mit dem erforderlichen Sachverstand wahrnimmt. Angesichts dieser Situation wird es sich zeigen müssen, inwieweit - zumindest in Teilbereichen - Grundsätze und Ziele der Landesplanung mit den Zielen und Aufgaben des technischen und ökologischen Umweltschutzes verknüpft und durchgesetzt werden können. Das ist natürlich dann besonders schwer, wenn der Stelleninhaber den Eindruck erweckt, daß ihm Hausbegrünungen mit schnell wachsendem Knöterich wichtiger sind, als das Erarbeiten und Durchsetzen langfristig gültiger Konzeptionen.

Landesplanung und Umweltschutz sind Teil-Elemente im "Mobile", das unsere Gesellschaft darstellt. In einem Mobile hat jedes Element seine Funktion und sein darauf abgestelltes Gewicht. Wenn Landesplanung und Umweltschutz - im Widerspruch zu ihren eigentlichen Funktionen - zu "leichtgewichtig" werden, gerät das Mobile ins Ungleichgewicht. So ist es auch mit der Landespolitik. Politik wird aber nicht von anonymen Mächten oder Institutionen gemacht, sondern von Menschen, die für ihr Amt Engagement, Sachverstand, Beharrlichkeit und Charisma mitbringen müssen.

Neben der Erarbeitung von vorausschauenden, zusammenfassenden Konzeptionen obliegt der Landesplanung auch die Sicherung von Raumordnungsentscheidungen. Ein sehr wichtiger Aufgabenbereich ist die Abstimmung aller raumbedeutsamen Planungen und Maßnahmen, und das geeignete Mittel zu dieser Abstimmung ist das Raumordnungsverfahren. Nimmt man dazu die vermutlich in den nächsten Jahren obligatorisch werdende Umweltverträglichkeitsprüfung hinzu, dann könnte sich unter Umständen hier ein Weg öffnen, die mit der Umstrukturierung des Montan-Gürtels und dem Rückgang der Bevölkerung verbundenen notwendigen Planungen und Maßnahmen auf ihre Vereinbarkeit mit den Zielen der Landesplanung festzustellen und die erforderlichen Maßnahmen unter raumordnerischen Gesichtspunkten aufeinander abzustimmen.

Wie im folgenden Abschnitt IV näher zu zeigen sein wird, ist das um so leichter, je klarer die landesplanerischen Konzeptionen formuliert und die entsprechenden Ziele konkretisiert sind. Damit ist die Argumentation - leider - wieder an ihrem Ausgangspunkt. Wie die Gespräche vor Ort gezeigt haben, bleibt zunächst nur das Prinzip Hoffnung, obwohl auch Hoffnung bei nicht wenigen verloren gegangen ist.

Politik ohne Hoffnung, ohne Schwung, ohne Vision; Politik, die sich in den Tagesaufgaben verzettelt, ist zum Mißerfolg verdammt. Sie hat nur eine Funktion: einen neuen Anfang zu ermöglichen!

4. Folgerungen

(1) Wechselwirkungen zwischen Raumordnung/Landesplanung und Umweltschutz hat es, wie aufgezeigt wurde, auf die verschiedenste Weise in den drei Untersuchungsräumen gegeben. Von den aktuellen Problemen, der räumlichen Nähe oder Distanz zu den umweltbelastenden Quellen, der Persönlichkeit der Agierenden und dem gesellschaftlichen Bewußtsein, d.h. zugleich auch den dominierenden Strömungen der öffentlichen Meinung hing es ab, ob Schutz der natürlichen Lebensgrundlagen oder wirtschaftliche Interessen im Sinne der Schaffung und der Sicherung von Arbeitsplätzen den Vorrang erhielten. Engagierte Naturschützer weisen darauf hin, daß Landes- und Regionalplanung die Belange des Naturschutzes nicht mit dem notwendigen Nachdruck vertreten haben. Engagierte Landes- und Regionalplaner sind über diesen Vorwurf bestürzt und glauben, daß der Schutz der natürlichen Lebensgrundlagen vielfach deshalb nicht ausreichend gelang, weil die Naturschützer ihre Ziele nicht ausreichend begründen und die sog. innerökologische Ausgleichspflicht nicht ernst genommen haben. Es hat für die Zwecke dieser Untersuchung keinen Sinn, die einzelnen Argumente detaillierter wiederzugeben.

Wichtig ist, daß die Roten Listen immer länger statt kürzer werden und bei dem künftigen Zusammenwirken von Umweltschutz und Landes- sowie Regionalplanung nicht nur die Fehler der Vergangenheit berücksichtigt werden, sondern in Kenntnis des gesellschaftlichen Wertewandels und der Veränderung der westdeutschen Gesellschaft das Zusammenwirken von Umweltschutz und Landes- bzw. Regionalplanung optimiert und ein entsprechender gesellschaftlicher Konsens erreicht wird. Die dazu notwendigen Erfordernisse sind im Abschnitt IV behandelt, hier müssen zunächst noch Folgerungen aus den vorangegangenen Untersuchungsergebnissen dargelegt werden.

(2) Schon die Griechen stellten fest, daß "alles fließt" und so sehr die Gesellschaft auch zur Beharrung neigt, so muß sie immer wieder konstatieren, das einzig Stetige ist die Veränderung, der Wandel, auch der Strukturwandel. Verschließt man sich diesem Wandel, wie das im Ruhrgebiet und dem Saarland praktisch der Fall war, als mit elektrischer Energie und dem Elektromotor die zweite industrielle Revolution begann und es dadurch zwar zu Prozeßinnovationen kam, aber nicht zu Produktinnovationen, ist es verständlich, daß mit der dritten industriellen Revolution durch die Mikroelektronik besonders große Anpassungsprobleme entstehen. Dabei sollte man allerdings nicht der Gefahr erliegen, die gegenwärtige Situation mit ihren Anpassungsproblemen zwischen Ruhr und Lippe und an der Saar monokausal erklären zu wollen. Nicht eine monokausale, sondern eine multikausale Erklärung hilft weiter, weil:

- die Flexibilität der Arbeitskräfte (Tonnen-Denken und Ausbildung) eingeschränkt ist,
- die Grundstücke zu lange von der Montanindustrie nicht freigegeben wurden,
- die internationalen Energiepreise im Vergleich zu den Gestehungskosten der Steinkohle an der Ruhr zu niedrig sind,
- die städtebaulichen Qualitätsmängel unübersehbar sind[105] und weil sich
- unsere Gesellschaft von einer Arbeits-Leistungs-Gesellschaft zu einer Freizeit-Tätigkeits-Gesellschaft entwickelt, weil ihr infolge der Mikroelektronik und des technischen Fortschritts die bezahlbare Arbeit ausgeht.

Angesichts dieser unterschiedlichen Ursachen ist es äußerst schwierig, einzelne Ursachenkomplexe oder einzelne Ursachen feststellen und detailliert gewichten zu wollen. Cum grano salis gilt ähnliches für Landesplanung/Regionalplanung und Stadtentwicklung sowie den Umweltschutz. Aus den unterschiedlichsten Gründen waren sie nicht in der Lage, die natürlichen Lebensgrundlagen zu schützen und das Ruhrgebiet zur rechten Zeit in eine moderne Industrielandschaft "umzubauen". Beide Disziplinen verfügen nur über vergleichsweise allgemeine Zielkategorien und ein Instrumentarium, das zumindest in der Vergangenheit nicht in der Lage war, gegen die zeitbedingten und jeweils regionsspezifischen gesellschaftlichen Wertvorstellungen etwas zu bewirken. In "Boomtowns" gelten andere Prioritäten und Werte als in Residenzstädten.

(3) Gottfried Müller formulierte schon 1970, daß Raumordnung dem gesellschaftlichen Leitbild zu dienen hat und "daß das Beziehungsverhältnis zwischen Gesellschaft, Wirtschaft und Raum auch und insbesondere aus der Sicht der Raumordnung einer ständigen Überprüfung bedarf[106]". Raumordnung/Landesplanung "muß jedoch in Rechnung stellen, daß neben ihr noch andere gesellschaftliche Kräfte wirksam sind und auch bleiben werden ..."[107]. Raumordnung/Landesplanung stehen somit vor dem Problem, daß sie einerseits von den gesellschaftlichen Kräften und Wertvorstellungen abhängig sind und andererseits diese auch nachhaltig beeinflussen bzw. beeinflussen können. Die Untersuchungen vor Ort, d.h. viele Gespräche und viele Beobachtungen haben gezeigt, daß Raumordnung/ Landesplanung und Umweltschutz letztendlich nicht etwas "Besonderes", sondern Teile gesellschaftlicher Existenz sind. Sie können eine sinnvolle funktionale Nutzung des Raumes und den Schutz der natürlichen Lebensgrundlagen dann adäquat erreichen, wenn sie auf ein angemessenes Wissen um die gesellschaftliche Notwendigkeit dieser Aufgaben stoßen bzw. sich darauf berufen können, und wenn sie potente Befürworter im Widerstreit mit kurzfristigen, häufig wirtschaftlichen Interessen finden bzw. entsprechende Normen (Ziele) schon durch Programme und Pläne oder ähnliches mehrheitlich formuliert und akzeptiert sind.

Vergleichsweise neue, unorthodoxe, ungewöhnliche Ziele anzustreben und durchzusetzen erfordert - auch wenn sie unbestritten richtig sind - überdurchschnittlichen persönlichen Einsatz der Verantwortlichen, der häufig genug ergebnislos bleibt, weil die "gesellschaftlichen Rahmenbedingungen" für einen Erfolg fehlen. Eine wichtige Konsequenz aus diesen Beobachtungen ist m.E. eine verst rkte Information der Öffentlichkeit und der Politiker über die jeweiligen regionalen und ökologischen Probleme und mögliche Problemlösungen, um über Problembewußtsein und über Problemlösungs-Druck gesellschaftlichen Konsens für die Formulierung entsprechender Ziele und den Einsatz geeigneter Instrumente zu erreichen. "Öffentliches Marketing" ist deshalb neben Zielverfeinerung und Maßnahmendiskussion besonders vordringlich. Dabei muß man sich darüber im klaren sein, daß die Probleme, die durch die Umorientierung gesellschaftlicher Werte entstehen und den Übergang von einer Arbeits-Leistungs-Gesellschaft in eine Freizeit-Tätigkeits-Gesellschaft, nicht mit landes- oder regionalplanerischen Mitteln bewältigt werden können. Und es kann natürlich noch weniger gelingen, wenn zwischen Duisburg und Dortmund, zwischen Ruhr und Lippe sich ein sehr großer Anteil der Arbeitslosen der Republik konzentriert, und damit einer Gruppe, die bis 1958 zu Recht glauben konnte, daß sie eine besonders wichtige Aufgabe für die deutsche Wirtschaft erfüllt, diese wichtige Position genommen und gleichzeitig noch eine Erfahrung zugemutet wird, die bis dahin gar nicht denkbar erschien, nämlich ohne (Erwerbs-)Arbeit zu sein und damit zugleich zu verlieren:

- die materielle Sicherung im Sinne der Sicherung der Lebensgrundlagen,
- die personale Sicherung im Sinne der selbstverwirklichenden und menschenwürdigenden Dimension von Arbeit,
- die soziale Sicherung im Sinne der gesellschaftlichen Nützlichkeit und Anerkennung der erarbeiteten Produkte[108].

Planerische Ziele können um so eher verwirklicht werden, wenn sie im Konsens mit den gesellschaftlichen Vorstellungen, Zielen und Aussichten stehen. Planerische Maßnahmen im Hinblick auf den Schutz der natürlichen Lebensgrundlagen und die Lösung der sozialen Gestaltungsprobleme, die sich durch den Übergang zur Freizeit-Tätigkeits-Gesellschaft (ohne oder mit verminderter sozialer "Fernwärme") ergeben, müssen deshalb zunächst einmal als Erscheinung und Probleme neuer Art erkannt (und dürfen deshalb nicht als konjunkturelle Flaute betrachtet werden), um sie der Gesellschaft bewußt zu machen. Erst wenn diese Aufgabe hinreichend erfüllt ist, kann man die notwendigen und richtigen (?) Ziele formulieren und geeignete Maßnahmen suchen. Wie das im planerischen Bereich unter der Annahme, die Mehrzahl der Bürger wüßten, was letztlich auf sie zukommt, durch eine Verfeinerung der Ziele und zusätzliche Instrumente geschehen kann, soll nun im folgenden IV. Abschnitt diskutiert werden.

IV. Erfordernisse künftig verbesserten Zusammenwirkens zwischen Umweltschutz und Raumordnung/Landesplanung

1. Konkretisierung der Ziele

(1) Bevor auf die Überlegungen zur Konkretisierung oder Verfeinerung der Ziele näher eingegangen wird, muß in Erinnerung gerufen werden, daß

- unsere Gesellschaft sich von einer Arbeits-Leistungs- zu einer Freizeit-Tätigkeits-Gesellschaft wandelt, weil die bezahlbare Arbeit bei gegebener internationaler Arbeitsteilung und Produktivitätsfortschritten (z.B. unter anderem durch die Mikroelektronik) auf absehbare Zeit nicht mehr für alle bei den gegebenen Preisen für Arbeit reicht (Verteilungskrise der Arbeit)[1],
- die Zahl der arbeitenden Erwerbspersonen im Vergleich zur Zahl der nicht arbeitenden Erwerbspersonen abnimmt und die westdeutsche Bevölkerung bis zum Jahre 2010 um 5 Mio. Ew. abnimmt. (Schon jetzt verliert die Bundesrepublik jährlich rd. 250 000 Ew durch die Differenz zwischen Geburten und Sterberate (Bevölkerungsrückgang)[2],
- erhebliche regionale Disparitäten zwischen peripher gelegenen ländlichen Räumen und Verdichtungsräumen (bzw. ihren Randzonen) bestehen, und zwar im Hinblick auf die regionale Wirtschaftskraft und ein angemessenes Verhältnis von Arbeitsangebot und Arbeitsnachfrage.
  Besonders die sich am Rande der großen Agglomerationen vollziehenden Suburbanisationsprozesse stehen in starkem Gegensatz zu der Stagnation in wirtschaftlich schwachen ländlichen Räumen. "In diesen hochverdichteten Umlandkreisen stellen sich als negative Folgen zunehmender Verdichtung mittlerweile schon ähnliche Standortqualitäten und Engpässe im Flächenangebot mit vergleichbaren Nutzungsproblemen wie in den Kernstädten ein[3]" (regionale Disparitäten - Widerspruch zwischen Ziel und Wirklichkeit),
- im Prinzip unklar ist, welche "Zukunft" unsere Gesellschaft eigentlich will, und noch weniger klar ist, welche Zukunft unsere Gesellschaft verantworten kann. Bis heute ist weitgehend unklar, da sich offenbar um diese Fragen (im Gegensatz zu den USA) in der Bundesrepublik niemand kümmert, welche Folgen der möglicherweise wirtschaftlich zweckmäßige Einsatz von Technik im Hinblick auf die Gesellschaft bzw. die natürlichen Lebensgrundlagen hat. Anders formuliert: in zunehmendem Maße entsteht ein Unbehagen über die nur betriebswirtschaftlich durchdachten Folgen der Anwendung von Technik, während die Frage der Sozialverträglichkeit, der Umweltverträglichkeit und der Raumverträglichkeit unbeantwortet bleibt. (Defizit an Technikfolgen-Abschätzung im Hinblick auf Produkt- und/oder Prozeßinnovation).

- Verteilungskrise der Arbeit,
- Bevölkerungsrückgang mit der Wahrscheinlichkeit partieller Entleerung,
- regionale Disparitäten und
- ein massives Defizit an Technikfolgen-Abschätzung, d.h. Unsicherheit über die sozialen und ökologischen Konsequenzen nur betriebswirtschaftlich rentabler Produkt- und Prozeßinnovationen

sind m.E. die wichtigsten Probleme, mit denen Landes- und Regionalplaner in den nächsten Jahren konfrontiert sein werden.

Die Frage ist, ob sie darauf vorbereitet sind, sie zu lösen.

Wenn trotz dieser schwer abzusehenden Entwicklungen planerische Aussagen im Sinne planerischer Vorsorge getroffen werden sollen

- zur Raumstruktur
- zu Bevölkerungs- und Arbeitsplatzentwicklung, zur gewerblichen Wirtschaft
- zu Entwicklungsachsen und ihren Aufgaben
- zu zentralen Orten und ihren Funktionen
- zu den regionalplanerischen Aufgaben der Gemeinden und zum Siedlungswesen
- zur Belastbarkeit der Landschaft, zur Land- und Forstwirtschaft, zu Freizeit und Erholung und zu Nutzungsbeschränkungen in der Landschaft (ökologischer Umweltschutz)
- zum Bildungs- und Erziehungswesen, zum kulturellen Angebot
- zum Sozial- und Gesundheitswesen
- zu Verkehr und Nachrichtenübermittlung
- zur Energiewirtschaft
- zur Wasserwirtschaft
- zum technischen Umweltschutz[4],

weil Regionalplanung als Teil der Landesplanung die Aufgabe hat, "übergeordnete und überörtliche zusammenfassende Ziele der Raumordnung und Landesplanung auf der Ebene der Region aufzustellen und fortzuschreiben, dann ist es m.E. in der gegenwärtigen Zeit nur sinnvoll, wenn man bei der ohnehin notwendigen Überarbeitung bzw. Anpassung an inzwischen eingetretene Verhältnisse in etwa von den folgenden vier Schritten ausgeht:

a) Entwicklung von Szenarien, die denkbare Zukünfte für Teilräume (bzw. Regionen) im Hinblick auf die zu erwartenden regionalen Beharrungstendenzen, die Konsequenzen der Verteilungskrise der Arbeit, den Bevölkerungsrückgang, die bestehenden regionalen Disparitäten und alternative Pfade von technologischer Entwicklung aufzeigen (um das Defizit an Technikfolgen-Abschätzung zu überbrücken),

b) Erarbeiten eines politischen Konsenses über die "wünschbare" (realisierbare! und verantwortbare!) Zukunft der Teilräume,
c) Verfeinerung der Zielaussagen in Programmen und Plänen, die sinnvollerweise verfeinert werden können und
d) Überprüfung bzw. Erweiterung des Instrumentariums zur Verwirklichung landesplanerischer Zielsetzung.

(2) Entwicklung von Szenarien[5)]

1.1 Ausgangslage und Problemstellung

Die Landesplanungen untersuchen seit langem mit dem Instrument der Status-quo-Prognosen die künftige regionale Verteilung von Arbeitsplätzen und Bevölkerung. Ergänzt durch normative Korrekturen dieser Verteilung in Zielprojektionen bildeten sie einen wichtigen Bestandteil in Programmen und Plänen. Von diesen raumordnerischen Leitprognosen wird bis heute angenommen, daß sich ihnen alle übrigen (fachlichen) Prognosen als Folgeprognosen (z.B. für Infrastrukturbedarfe, Energiebedarf, Erholungsflächenbedarf usw.) für die einzelnen Regionen anschließen müßten.

Infolge der Trendwende haben die Prognosen bzw. Projektionen ihre bisherige Rolle, insbesondere die Erstellung verbindlicher Zielzahlen für Regionen, faktisch eingebüßt und liefern nur noch planerische Orientierungswerte. Auch diese Funktion ist geschwächt, weil drastische regionale Arbeitsplatzdefizite in der Prognose durch die Zielprojektionen kaum noch positiv korrigiert werden können. Es fällt daher immer schwerer, das Prognoseinstrument in fortzuschreibende Pläne einzuarbeiten, weil nun statt einer regionalen Umverteilung von Zuwächsen höchstzulässige Abnahmen in fast allen Regionen als Landesplanungsziele ausgewiesen werden müßten. Auch in der Politikberatung erweisen sich Prognoseaussagen als wenig hilfreich, weil mit den quantifizierten Defiziten keine abhelfenden Handlungsanweisungen verknüpft sind. Ähnliches gilt für die Folgeprognosen: abnehmende regionale Bevölkerungszahlen weisen lediglich darauf hin, daß weniger Infrastruktur und weniger Erholungsflächen usw. (von der Bedarfsträgerzahl her gesehen) gebraucht werden, vermitteln aber nicht die räumlichen Auswirkungen der sonstigen entwicklungsrelevanten Faktoren (z.B. Veränderungen in Verhaltensweisen bezüglich Standort- und Wohnortwahl, steigender Flächenbedarf pro Kopf bei Wohnen und Freizeit, notwendiger Abbau von Überkapazitäten in der Infrastruktur). Umweltprobleme können nicht mehr beiläufig in Folgeprognosen abgehandelt werden.

Die weiterentwickelte Methode der Szenarien sucht die Schwächen der herkömmlichen Prognosen zu überwinden, indem sie längerfristig und thematisch breiter angelegt wird, dadurch nicht quantifizierbare Entwicklungstrends einbeziehen muß und dabei auch die Status-quo-Rahmenbedingungen selbst einer "Prognose" unterzieht. Die damit verbundenen Schwierigkeiten dürften nur einer der Erklärungsgründe dafür sein, warum Landes-/Regionalplanung Szenarien bisher nicht verwendet hat. Ein weiterer wesentlicher Grund, keine Szenarien in die amtliche Prognostik von Raumordnung und Landesplanung einzuführen, dürfte darin zu suchen sein, daß die herkömmlichen Prognosen und Projektionen zentralistisch angelegt sind, d.h. auf die regionale Verteilung globaler Zuwächse. Unter den veränderten Rahmenbedingungen sind aber die prognostizierbaren Entwicklungen und ihre raumstrukturellen Konsequenzen für jede Region so differenziert und insgesamt unterschiedlich, daß sie nicht mehr als regionale Abweichungen von einer durchschnittlichen Gesamtentwicklung prognostiziert werden können. Vielmehr dürften die regionalen Besonderheiten im Rahmen einer Gesamtentwicklung künftig eine stärkere Gewichtung beanspruchen, um auch für die einzelne Region zu plausiblen Aussagen über ihre Entwicklungsmöglichkeiten gelangen zu können.

1.2 Notwendige Arbeitsschritte

Raumordnung/Landesplanung als langfristige und koordinierende Daseinsvorsorge war bisher stets auf die prognostische Einschätzung künftiger Entwicklungstrends gestützt. Nachdem das klassische Prognoseinstrumentarium diese Funktion immer unzureichender erfüllen kann, erscheint es dringend geboten, einen neuen, problemorientierteren Ansatz in Form von Szenarien zur Wiederbelebung dieser Funktion in die Wege zu leiten.

Hierfür erscheint es zweckmäßig, eine neu zu entwickelnde und vor allem praxisbezogene Prognose-Generation (in Form der Szenarien) auf Erkenntnisse und Antworten zu Zukunftsproblemen direkt abzustellen. D.h. Antwort suchen u.a. auf folgende Fragen (insbesondere für wirtschaftlich schwache ländliche Räume):

- Welche Nutzungen können für die zu einem hohen Anteil aus der Agrarproduktion ausscheidenden Flächen planerisch vorgesehen werden?
- Welche regionalen naturräumlichen Potentiale (als Wohnort- und Standortwahlfaktoren, für ökologischen Ausgleich, für Freizeit und Erholung) sind langfristig noch verfügbar?
- Welche Infrastruktur-Einrichtungen können bei der als Folge der Bevölkerungsabnahme notwendigen Ausdünnung (in welchem reduzierten Zentrale-Orte-System) aufrechterhalten werden, und wie sollen funktionsfähige und bezahlbare Mindeststandards der Versorgung definiert werden?
- Welche Verkehrssysteme können in welcher Weise beibehalten werden?
- In welchem Ausmaß wird auf andere Organisationsformen der Infrastruktur, insbesondere auf Formen der mobilen Infrastruktur, auszuweichen sein?

- Welche regionalen Konzepte für die Ver- und Entsorgung erscheinen realisierbar?
- Welche regionalen Arbeitsmärkte bieten langfristig (aufgrund ihrer Mindestgröße, spezifischen Branchenstruktur, Aufnahmebereitschaft für neue Technologien usw.) ausreichende Einkommensmöglichkeiten für die ansässige (prognostizierte) Arbeitsbevölkerung.

Jede Fachplanung, die für je eine dieser Fragen zuständig ist, wird vermutlich eigene, mit anderen Fachplanungen nicht abgestimmte Konzepte

- des Rückzugs aus der Fläche,
- der Stillegung,
- des Abbaus oder der reduzierten Leistung

als Antwort auf die veränderten Rahmenbedingungen entwickeln und auch ohne zeitliche Abstimmung mit anderen Fachbereichen durchsetzen.

Tatsächlich wird es entscheidend darauf ankommen, alle fachplanerischen Antworten räumlich, sachlich und zeitlich zu koordinieren. Daraus könnten sich durchaus andere Optionen für einzelne Fachplanungen ergeben und sich im Zusammenwirken mit anderen Planungen künftig bessere Auffangpositionen bestimmen lassen als das sonst zu erwartende Entwickeln von bruchstückhaften sektoralen Rückzugsstrategien. Als ein geeignetes Instrument für eine Region, künftige Auffangpositionen als koordinierte Antworten auf Fragen und Konsequenzen aus den veränderten Rahmenbedingungen zu bestimmen, dürfte sich insbesondere ein normatives Szenario anbieten.

Ohnehin ist Raumordnung/Landesplanung verpflichtet, langfristige und koordinierte Anforderungen an die Raum- und Siedlungsstruktur zu formulieren und den Fachplanungen als Orientierungs- und Koordinierungsrahmen vorzugeben. Sie kann also nicht Koordinierungsgelegenheiten als Reaktion auf fachplanerische Eigeninitiativen abwarten, sondern muß eine gesamträumliche Ordnungs- und Entwicklungsvorstellung auf einer mittel- und langfristigen Zeitachse vorgeben können.

1.3 Methoden und anzustrebende Ergebnisse

Das geeignete methodische Instrument zur Erfüllung der gestellten Aufgabe ist nach Lage der Dinge das normative Kontrastszenario für ausgewählte Regionen. Es entwirft aufgrund aller verfügbaren und zusätzlich ableitbaren und abschätzbaren Erkenntnisse ein Zukunftsbild (in 20-30 Jahren), das akzeptabel sein kann (oder auch nicht!).

Als Grundlagen für ein (regionales) Kontrastszenario können alle Erkenntnisse aus Status-quo-Prognosen, Trend- und Alternativszenarien sowie qualitative Prognosen verarbeitet werden. In der Regel werden die vorliegenden regionalen Prognoseinformationen durch weitere, insbesondere qualitative Erkenntnisse für eine Region ergänzt werden müssen.

Aus einem Kontrastszenario, das ein wünschbares Zukunftsbild etwa für eine Region darstellt, kann bis in die Gegenwart zurückverfolgt werden, welche Maßnahmen zu seiner Verwirklichung notwendig sind und welche unter ihnen Priorität haben sollten. Ein Kontrastszenario könnte folgende Inhalte (bzw. Antworten auf die oben gestellten Fragen) einschließen:

- eine umfassende Landschaftsplanung mit abschätzbaren Ergebnissen für verschieden nutzbare natürliche Potentiale;
- eine neue, trotz Reduzierung tragfähige Infrastruktur mit einer neuen Definition des punktaxialen Systems;
- ein regionales Energieversorgungskonzept;
- eine Auswahl optimal realisierter "gemalter" Wirtschaftsstrukturen (auch in Alternativen).

Bei der Erarbeitung eines Kontrastszenarios wird es weniger darauf ankommen, präzise Zukunftsinformationen in einen Systemzusammenhang zu bringen, sondern mehr um das Auffinden eines wünsch- und verantwortbaren Endzustandes, von dem aus notwendige Handlungsanweisungen - gewissermaßen und weitgehend - abgeleitet werden können.

Da Kontrastszenarien auch die Mobilisierung sog. endogenen (regionalen) Entwicklungspotentials zum Gegenstand haben sollten, können sie nicht pauschal ausgearbeitet werden (z.B. für den Typ der strukturschwachen ländlichen Regionen), sondern immer nur für eine einzelne Region. Es dürfte zweckmäßig sein, die Erarbeitung solcher Kontrastszenarien für ausgewählte Regionen nicht einer Gruppe "Außenstehender" zu überlassen, sondern auch die in der Region für diese Region Verantwortlichen (z.B. Planungsverband, IHK, Gewerkschaften, Bürgermeister und die interessierte Öffentlichkeit) mit ihren Kenntnissen und Entwicklungsvorstellungen einzubeziehen.

(3) Konkretisierung/Verfeinerung der Ziele

Ein Grundprinzip guter Verwaltung besteht sicher in der Anwendung klarer Normen auf möglichst gleiche Sachverhalte. Nur auf diese Weise ist ein interregional einheitlicher Verwaltungsvollzug sicherzustellen. Diesem zweifellos vorhandenen Vorzug stehen dann beachtliche Nachteile gegenüber, wenn Abwägungen zwischen den Zielen erfolgen müssen und dabei die Gefahr besteht, daß bestimmte Ziele wegen mangelnder Konkretisierung im Abwägungsprozeß nicht hinreichend berücksichtigt werden. So hat der Bayerische Verwaltungsgerichtshof in zwei Urteilen festgestellt, daß Ziele der Raumordnung und der Landesplanung nur dann der Zulässigkeit bestimmter Vorhaben entgegenstehen, wenn sie sachlich und räumlich hinreichend konkret (auch für die Beurteilung eines Einzelvorhabens) sind[6].

Dem Vorteil der Klarheit und entsprechender Interpretierbarkeit abstrakter Zielaussagen kann somit der Nachteil unzureichender "Ziel-Berücksichtigung" gegenüberstehen. Um diesen Nachteil zu verringern, erscheint es zweckmäßig, darüber nachzudenken, wie man Zielaussagen verfeinern kann und wo es sinnvoll erscheint, dann auch verfeinerte Zielaussagen zu erarbeiten.

M.E. erscheint es wenig sinnvoll, verfeinerte Zielaussagen zu erarbeiten, wenn die zuständigen Behörden

- entweder aus ordnungspolitischen Gründen keine Gestaltungsmöglichkeiten besitzen und u.U. auch gar nicht besitzen sollten[7] und/oder
- aus faktischen Gründen keine Einflußmöglichkeiten haben, z.B. bei Immissionen, die über unterschiedliche Pfade, über unterschiedliche Entfernungen und aus unterschiedlichen Emissionsquellen stammen.

Verfeinerungen zu Zielaussagen erscheinen dagegen dort sinnvoll, wo z.B.

- der Staat eigene Flächen besitzt, die z.B. als "Trittsteine" für Biotopverbundsysteme eingesetzt werden können[8]
- die Landesplanung aus eigener Kompetenz, z.B. durch Zuweisung von Funktionen Standortvorteile/-qualitäten schaffen kann (Bannwald/Erholungsraum/landwirtschaftliche Nutzung)
- die Landesplanung (im Zusammenwirken mit den zuständigen Fachressorts) absolute (oder relative) "Vorteile" erhalten kann, z.B. durch das Vorhalten von Schulen (auch bei suboptimaler Auslastung) zur Verbesserung von Chancengleichheit.

Bei der Verfeinerung von Zielen wird man zweckmäßigerweise unterscheiden zwischen

- Zielen auf der Ebene von Landesentwicklungsprogrammen und
- Zielen auf der Ebene von (Gebietsentwicklungs-) oder Regionalplänen.

Dabei ist zu berücksichtigen, daß

- in die Verfeinerung der Ziele auf jeden Fall die Ergebnisse der neuen Volkszählung eingehen müssen und

- vielfach die erste Generation von Gebietsentwicklungsplänen oder Regionalplänen gerade erstellt worden ist.

  Verfeinerungen von Zielaussagen bei Regionalplänen werden sich deshalb zunächst auf partielle Ergänzungen oder Fortschreibungen einzelner Aufgabenschwerpunkte beschränken müssen.

Unter Berücksichtigung dieser Sachverhalte erscheint es zweckmäßig zu prüfen, ob verfeinerte Zielaussagen sinnvoll sind

- im demographischen und siedlungsstrukturellen Bereich (z.B. Berücksichtigung des Bevölkerungsrückgangs bei der Bestimmung (Aufrechterhaltung?) regionalplanerischer Funktionen von Gemeinden
- im infrastrukturellen Bereich (z.B. Aufrechterhaltung bestimmter schulischer Angebote im ländlichen Raum auch bei stark rückläufiger Bevölkerung, z.B. Ausbau der Verkehrsinfrastruktur in Verdichtungsräumen nur durch staatliche Förderung im Bereich des öffentlichen Nahverkehrs)
- im Bereich von Land- und Forstwirtschaft (z.B. im Hinblick auf Erhaltung und Verbesserung der Bodenfruchtbarkeit in bestimmten Anbaugebieten, z.B. im Hinblick auf Erholungs-, Wasserschutz-, Klimaschutzfunktionen des Waldes)
- im wasserwirtschaftlichen Bereich (z.B. Einschränkungen landwirtschaftlicher Nutzungen im Bereich von Wassergewinnungsgebieten)
- im Bereich des technischen Umweltschutzes (z.B. detaillierte Regelungen zur Abfallwirtschaft)
- im Bereich des ökologischen Umweltschutzes (z.B. Festlegung von ökologischen Engpaßfaktoren, u.U. mit "KO-Charakter" für konkurrierende Nutzungen).

Ziele des Landesentwicklungsprogramms oder eines Regionalplanes haben Normcharakter. "Allgemeine" oder "verfeinerte" Ziele müssen deshalb "den Anforderungen einer Norm entsprechen, d.h. sie müssen bestimmbar sein, konkrete Vorgaben gegenüber dem richtigen Adressatenkreis treffen, inhaltlichen Maßstäben genügen, was etwa die Raumbedeutsamkeit oder die Überörtlichkeit angeht[9]".

Die politische Praxis auf Länderebene zeigt, daß es wohl ausreichend sein dürfte, sachlich und fachlich hinreichend konkretisierte Zielaussagen zu formulieren, die mit den jeweiligen Fachplanungen auf die Erfordernisse des jeweiligen Raums (Region) hin abgestimmt wurden. Die Frage der Abklärung der Finanzierung entsprechender Maßnahmen bzw. der Finanzierung der Folgekosten könnte man unter den gegebenen Umständen allfälligen Gesprächen der (regionalen) Parlamentarier mit dem Finanzminister überlassen. Das entbindet die Landes- bzw. Regionalplaner natürlich nicht von der Aufgabe, die Finanzierbarkeit ihrer Zielverfeinerungen strengstens zu beachten.

2. Detaillierung der Laufenden Raumbeobachtung

Am 17.6.1984 hat bei dem in Bayern durchgeführten Volksentscheid die Bevölkerung mit einer Mehrheit von 94 % für das Staatsziel "Umweltschutz" votiert. Es kann unterstellt werden, daß die Bevölkerung der Republik nicht anders stimmen würde als die Bewohner des Freistaates Bayern, wenn sie im Rahmen eines Volksentscheides befragt würden, wie entsprechende Umfrageergebnisse zeigen[10].

Der Kernsatz der neuen Staatszielbestimmung "Umweltschutz" in der Bayerischen Verfassung (Art. 141, Abs. 1, Satz 3) lautet: "Es gehört auch zu den vorrangigen Aufgaben von Staat, Gemeinden und Körperschaften des öffentlichen Rechts, Boden, Wasser und Luft als nützliche Lebensgrundlagen zu schützen, eingetretene Schäden möglichst zu beheben und auszugleichen und auf möglichst sparsamen Umgang mit Energie zu achten, die Leistungsfähigkeit des Naturhaushaltes zu erhalten und dauerhaft zu verbessern, den Wald wegen seiner besonderen Bedeutung für den Naturhaushalt zu schützen und eingetretene Schäden möglichst zu beheben oder auszugleichen, die heimischen Tier- und Pflanzenarten und ihre notwendigen Lebensräume sowie kennzeichnende Orts- und Landschaftsbilder zu schonen und zu erhalten[11]."

Wie Uppenbrink und Knauer an anderer Stelle dargelegt haben[12], wurden zur "Steuerung und Vermeidung von Belastungen und Eingriffen folgende Beobachtungs- und Handlungskategorien herausgebildet:

- Kategorien der Umweltbeobachtung und -überwachung
  - Meßnetze
  - Indikatoren
  - Umweltforschung u.a.
- Handlungskategorien
  - Emissionsminderung
  - Immissionsschutz
  - räumliche Schutzzuweisung"[13].

Ähnlich wie Hartkopf haben auch Uppenbrink/Knauer Beispiele für umweltpolitische Maßnahmen (Handlungskategorien) in einer Übersicht zusammengestellt, die nachfolgend - gekürzt - wiedergegeben wird.

Abb. 14: Umweltpolitische Handlungskategorien

Sektoren der Umweltpolitik / Handlungskategorien	Emmisionsminderung	Immisionsschutz	räumliche Schutzzuweisung
Luft	- Energiesparen - Entschwefelung von Kohle und Öl - Rauchgaswäsche - Substitution (durch Wasserkraft, Kernkraft o.ä.)	Festlegung von Immisions-Grenzwerten	- Belastungsgebiete nach BImSchG - Smoggebiete
Wasser	Nicht-Ableiten von Stoffen in das Abwasser	Festlegung von Güteanforderungen für Trinkwasser und Oberflächengewässer	Wasserschutzgebiete
Boden	Nicht-in-Verkehrbringen von Stoffen	Festlegung von Höchstmengen der Stoffausbringung (z.B. Dünger)	Herausnahme von Flächen aus der landwirtschaftlichen Intensivproduktion
Lärm	- Verkehrslenkung - aktiver Schallschutz an der Quelle	passiver Schallschutz (z.B. Einbau von Schallschutzfenstern	- flächenhafte Verkehrsberuhigung - Lärmschutzzonen an Flughäfen
Abfall	- Abfallvermeidung - Abfallverwertung - Nicht-in-Verkehrbringen von Schadstoffen	Deponiebasisabdichtung	Festlegung von Vorrangflächen für die Abfallbeseitigung

Quelle: Uppenbrink/Knauer, a.a.O., S. 48.

Uppenbrink/Knauer stellen zu Recht fest, daß die Kategorie der Beobachtung "im Sinne der obigen Matrix gleichsam die dritte Dimension darstellt. Was immer umweltpolitisch getan wird und/oder getan werden soll, bedarf der Messung, der Erforschung, des Findens von adäquaten Indikatoren etc.[14]."

Die Frage adäquater Indikatoren kann hier nicht weiter vertieft werden[15]; die Frage adäquaten Messens und Erforschens des Ist-Zustandes und seiner Veränderungen durch anthropogene Eingriffe, um überhaupt feststellen zu können, was geschehen muß, um das Soll, d.h. die verfeinerten Ziele, zu erreichen, ist jedoch in dem gezogenen Rahmen hier zu diskutieren[16].

Wenn dazu im folgenden einige Vorschläge entwickelt werden, dann ist auch mir deutlich, daß bei einer Reihe von Vorschlägen für "Messen und Erforschen" noch große finanzielle und personelle Anstrengungen erforderlich sind, um die benötigten Informationen zu erhalten. Diese Schwierigkeiten sollten jedoch nicht zum Anlaß genommen werden, die Erarbeitung bestimmter Informationen von vornherein nicht weiter zu fördern.

Mit Kampe wird man feststellen müssen, daß sich für die Landes- und Regionalplanung generell ein "Auswahlproblem für umweltrelevante Daten, Ziele und Maßnahmen (stellt). So können aus finanziellen und personellen Gründen nicht ansatzweise alle Informationen mit Bedeutung für die Landes- und Regionalplanung im Rahmen der Laufenden Raumbeobachtung bearbeitet werden. Zahlreiche weitere Schwierigkeiten stellen sich auch bei der Beschränkung auf wenige Daten ein. Vorgeschobene Datenschutzgründe, fachliche Egoismen und die Abgrenzung politischer Kompetenz auf den Planungsebenen sind die entscheidenden Hindernisse für den notwendigen Datenfluß aus amtlichen und nicht amtlichen Statistiken[17]."

Vor dem Hintergrund dieser auch mir bekannten Beschränkungen sind die folgenden Vorschläge auch als Diskussionsbeitrag zum Abbau dieser Beschränkung zu verstehen. Dabei erscheint es mir zweckmäßig - wie Uppenbrink/Knauer - zu gliedern nach

2.1 Luft
2.2 Wasser
2.3 Boden

und den einzelnen Diskussionsbeiträgen folgende Bemerkungen von Kampe voranzustellen: "Die Form, wie ökologische Ziele formuliert und operationalisiert werden, bestimmt maßgeblich deren Durchsetzung und das Ergebnis einer Abwägung. Je allgemeiner und je weniger ein Ziel in Maß und Zahl bestimmbar ist, desto leichter kann im Entscheidungsfall darüber hinweggegangen werden[18]."

2.1 Luft

Kampe vertritt die Ansicht, daß "ein Mindestgütestandard für anzustrebende Luftqualität ... nach derzeitigem Stand des Wissens noch nicht definiert werden" (kann)[19]. Geht man von dem Grundsatz aus, daß alle anthropogenen Belastungen der natürlichen Lebensgrundlagen grundsätzlich so weit zu reduzieren sind, daß der geogene Zustand, d.h. anders formuliert der Status-quo-ante erreicht wird, dann ist jedoch die Zielrichtung von Maßnahmen und Beobachtungs-Meßwerten klar. Als Orientierungsgröße könnte dann auch Tab. 2 dienen, die in Abschnitt I wiedergegeben wurde[20]. Im Hinblick auf die bestehenden Regelungen, die vor allem durch die TA-Luft und die dreizehnte Verordnung zur Durchführung des BImSchG (Verordnung über Großfeuerungsanlagen) bestimmt werden, ist mit Schreiber darauf hinzuweisen, daß die im BImSchG vorgesehenen Emissions-, Immissions- und Wirkungskataster erhebliche Defizite aufweisen. In den folgenden Tab. 46, 47 und 48 werden die Belastungsgebiete und überwachten Regionen, die Emissionskataster in Belastungsgebieten und die überwachten Regionen und die Immissionskataster von Schreiber wiedergegeben. "Bei der Darstellungsform der Immissionskataster hat man den Immissionswert für jede Rasterfläche (1 km^2 Größe) ausgewiesen. Der nachgewiesene Immissionswert ist der Mittelwert, der an den vier Eckpunkten jeder Rasterfläche (sog. "Meßpunkte" oder "Aufpunkte") festgestellten Immissionskenngrößen[21]."

Das Wirkungskataster ist dagegen "die räumlich - nach Möglichkeit in 1 km^2 Raster gegliederte Zusammenstellung von Informationen über schädliche Umwelteinwirkungen durch Luftverunreinigungen für die Akzeptorengruppe Mensch, Tier, Pflanze und sonstige Materialien[22]."

Bundesländer, die Belastungsgebiete ausgewiesen haben, sind nach § 6 BImSchG zur Ausstellung von Emissionskatastern verpflichtet, "das Angaben enthält über Art, Menge, räumliche und zeitliche Verteilung ...". § 46 BImSchG bestimmt ferner: "Die zuständigen Behörden haben in regelmäßigen Zeitabständen ... das Emissionskataster zu ergänzen". Nach § 47, 1 BImSchG ergibt sich mittelbar die Verpflichtung zur Erstellung eines Wirkungskatasters, wenn es dort heißt: "Der Luftreinhalteplan enthält erstens Art und Umfang der festgestellten und zu erwartenden Luftverunreinigungen sowie der durch diese hervorgerufenen schädlichen Umwelteinwirkung"...[23] M.E. ist die Verfeinerung von Untersuchungen der Laufenden Raumbeobachtung im Bereich von Belastungen durch Luftschadstoffe, der Aufbau von Wirkungskatastern, die kontinuierliche Wiederholung entsprechender Untersuchungen und die Notwendigkeit, daraus entsprechende Konsequenzen zu ziehen, evident.

Tab. 46: Belastungsgebiete und überwachte Regionen in der Bundesrepublik Deutschland

Bundesland	Belastungsgebiet (1) überwachte Region (2)	Fläche in qkm	Einwohner in tausend	Bemerkungen	Jahr/ Zeitraum	Umfang
Baden-Württemb.	Mannheim-Karlsruhe (2)	1 373	1200	siehe Tabelle 2	o.J.	96
Bayern	Aschaffenburg (1)	736	k.A.	kein Plan verabschiedet		
	Augsburg (1)	228	k.A.	kein Plan verabschiedet		
	Burghausen (1)	65	k.A.	kein Plan verabschiedet		
	Erlgn.-Frth.-Nrbg. (1)	447	765	siehe Tabelle 2	o.J.	88
	Ingolstadt et al. (1)	541	k.A.	kein Plan verabschiedet		
	München (1)	822	k.A.	kein Plan verabschiedet		
	Regensburg (1)	55	k.A.	kein Plan verabschiedet		
	Würzburg (1)	63	k.A.	kein Plan verabschiedet		
Berlin	Berlin (1)	480	1900	Luftreinhalteplan nur für Schwefeldioxid	1981	68
Bremen						
Hamburg	Hamburg (2)	k.A.	1650	erste Vorbereitungen abgeschlossen	1984	176
Hessen	Rhein-Main (1)	122	280	Quantifizierung der für 4 Stoffe bzw. Stoffgruppen geplanten Emissions-minderungen	1981	272
	Untermain (1)	466	k.A.	kein Plan verabschiedet		
	Wetzlar (1)	49	k.A.	siehe Tabelle 3	1982	207
	Kassel (1)	148	50	kein Plan verabschiedet		
Niedersachsen	Braunschweig (2)	k.A.	k.A.	-		
	Hannover (2)	k.A.	k.A.	-		
	Oker/Harlingerode (2)	k.A.	k.A.	-		
	Nordenham (2)	k.A.	k.A.	-		
	Salzgitter (2)	k.A.	k.A.	-		

Tab. 46 (Forts.)

Bundesland	Belastungsgebiet (1) überwachte Region (2)	Fläche in qkm	Einwohner in tausend	Bemerkungen	Jahr/ Zeitraum	Umfang
Nordrhein-Westfalen	Rheinschiene Süd I (1) (Köln)	649	1400	Quantifizierung der für 25 Stoffe bzw. Stoffgruppen geplanten Emissionsminderungen	1976 1977-1981	237
	Rheinschiene Süd II (1) (Köln)	649	1330	" 11 Stoffe bzw. -gruppen	1983 1982-1986	250
	Ruhrgebiet West (1) (Duisburg-Oberhausen-Mülheim)	711	1260	" 18 Stoffe bzw. -gruppen	1977 1978-1982	410
	Ruhrgebiet Ost (1) (Dortmund)	712	1200	" 16 Stoffe bzw. -gruppen	1978 1979-1983	360
	Ruhrgebiet Mitte (1) (Essen-Bochum)	765	2000	" 12 Stoffe bzw. -gruppen	1980 1980-1984	468
	Rheinschiene Mitte (1) (Düsseldorf)	356	779	" 8 Stoffe bzw. -gruppen	1982 1982-1986	340
Rheinland-Pfalz	Ludwigshafen-Frankenthal (1)	116	212	Quantifizierung der für 14 Stoffe bzw. Stoffgruppen geplanten Emissionsminderungen	1980 1979-1984	ca.140
	Mainz-Budenheim (1)	96	195	" 4 Stoffe bzw. -gruppen		
Saarland	Dillingen et al. (1)	303	368	siehe Tabelle 2	1978	94
Schleswig-Holstein	Brunsbüttel (2)	k.A.	k.A.	-		

Tab. 47: Emissionskataster in Belastungsgebieten und überwachten Regionen

Bund/ Bundesland	Belastungsgebiet (1) überwachte Region (2)	Schadstoffe	Veröffentlichungs-/ Erhebungszeitraum
Bund	in Belastungsgebieten sollen erhoben werden:	Staub, Feinstaub, Pb, SO_2, NO_x (NO_2), CO, gasförmige organische Verbindungen, F	je nach Gebiet verschieden
	aus stat. Unterlagen berechnet (55x70 km):	SO_2, NOx, CnHm, CO, Ruß, Pb, F, Chlor	1960-1984
	Stadt-/Landweise aus stat. Unterlagen berechnet:	SO_2	1972
	aus stat. Unterlagen berechnet (127x127 km):	SO_2	1973
Baden-Württb.	Mannheim-Karlsruhe (2)	419 gasförmige, 218 staubförmige Stoffe	k.A.
Bayern	Erlangen-Fürth-Nürnberg (1)	siehe oben Bund	k.A.
Berlin	Berlin (1)	siehe oben Bund; vor allem SO_2	1980-1984
Hamburg	Hamburg (2)	siehe oben Bund; noch kein umfassendes Emissionskataster	1984
Hessen	Rhein-Main (1)	siehe oben Bund	1981
	Wetzlar (1)	siehe oben Bund	
Niedersachsen	Braunschweig (2)	Emissionskataster werden z.Z. aufgestellt	
	Hannover (2)	"	
	Oker/Harlingerode (2)	"	
	Nordenham (2)	"	

Tab. 47 (Forts.)

Bund/ Bundesland	Belastungsgebiet (1) überwachte Region (2)	Schadstoffe	Veröffentlichungs-/ Erhebungszeitraum
Nordrhein-Westfalen	Rheinschiene Süd I (1)	für die Belastungsgebiete in NRW gilt	1976
	(Köln)	insgesamt:	1969-1976
	Rheinschiene Süd II (1)	sehr umfangreiche Emissionskataster mit	1983
	(Köln)	bis zu 1000 Schadstoffen bzw. Schadstoff-	1976-1983
	Ruhrgebiet West (1)	komponenten	1977
	(Duisburg-Oberhausen-Mülheim)	(Kataster Rheinschiene Süd I)	1973-1976
	Ruhrgebiet Ost (1)		1978
	(Dortmund)		1977
	Ruhrgebiet Mitte (1)		1980
	(Essen-Bochum)		1978
	Rheinschiene Mitte (1)		1982
	(Düsseldorf)		1979
Rheinland-Pfalz	Ludwigshafen-	siehe oben Bund (600 Komponenten)	1980
	Frankenthal (1)	siehe oben Bund (91 Komponenten)	1978-1979
	Mainz-Budenheim (1)	siehe oben Bund	1982
			1. 1974-1976
			2. 1980
Saarland	Dillingen et al. (1)	siehe oben Bund	1978
		(nur für Hausbrand/Verkehr)	1976-1977

Erläuterungen: k.A. = keine Angaben

Quellen: Dritter Immissionsschutzbericht der Bundesregierung 1984, Meinl et al. 1980; eigene Erhebungen.

Tab. 48: Immissionskataster in der Bundesrepublik Deutschland

Bund/ Bundesland	Belastungsgebiet (1) Überwachte Region (2)	Erhobene Schadstoffe*
Bund	in Belastungsgebieten soll gemessen werden:	"Relevante Schadstoffe" (BImSchG), nach Dreyhaupt 1979:165: SO 2, Feinstaub, Staub, F, CO, NOx, Pb, Ammoniak, Gesamt-C, Benzol, Schwermetalle, SO-Wasserstoff, Vinylchlorid, PAK
Berlin	Berlin (1)	SO 2
Bremen	Meßprogramm 1983/84	Feinstaub, Staub, Pb, Cadmium, CO, SO 2, CnHm, NOx, NO 2
Hamburg	Hamburg (2)	SO 2, CO, NO, NO 2, CnHm, Staub, F, HCH
Hessen	Rhein-Main (1)	kontinuierliche Messungen: SO 2, Co, NO, NO 2, Staub diskontinuierliche Messungen: SO 2, NO, NO 2, CO, HF, HCI, H2S, CS 2, Pb, Cadmium, Mangan, Nickel Simulationen: Aceton, Äthylenoxid, HCHO, Methanol, Toluol
	Wetzlar (1)	kontinuierlich: SO 2, CO, NO, NO 2, Staub diskontinuierlich: SO 2, CO, NO, NO 2, Pb, Cadmium, Eisen, Nickel, Mangan
Nordrhein-Westfalen	Rheinschiene Süd I (1) (Köln)	diskontinuierlich: SO 2, Zn, Cd, Schwebstoffe, Fluor, organische Verbindungen, Pb, Ozon Simulationen: NO 2, CO, NH 3, H2S, HCI, C2H4, Benzol, Phenol, Trichloräthylen, Trichlormethan, Hydrazin, Vinylchlorid, Nickel, Nickelverbindungen, Dibromethan
	Rheinschiene Süd II (1) (Köln)	Messungen: SO 2, F, NO, NO 2, Staub, Schwebstoffe, Pb, Zn, Cd, CnHm Simulationen: CO, HCI, NH 3, CH 2, C2H3CI, HCHO, CCI 2, Phenol, H2S, Trichlormethan, Dibromethan, Hydrazin
	Ruhrgebiet West (1) (Duisburg-Oberhausen-Mülheim)	Messungen: SO 2, F, CnHm, NO 2, Staub, Pb, Zn, Cd, H2S, CO Simulationen: H2S, HCI, Vinylchlorid, Äthylen, NH 3, Benzol, HCHO, Phenol, Steinkohlenteer, Trichloräthylen, Trichlormethan, Arsen, Nickel, Nickelverbindungen
	Ruhrgebiet Ost (1) (Dortmund)	Messungen: SO 2, F, CnHm, NO 2, Staub, Pb, Zn, Cd Simulationen: NH 3, Benzol, HCHO, H2S, Nickel, Nickelverbindungen, Steinkohlenteer, Trichloräthylen
	Ruhrgebiet Mitte (1) (Essen-Bochum)	Messungen: SO 2, F, organische Substanzen, NO 2, NO, Staub, Pb, Zn, Cd Simulationen: H2S, HCI, NH 3, HCN, Phenol, Phenolverbindungen, Benzol, Vinylchlorid, Dichloräthan, Arsen, Asbestchrysotil
	Rheinschiene Mitte (1) (Düsseldorf)	Messungen: SO 2, F, CnHm, NO 2, Staub, Pb, Zn, Cd Simulationen: CO, HCI, Phenol, Phenolverbindungen, HCHO, Trichloräthylen kontinuierliche Messungen: BaP, BeP, BaA, BghiP, COR, DBahA, B/C)PH, B(ghi)F, CYC, CHR, IND, ANT (= PAH)
Rheinland-Pfalz	Ludwigshafen-Frankenthal (1)	Messungen: SO 2, NO, NO 2, F, CO, HCHO, CnHm-CH4 Simulationen: NH 3, H2S, HCI, Phenole, Amine, Benzol, Vinylchlorid, Maleinsäureanhydrid
	Mainz-Budenheim (1)	kontinuierliche Messungen: SO 2, NO, NO 2, CO, organische Gase und Dämpfe, Schwebstaub
Saarland	Dillingen et al. (1)	diskontinuierliche Messungen: SO 2, NO, NO 2, CO, F, Schwefelkohlenstoff, H2S, HCHO, Pb, Arsen, Cd Simulationen: organische Gase und Dämpfe

* Abkürzungen siehe Abkürzungs- und Formelverzeichnis.

Quellen: Dritter Immissionsschutzbericht der Bundesregierung 1984, Meinl et al. 1980; eigene Erhebung.

Falls es dazu noch eines Beweises bedarf, kann er durch entsprechende Hinweise aus dem Dritten Immissionsschutzbericht der Bundesregierung geliefert werden. Während nach Schreiber für alle Belastungsgebiete in Nordrhein-Westfalen, also auch das engere Ruhrgebiet, gilt: "Sehr umfangreiche Erhebungen zu:

A: Wirkungen auf Menschen: epidemiologische Studien (akute Effekte, Chronische Einwirkungen wie z.B. Krebs), Luftverunreinigungen und allgemeiner Gesundheitszustand,

B: Wirkungen von Luftverunreinigungen auf die Vegetation (Bioindikatoren, Wirkungen von bestimmten Schadstoffen),

C: Wirkungen auf Materialien (Korrosionsraten, Verwitterung von Natursteinen),

D: Beschwerdestatistik

"Besonders hervorzuheben: Untersuchungen an großen Bevölkerungssamples[24]."

Nach dem Dritten Immissionsschutzbericht der Bundesregierung gibt es für Nordostoberfranken keine Ausweisung als Belastungsgebiet, mithin also auch keinen Luftreinhalteplan.

Im Saarland sind nach dem Dritten Immissionsschutzbericht 116 km^2 als Belastungsgebiet ausgewiesen; es gibt Emissionskataster von 1978 für den Kraftverkehr, von 1983 für die Industrie, aber keine Luftreinhaltepläne[25].

Im Hinblick auf ein verbessertes Zusammenwirken von Umweltschutz und Landes-/ Regionalplanung kann zusammenfassend festgestellt werden:

- mit dem BImSchG sind regional differenzierende Instrumente in den Umweltschutz eingeführt worden,
- zentrales Instrument sind die Luftreinhaltepläne; innerhalb des Instruments der Luftreinhaltepläne haben
  - Emissions-,
  - Immissions- und
  - Wirkungskataster dann zentrale Bedeutung, wenn sie entsprechend gute Informationen liefern.
- "Von den für die Aufstellung der Luftreinhaltepläne zuständigen Landesbehörde werden ... Emissionskataster eher erarbeitet als Immissions- und Wirkungskataster[26]." Emissionskataster beruhen auf den Emissionserklärungen der Emittenten! Es ist nicht bekannt, ob diese Erklärungen überwacht werden.
- Den Anregungen des Rates von Sachverständigen für Umweltfragen,
  - Immissions- und Depositionsmessungen und

- die Wirkungsforschung zu verstärken,
  ist nichts hinzuzufügen[27].
- Aktualität der Daten und Kontinuität der Überprüfungen lassen Wünsche offen.

Die zuständigen Stellen der Raumordnung und Landesplanung sollten sich hier stärker engagieren.

2.2 Wasser

Wie in Abschnitt I, 4 dieser Arbeit schon berichtet wurde, hat die Kontamination des Wassers Ausmaße erreicht, die man früher nicht für möglich hielt. Ebenso wie bei dem "Naturgut Luft" ist auch beim Wasser zwischen

- Emissionsminderung durch Nicht-Ableiten von Stoffen in das Abwasser,
- Immissionsschutz durch Festlegung von Güteanforderungen für Trinkwasser und Oberflächengewässer und
- räumlicher Schutzzuweisung für Wasserschutzgebiete

zu unterscheiden.

Emissionsminderung durch Nicht-Ableiten von Stoffen in das Abwasser hat sich bei den entsprechenden Untersuchungen und Gesprächen, ebenso wie in der Literatur, als großes Problem gezeigt. Die Dimensionen reichen vom spektakulären Fischsterben in der Saar (von dessen Ursache der Umweltminister angeblich nichts wußte) bis zum Verschwinden der Flußperl-Muschel in Nordostoberfranken.

Der Bundestag hat das Fünfte Gesetz zur Änderung des Wasserhaushaltsgesetzes am 25.7.1986 beschlossen. § 7a bestimmt in der neuen Fassung:

- "Die Bundesregierung erläßt mit Zustimmung des Bundesrates allgemeine Verwaltungsvorschriften über Mindestanforderungen, die den allgemein anerkannten Regeln der Technik entsprechen; enthält Abwasser bestimmter Herkunft Stoffe oder Stoffgruppen, die wegen der Besorgnis einer Giftigkeit, Langlebigkeit, Anreicherungsfähigkeit oder erbgutverändernden Wirkungen als gefährlich zu bewerten sind (gefährliche Stoffe), müssen insoweit die Anforderungen in den allgemeinen Verwaltungsvorschriften dem Stand der Technik entsprechen." (§ 7a (1)).
- "Entsprechen vorhandene Einleitungen von Abwasser nicht den Anforderungen nach Absatz 1, so haben die Länder sicherzustellen, daß die erforderlichen Maßnahmen durchgeführt werden." (§ 7a (2)).

Es braucht wohl nicht näher ausgeführt zu werden, daß hier für den Bund und die zuständigen Landesbehörden ein sehr erheblicher Handlungsbedarf besteht.

Hingewiesen sei nur auf die Problematik

- allgemein anerkannte Regeln der Technik,
- Stand der Technik,
- Ermittlung der abgeleiteten Stoffe, d.h. der Schädlichkeit des Abwassers[28)29)]
- Ermittlung der Abwassermengen[30)]
- kontinuierliche Kontrolle der Abwassereinleitungen im Hinblick auf die einmal angegebenen Stoffe und ihre Mengen.

Nach den mir zugänglichen Informationen, die auch bestätigt werden, durch den Bericht der Bundesregierung über das Chemikalien-Gesetz[31)] könnte bei der Emissionsminderung durch Nicht-Ableiten von Stoffen in das Abwasser durch entsprechende intensive Kontrollen und u.U. durch den Zwang, geschlossene Stoffkreisläufe zu installieren, eine erhebliche Verbesserung der Gewässerqualität erreicht werden.

Durch die grundsätzlich mögliche Verbindung von Oberflächengewässern und Grundwasser ist dieses Problem auch für die räumliche Daseinsvorsorge höchst aktuell und nicht nur für die zuständigen Fachbehörden im engeren Sinne relevant.

Immissionsschutz durch Festlegung von Güteanforderungen für Trinkwasser und Oberflächengewässer könnten Ausgangspunkt für folgende Maßnahmen sein:

- zur Emissionsminderung (von der "end of the pipe-Strategie" zur Vermeidung der Umweltbelastung an der "Quelle" und/oder
- räumliche Festlegung für Wasserschutzgebiete (Wasservorranggebiete).

Milde hat in sehr eindrucksvoller Weise die Ursachen von Boden- und Grundwasserkontaminationen zusammengestellt. Er unterscheidet:

- stärker standortgebundene Ursachen, dazu zählen:
  - kontaminierte Betriebsgelände (Produktion, Umgang, Lagerung, Entsorgung)
  - Abfallablagerungen mit Problememissionen, z.T. Altlasten
    - defekte Abwasserkanäle; Haus- und Kleinkläranlagen,
    - konzentrierte Versenkung von Straßen- und Dachabläufen,
    - Versickerungen von Enteisungs- und Auftaumitteln,
    - Chemikalien für die Fassadenbehandlung usw.,
    - Abwasserlandbehandlung
  - Unfallbereiche mit wassergefährdenden Stoffen
    - Munitions- und Kampfstoffablagerungen
    - Injektionen, thermische Beeinflussung

- geotechnische Maßnahmen wie z.B. Schutzschichtabtragungen; GW-Absenkungen usw.

- weniger standortgebundene Ursachen
  - Depositionen
  - gärtnerische und landwirtschaftliche Überdüngung und Abwendung von wassergefährdenden PSM in Trinkwassereinzugsgebieten
  - Schwermetallbelastungen von Trümmerschuttböden und Straßenrandbereichen[32].

Anthropogen verursachte Schadstoffkonzentrationen "im Untergrund (Boden, hohlraumführende Gesteinsabfolge, Grundwasser) überschreiten die Grenze vom Gefährdungspotential zu einem Kontaminationspotential durch Abgabe von Stoffen, die schädlich für Menschen, Tiere, Pflanzen, ganze Ökosysteme und dergleichen sein können[33]."

Große Probleme entstehen "durch die gasförmigen und insbesondere durch die flüssigen, von außen nicht sichtbaren Emissionen zum Grundwasser[34]". Milde hat in dem folgenden Schaubild den Kontaminationspfad zum Grundwasser dargestellt.

Abb. 15: Kontaminationspfad zum Grundwasser

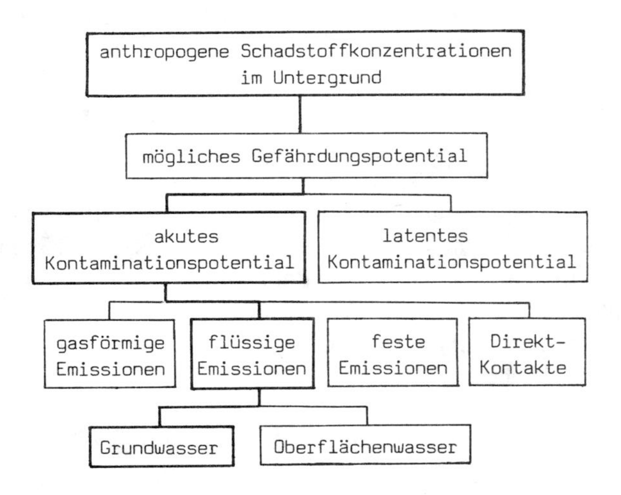

Quelle: Milde, G., a.a.O., S. 144.

Immissionsschutz durch Festlegung von Güteanforderungen hat unmittelbare finanzielle Konsequenzen. Wird aus einem Kontaminationsverdacht durch entsprechende Untersuchungen und gleichzeitige Bewertungen ein zahlenmäßig belegter Kontaminationsbefund, "so ist auf seiner Grundlage zu entscheiden:

- ob die Kontamination und die durch sie bedingte Gefährdung so unbedeutend ist, daß weitere Maßnahmen nicht erfolgen müssen, bzw.
- ob die Bedeutung zumindest eine ständige Beobachtung und Kontrolle erfordert oder ob sogar
- Sanierungsmaßnahmen erforderlich werden[35]."

Schutz des Grundwassers durch räumliche Ausweisungen von Wasserschutzgebieten dient vor allem der Trinkwasserversorgung. § 19, (1), Satz 3 wurde durch die Neufassung des Wasserhaushaltsgesetzes modifiziert. Für das Zusammenwirken von Regionalplanung und Gewässerschutz ist jetzt von Bedeutung: "Soweit es das Wohl der Allgemeinheit erfordert,

1. Gewässer im Interesse der derzeit bestehenden oder künftigen öffentlichen Wasserversorgung vor nachteiligen Eingriffen zu schützen oder

2. das Grundwasser anzureichern oder

3. das schädliche Abfließen von Niederschlagswasser sowie das Abschwemmen und den Eintrag von Bodenbestandteilen, Dünger- oder Pflanzenbehandlungsmittel im Gewässer zu verhüten, können Wasserschutzgebiete festgesetzt werden. ...

Dazu gehören auch Maßnahmen zur Beobachtung des Gewässers und des Bodens" (§ 19 WHG).

Wenn auch die laufenden Beobachtungen des Gewässers und des Bodens nach aller Erfahrung durch die örtlich zuständigen Wasserwerke erfolgen werden, so ist doch für die Regionalplanung von großer Bedeutung, wie das Instrument der Ausweisung von Wasserschutz- oder Wasservorranggebieten im Hinblick auf die in Zukunft aller Wahrscheinlichkeit nach noch zunehmende Anreicherung des Grundwassers mit Nitrat wirkt.

Nicht viel anders ist die Situation mit Pflanzenschutzmitteln, z.B. dem Herbizid Atrazin, das seit ca. 20 Jahren vor allem im Maisanbau verwendet wird[36].

2.3 Boden

Wie bereits in Abschnitt 1.5 ausführlich dargelegt wurde, ist der Boden als das Medium, das letztlich alle Eintragungen direkter oder/und indirekter Art, d.h. auch über den Luft- und Wasserpfad aufnehmen muß, höchst gefährdet.

Die von Kloke durchgeführten Untersuchungen im Hinblick auf die Kontamination durch bestimmte Stoffe zeigen überdeutlich die Übergänge vom Gefährdungspotential zum Kontaminationspotential[37)].

Wie der damalige Bundesumweltminister Wallmann feststellte, wird die Erarbeitung einer TA-Boden noch geraume Zeit in Anspruch nehmen[38)]. Orientieren sich Landes- und Regionalplanung in ihrem Bemühen um eine verstärkte Zusammenarbeit mit dem technischen und ökologischen Umweltschutz an den generellen Aussagen der Bodenschutzkonzeption, so sind verfeinerte und kontinuierliche Erhebungen vor allem in zwei Bereichen erforderlich:

- dem Flächenverbrauch und der Häufigkeit des Flächenrecyclings und
- der Kontamination des Bodens bzw. dem Ausmaß des jeweiligen Gefährdungs- und Kontaminationspotentials.

Sparsamer Flächenverbrauch und Bündelung der Flächenbeanspruchung sind quasi klassische Aufgaben der Landes- und Regionalplanung. Unbeschadet davon ist, um über die tatsächlichen Vorgänge richtig informiert zu sein, eine detailliertere Kenntnis des Flächenverbrauchs und der Belastung des Bodens notwendig und ständig auf aktuellem Stand zu halten.

Wie die Diskussion um die Volkszählung gezeigt hat, ist die Einsicht über die Notwendigkeit, zunächst einmal das "Ist" zu kennen, bevor man etwas verändern will, in bestimmten Gruppen unserer Gesellschaft aus Dummheit und Ideologie nicht weit verbreitet; das darf aber den engagierten Fachmann nicht daran hindern, ständig an der Verbesserung seiner Informationsgrundlagen zu arbeiten. Die politischen Mandatsträger sollten sich diesem berechtigten Anliegen nicht mit vorgeschobenen Gründen und aus Opportunität verschließen. Denn - wie einleitend ausgeführt - alle Verbesserungswünsche bedürfen zunächst einmal der Messung, der Erfassung, des Findens von adäquaten Indikatoren.

3. Verbesserung der Instrumente

(1) § 1, Abs. 1 Raumordnungsgesetz bestimmt, daß das Bundesgebiet in seiner allgemeinen räumlichen Struktur so zu entwickeln ist, daß die freie Entfaltung der Persönlichkeit in der Gemeinschaft am besten gewährleistet ist. Die Entfaltung der Persönlichkeit setzt gesunde Lebens- und Arbeitsbedingungen vor-

aus. Maßstab für gesunde Lebens- und Arbeitsbedingungen sind in einer Demokratie die entsprechenden Vorstellungen der Bürger; wie die Erfahrung zeigt, wandeln sich diese Vorstellungen.

Zur freien Entfaltung der Persönlichkeit gehört ferner, daß die Arbeits- und Lebensbedingungen in allen Teilräumen der Republik gleichwertig sind[39].

(2) Die Struktur einer Region im Hinblick auf Besiedlung, Industrie- und Gewerbebesatz, landwirtschaftliche Nutzung und ähnliches, also die Lebens- und Arbeitsbedingungen, sind das Ergebnis

- von Agglomerationsvorteilen und Agglomerationsnachteilen (externen Ersparnissen),
- der Qualität und Quantität der verfügbaren Infrastruktureinrichtungen (z.B. der Transportkosten),
- der Bodennutzung (Nachfrage nach Boden in Abhängigkeit von Preisen und Bonitäten),

oder - unter anderen Aspekten betrachtet - das Ergebnis von

- Lohnwert,
- Wohnwert,
- Freizeitwert und
- Umweltwert.

Der Umweltwert oder die Umweltqualität einer Region ist das Ergebnis von

- historischen Belastungen, z.B. Kontaminationen des Bodens,
- gegenwärtigen oder in der Vergangenheit produzierten hausgemachten Belastungen und
- den gegenwärtigen Immissionsbelastungen durch Ferntransporte.

Die wichtigsten Instrumente der Raumordnungspolitik gliedern sich in:

- direkte Eingriffe,
  - Gebote und
  - Verbote
- finanzielle Maßnahmen (wirtschaftliche Anreize)
  - Steuern (einnahmenpolitische Maßnahmen),
  - staatliche Ausgaben (ausgabenpolitische Maßnahmen)
    - unmittelbare Zahlungen, z.B. an Unternehmen
    - mittelbare Zahlungen, z.B. an Unternehmen und/oder Haushalte durch die Schaffung von Infrastruktureinrichtungen[40]
- Pläne und Programme

(3) Umweltpolitik verfolgt das Ziel

- dem Menschen eine Umwelt zu sichern, wie er sie für seine Gesundheit und für ein menschenwürdiges Dasein braucht,
- Luft, Wasser und Boden, Pflanzenwelt und Tierwelt vor nachteiligen Wirkungen menschlicher Eingriffe zu schützen und
- Schäden oder Nachteile aus menschlichen Eingriffen zu beseitigen.

Die wichtigsten Instrumente der Umweltpolitik gliedern sich in:

- direkte Eingriffe
  - Gebote und
  - Verbote
- finanzielle Maßnahmen (wirtschaftliche Anreize)
  - Steuern und Abgaben (einnahmenpolitische Maßnahmen),
  - staatliche Ausgaben (ausgabenpolitische Maßnahmen),
    - unmittelbare Zahlungen, z.B. an Landwirte (durch Zuschüsse)[41],
    - mittelbare Zahlungen, z.B. an Unternehmen (durch Steuervorteile),
- Planungen (z.B. Luftreinhaltepläne)
- Absprachen (z.B. Absprachen von 1977 und 1980 zwischen dem Bundesinnenministerium und der Industrie über Verbrauchsbeschränkungen von Fluorkohlenwasserstoffen[42]).

Man sieht, die wichtigsten raumordnungspolitischen und die wichtigsten umweltpolitischen Instrumente sind systematisch gleich; selbstverständlich ist ihre Ausgestaltung unterschiedlich.

(4) Lendi ist kürzlich auf die politischen und sozialen Probleme der modernen Raumplanung detailliert eingegangen und hat dabei unter anderem Berührungsängste der Politik festgestellt, die sie "als Macht und als Programminhalt vor einer Raumplanung (verrät), die zur Sorgfalt im Umgang mit dem Lebensraum und zum Maßhalten mahnt. Lendi fragt: "Was liegt unter diesen Umständen näher, als das Zurückbuchstabieren?". Die Meinung, die Raumplanung von ihrem Anspruch auf Erhaltung und Gestaltung des Lebensraumes für die künftigen Generationen zu befreien, liegt auf der Hand. Der Fluchtweg in überblickbarere Detailaufgaben, wie den Schutz von Fruchtfolgeflächen, von Quartieren oder von Landschaftsteilen, ist vorgezeichnet[43])."

Als eine andere Art von "Fluchtweg" erscheint mir die verschiedentlich vertretene Ansicht, die Raumordnungspolitik müsse "entfeinert" werden. Ich vertrete die gegenteilige Ansicht, weil

- dem individuellen Macht- und Erwerbsstreben und der daraus resultierenden
- Übernutzung der Natur mit ihren z.T. katastrophalen Folgen und

- der Verpflichtung, "den ganzen Lebensraum zu erhalten und zu gestalten" (Lendi)

nur durch eine präzise Zielvorgabe bzw. präzise Zielvorgaben und entsprechend verbesserte, d.h. i.d.R. verschärfte Instrumente Einhalt geboten werden kann.

In diesem Zusammenhang muß auch an das Zitat von Kampe erinnert werden: "Die Form, wie ökologische Ziele formuliert und operationalisiert werden, bestimmt maßgeblich deren Durchsetzung und das Ergebnis einer Abwägung. Je allgemeiner und je weniger ein Ziel in Maß und Zahl bestimmbar ist, desto leichter kann im Entscheidungsfall darüber hinweggegangen werden[44]" und ferner, daß die Aufgabe und Verpflichtung, den ganzen Lebensraum zu sichern und zu ordnen, angesichts der ständig steigenden Raumansprüche eher zunimmt als abnimmt. An diesem objektiven Sachverhalt ändert sich auch dann nichts, wenn die politischen Mandatsträger sich bei dieser Aufgabe nur wenig engagieren. Die zuständige Verwaltung darf sich - anders als Mandatsträger - nicht dem Zeitgeist hingeben!

Die Ansicht, der einzelne sei selbstlos und würde durch Einsicht freiwillige Beiträge zur Verbesserung des Gemeinwohls leisten, taugt allenfalls für politische Sonntagsreden. Die Realität kennt den

- rücksichtslosen Raser auf der Straße, der um Sekunden Vorteile willen sein eigenes Leben und das anderer gefährdet,
- den gewerblichen und industriellen Umwelt-Verschmutzer, der wissentlich Luft, Wasser und Boden vergiftet, weil Umweltschutzmaßnahmen seinen Erlös schmälern und der für das Unterlassen seines asozialen Verhaltens auch noch Geld verlangt[45],
- den Landwirt, der wissentlich das Grundwasser verseucht, weil weniger Düngung zu geringeren Hektar-Erträgen führt[46],
- den privaten Haushalt, der wissentlich die städtische oder gemeindliche Kanalisation belastet, weil die gesonderte Entsorgung von Altöl, Lösungsmitteln und ähnlichem etwas Zeit kosten würde und damit unbequem ist.

Die Realität zeigt mithin, daß die überwiegende Mehrzahl der Menschen oft um geringfügiger Vorteile willen die Umweltgüter nachhaltig belasten und damit kontinuierlich die natürlichen Lebensgrundlagen zerstören. Da gleichzeitig die Übernutzung der Natur zunimmt und kein Ende dieser Entwicklung abzusehen ist, ergibt sich daraus für den verantwortungsbewußten und vorsorgenden Raumordner nur ein - allerdings unbequemer und gesellschaftlich verpönter - Ausweg:

- noch genauere Regelungen über das, was erlaubt ist, was die Natur vertragen kann, d.h. i.d.R. mehr Einschränkungen und ergänzend dazu
- eine verstärkte Überwachung der Ge- und Verbote.

(5) Gleichwertigkeit der Lebensbedingungen heißt nicht gleiche Lebensbedingungen. Eine umfangreiche Diskussion zu diesem Zielkomplex hat dazu geführt, "daß unter der Herstellung gleichwertiger Lebensbedingungen die Erreichung eines Mindestniveaus der räumlichen Entwicklung zu verstehen sein sollte[47]." Bekanntlich hat der Beirat für Raumordnung in seiner Empfehlung vom 16. Juni 1976 auf die Notwendigkeit der Einhaltung entsprechender Mindeststandards für die räumlichen Lebensbedingungen abgestellt und dabei vor allem die folgenden sechs Bereiche diskutiert:

- Umweltqualität,
- Wirtschaftsstruktur,
- Siedlungsstruktur,
- Sozialstruktur,
- materielle Infrastruktur,
- personelle Infrastruktur[48].

Vor dem Hintergrund der hier dargelegten Überlegungen, dem überall erkennbaren Wertepluralismus mit seinen negativen Folgen, und von der Ansicht ausgehend, daß nur eine einheitliche übergeordnete, demokratisch kontrollierte Planung in der Lage ist, die vielfältigen menschlichen Ansprüche mit den begrenzten Potentialen des Raumes vorsorgend abzustimmen, und die gröbsten Fehlentwicklungen vermeiden kann, müssen m.E. - wie bereits dargelegt - auf der Ebene der Landes- und Regionalplanung

- die jeweiligen Ziele konkretisiert,
- die Raumbeobachtung im Hinblick auf diese Ziele detailliert und
- die genannten Instrumente verbessert, d.h. i.d.R. verschärft werden.

Statt einer Entfeinerung, wie sie von oberflächlichen oder laissez-faire-orientierten Politikern gefordert wird, ist - gewissermaßen als Preis für die nur am individuellen Nutzen orientierte Verhaltensweise und die daraus resultierende Übernutzung der natürlichen Potentiale - eine größere Regelungsdichte anzustreben, die allerdings nur erreicht werden kann, wenn es gelingt, eine entsprechend engagierte Lobby aufzubauen. (Zu diesem Punkt vgl. V).

(6) Um die hier dargelegten Überlegungen näher zu konkretisieren, soll nachfolgend (und diesen Abschnitt abschließend) beispielhaft auf das Instrument der Vorranggebiete eingegangen werden. "Ein Vorranggebiet ist ein Gebiet, das vorrangig einer Nutzung vorbehalten ist, das andere Nutzungen nur dann erlaubt, wenn dadurch die Vorrangfunktion nicht beeinträchtigt wird[49]." Brösse hat folgende 19 räumlich relevante Funktionsgruppen und Funktionen stichwortartig zusammengestellt:

0. Wohnen
1. Gewerbe und Industrie (gegliedert nach Sektoren)
2. Energie
3. Private Dienstleistungen (u.a. Handel, Banken, Versicherungen, Messen und Kongresse, Tourismus, Verbandswesen, Verlage, Forschung)
4. Öffentliche Dienstleistungen (u.a. staatliche Verwaltung, Bildung und Ausbildung, Rechtswesen, Gesundheitswesen, Forschung)
5. Verkehr, Transport und Kommunikation (u.a. Straßen, Eisenbahnen, Flugplätze, Häfen, Leistungen zur Ver- und Entsorgung, internationale Grenzübergänge)
6. Gewinnung von Bodenschätzen (u.a. Stein- und Braunkohle, Erze, Salze, Steinbrüche, Kies, Tone, Sande, Erdgas und Erdöl)
7. Entsorgung wie Deponien (u.a. Haus- und Industriemüllabfall, Sondermüll, Klärabfälle); Kläranlagen; Aufschüttungen (u.a. Abraumhalden)
8. Militärische Schutzbereiche (u.a. Truppenübungsplätze)
9. Zelt- und Campingplätze
10. Erhaltung bedeutsamer Kulturgüter
11. Land- und Forstwirtschaft (einschließlich Sonderkulturen)
12. Erholung (u.a. Wälder, Felder, Gewässer, naturbelassene Gebiete)
13. Wasserschutz und Wassergewinnung (u.a. Quell- und Grundwasser, Oberflächenwasser, Uferzonen)
14. Landschaftsschutz (u.a. Naturparks, Auen, Überschwemmungs- und Feuchtgebiete, Moor-, Heide- und Almflächen)
15. Naturschutz u.ä. (u.a. Pflanzen- und Tierwelt, Naturdenkmäler)
16. Bodenschutz (z.B. Lößboden als wertvolle Schutzdecke für Grundwasser und Adsorptions- bzw. Absorptionsbereich für Schadstoffe aus der Luft)
17. Klimaschutz (u.a. Einzugsgebiet immissionsarmer, kühler Luft, Frischluftschneisen (Ventilationsbahnen))
18. Besondere ökologische Ausgleichsbereiche (u.a. Schutzpflanzungen, z.B. Bannwälder, Dünenschutzgebiete, Hochwasserschutzgebiete)[50].

Verbesserung der Instrumente bedeutet in diesem Zusammenhang z.B., den Arbeitsansatz der ökologischen Funktionsräume häufiger anzuwenden. "Ökologische Funktionsräume sind (nach Finke) Räume unterschiedlicher Dimension mit bestimmten ökologischen Begabungen oder ökologischen Potentialen, wie z.B. Wasserschon- bzw. Wasserschutzgebiete, Naturschutzgebiete (für Biotop- und/oder Artenschutz), Kaltluftentstehungsgebiete und Kaltluftschneisen, Immissionsschutzbereiche, Erosionsschutzbereiche etc.

Zum Teil werden diese ökologischen Leistungen bereits heute von dem jeweiligen Landschaftsraum erbracht, zum Teil müssen diese ökologischen Leistungsfähigkeiten durch planerische Entwicklung erst zur Entfaltung kommen. Zu einem ökologischen Funktionsraum als Bestandteil eines Planungskonzeptes wird ein Raum mit einer bestimmten ökologischen Begabung erst dann, wenn ihm von der

Regionalplanung diese Funktion zugewiesen wird und die weiteren Planungs- und Entwicklungsziele darauf abgestellt werden[51]."

Verbesserung der Instrumente würde konsequenterweise, um bei diesem Beispiel zu bleiben, es erforderlich machen, daß z.B. das Instrument der Vorranggebiete, das z.B. in Bayern eine nahezu "absolute Sicherung" bestimmter Funktionen gewährleistet,

- in allen Bundesländern einzuführen,
- häufiger anzuwenden und
- die Vorrangfunktion so präzise zu definieren, daß Fehlentwicklungen vermieden werden[52].

(7) Kritiker werden gegen diesen (beispielhaften) Vorschlag, das Instrument der Vorranggebiete (evtl. auch der Vorbehaltsflächen) häufiger anzuwenden, einwenden, mit diesem Vorschlag würden

7.1 individuelle Eigentums- und damit zugleich Nutzungsrechte geschmälert,
7.2 der planerischen Willkür "Tür und Tor" geöffnet und
7.3 das Ziel der freien Entfaltung der Persönlichkeit (des Flächeneigentums) konterkariert.

Derartigen Argumenten ist vor dem Hintergrund meiner empirischen Beobachtungen und Recherchen in den drei untersuchten Teilräumen und langjähriger Mitarbeit in einem regionalen Planungsverband folgendes entgegenzuhalten:

zu 7.1:
Die Sozialpflichtigkeit des Eigentums erhält um so größeres Gewicht, je dichter eine Region besiedelt ist und damit die Wahrscheinlichkeit der Übernutzung der natürlichen Lebensgrundlagen zunimmt. Individuelle "Nutzungsrechte" sind in der Tat dort zu beschränken, wo z.B. Produktionsprozesse durchgeführt werden, die die Naturgüter stören oder zerstören. Eigentum an Produktionsmitteln bedeutet nämlich nicht unbeschränkte Verfügungsgewalt über die natürlichen Lebensgrundlagen der anderen, auch wenn viele das heute noch so glauben[53].

zu 7.2:
"Planerische Willkür" ist mir heute nicht begegnet. Mit dieser Chiffre werden in aller Regel nur Tatbestände bezeichnet, bei denen aus wohlerwogenen Gründen Einschränkungen von exzessiven Nutzungsrechten erforderlich sind, die bei einem Minimum an individueller Selbstkontrolle gar nicht notwendig wären.

zu 7.3:
Die freie Entfaltung der Persönlichkeit (des Flächeneigentums) ist aus guten Gründen dann zu begrenzen, wenn der angestrebte "Eigennutz" das "Gesamtwohl" stört.

Unbeschadet dieser und anderer guter Argumente, (z.B. das Argument, entsprechend notwendige Regelungen in noch dichter besiedelten Ländern dieser Erde, wie z.B. in Japan), die hier alle ins Feld geführt werden könnten, ist dem Praktiker bis zum Überdruß ohnehin deutlich, welche Schwierigkeiten bestehen, Ziele zu konkretisieren und die Instrumente zu verbessern, die erforderlich sind, um auch nur bescheidene Vorstellungen von der Sicherung des Gesamtraumes zu verwirklichen[54]. Es soll auch nicht verschwiegen werden, daß die Probleme noch schwieriger werden, wenn Interessenkonflikte zwischen Vorrangfunktionen und anderen individuellen Nutzungszielen auf der Ebene der Regionalplanung entschieden werden müssen. Wie später noch näher dargelegt werden wird, gibt es unter den gegebenen Umständen aus der fast trostlosen Situation nur einen Ausweg, der natürlich auch viele Nachteile und Unwägbarkeiten hat: eine bereitere Beteiligung der letztlich betroffenen Bürger, die man als Lobby für einen sinnvoll geordneten Lebensraum mit intakten natürlichen Lebensgrundlagen einsetzen sollte. Mit Fürst bin ich der Ansicht, daß die sich nunmehr abzeichnende und auch durchsetzbare ökologische Orientierung der Raumplanung allerdings nur dann Bestand haben wird, "wenn die Raumplanung konsequent ihre Indikator-, Moderator- und Monitorfunktion fortentwickelt[55]." Das kann angesichts der Abstinenz, die die Politiker gegenüber Maßnahmen zeigen, deren Ergebnisse erst nach vielen Jahren sichtbar werden, nur durch Einbeziehung einer engagierten Öffentlichkeit geschehen, wenn der "ganze Lebensraum" für die nach uns Kommenden erhalten werden soll[56]. Nach einigen restriktiven Bemerkungen zum Verhältnis der Bürger zur Vielschichtigkeit der Planung und ihres häufig abstrakten Charakters hält es übrigens auch die Ministerkonferenz für Raumordnung für geboten, "daß von den Möglichkeiten der Information der Öffentlichkeit über Vorstellungen der Landes- und Regionalplanung bei Entscheidungen über Einzelprojekte verstärkt Gebrauch gemacht wird[57]." Dazu bieten sich besonders geeignete Möglichkeiten bei Raumordnungsverfahren mit Umweltverträglichkeitsprüfungen, die jetzt nachfolgend, beispielhaft unter dem Aspekt "Verfeinerung der Verfahren", diskutiert werden.

4. Verfeinerung der Verfahren[58]

(1) Berücksichtigt man die in der Einführung zu diesem Kapitel angesprochenen Problemkomplexe, die notwendige Konkretisierung der Ziele und Detaillierung der Laufenden Raumbeobachtung sowie die mögliche Verfeinerung der Instrumente, dann ist es naheliegend, auch die Prüfungsverfahren des Zusammenwirkens zwischen Umweltschutz und Raumordnung/Landesplanung zu verbessern.

Dabei wird hier die These vertreten, daß trotz Bevölkerungsrückgangs und Übergang von der Arbeits-Leistungs-Gesellschaft zur Freizeit-Tätigkeits-Gesellschaft und einer möglicherweise mittelfristigen wirtschaftlichen Stagnation raumwirksame Investitionen auch weiterhin getätigt werden.

Für diese Investitionen ist als Prüfverfahren in allen Flächenstaaten der Bundesrepublik Deutschland (mit Ausnahme Nordrhein-Westfalens)

- ein Raumordnungsverfahren und
- ein Genehmigungs-, Planfeststellungs- oder Vorhabenzulassungsverfahren

vorgesehen.

Zwar wird vor allem von älteren Kollegen gesprächsweise immer wieder die Ansicht vertreten, daß bei diesen Verfahren schon immer eine umfassende Prüfung der Umweltverträglichkeit durchgeführt wurde, doch gibt es viele, die glauben, daß man diese UVP noch verbessern, also das Prüfverfahren verfeinern kann.

Im folgenden verstehe ich unter Umweltverträglichkeitsprüfung ein formalisiertes, in sich abgeschlossenes Verfahren zur Erhebung, Beschreibung und Bewertung der Auswirkungen eines Projektes auf die Umwelt unter Beteiligung der Öffentlichkeit zur Vorbereitung der behördlichen Entscheidung über die Zulassung des Projektes[59].

(2) Nach Art. 2, Abs. 2 RL UVP kann die UVP im Rahmen bereits vorhandener nationaler Entscheidungs-Verfahren durchgeführt werden. In der Bundesrepublik Deutschland kommen dafür - wie bereits erwähnt -

- Raumordnungsverfahren und
- Vorhabenzulassungsverfahren

in Frage. Dabei ist jedoch zu beachten, daß "auch bei der vertikalen Stufung sein" hat.

In Art. 5, Abs. 2 der RL UVP wird festgelegt, daß die vom Projektträger vorzulegenden Angaben mindestens folgendes umfassen:

"- eine Beschreibung des Projekts nach Standort, Art und Umfang;
- eine Beschreibung der Maßnahmen, mit denen bedeutende nachteilige Auswirkungen vermieden, eingeschränkt und soweit möglich ausgeglichen werden sollen;
- die notwendigen Angaben zur Feststellung und Beurteilung der Hauptwirkungen, die das Projekt voraussichtlich für die Umwelt haben wird;

- eine nichttechnische Zusammenfassung der unter dem ersten, zweiten und dritten Gedankenstrich genannten Angaben[60]".

Anhang III der EG RL präzisiert die Mindestinformationspflicht des Art. 5, Abs. 2. Darüber hinaus erfordert er ggf. eine Übersicht über die wichtigsten anderweitigen vom Projektträger geprüften Lösungsmöglichkeiten (Ziff. 2), eine Beschreibung der möglicherweise von dem vorgeschlagenen Projekt erheblich beeinträchtigten Umwelt (Ziff. 3) sowie eine Beschreibung der möglichen wesentlichen Auswirkungen des vorgeschlagenen Projekts auf die Umwelt infolge u.a. des Vorhandenseins der Projektanlagen, der Nutzung der natürlichen Ressourcen sowie der Emission von Schadstoffen, der Verursachung von Belästigungen und der Beseitigung von Abfällen (Ziff. 4)[61]."

Nach Art. 3 RL UVP identifiziert, beschreibt und bewertet die UVP die unmittelbaren und mittelbaren Auswirkungen eines Projekts auf folgende Faktoren:

- Mensch, Fauna und Flora,
- Boden, Wasser, Luft, Klima und Landschaft,
- die Wechselwirkungen zwischen diesen Faktoren,
- Sachgüter und das kulturelle Erbe[62].

"Funktion der UVP ist mithin die systematische, bereichsübergreifende sowie transparent nachvollziehbare Anaylse und Bewertung der voraussichtlichen Auswirkungen eines Projekts auf die Umwelt. Die UVP dient damit (nur) der Entscheidungsvorbereitung[63]."

(3) Im Beschluß der Ministerkonferenz für Raumordnung (MKRO) "Berücksichtigung des Umweltschutzes in der Raumordnung" vom 21.3.1985 werden u.a. folgende Anforderungen an die UVP 1. Stufe, die raumordnerische Umweltverträglichkeitsprüfung, gestellt:

"a) Die raumordnerische Prüfung der Umweltverträglichkeit muß auf der Grundlage einer Beschreibung des Vorhabens durch den Projektträger erfolgen, welche die tatsächlichen Voraussetzungen für eine Beurteilung des Vorhabens aus der Sicht des Umweltschutzes erfüllt. Entsprechend der Bedeutung des Vorhabens und den davon möglicherweise ausgehenden Umweltbelastungen wird darin vielfach die Angabe zweckmäßig sein, welche Alternativen in Betracht kommen und welche Überlegungen bei der Auswahl der vorgeschlagenen Alternative auch unter Umweltschutzgesichtspunkten maßgebend waren (ggf. erforderliche Ausgleichsmaßnahmen).

b) Zur raumordnerischen Bewertung der Umweltverträglichkeit bedarf es häufig ergänzender Daten und Kriterien, die teilweise bereits im Vorfeld durch den Projektträger, im wesentlichen aber im Raumordnungsverfahren von den

Landesplanungsbehörden bzw. auf deren Veranlassung von den für den Umweltschutz zuständigen Stellen zu beschaffen und zu erbringen sind. Umfang und Intensität dieses Materials müssen für eine dem Verfahrensstand entsprechende raumordnerische Beurteilung und Abwägung der Umweltverträglichkeit ausreichen. Neben den Belangen der einzelnen Umweltbereiche ist das Zusammenwirken mehrerer Umweltbelastungen und ihrer langfristigen Auswirkungen zu berücksichtigen. Die Landesplanungsbehörden müssen davon ausgehen, daß die von den fachlich zuständigen Behörden gelieferten Angaben dem letzten Stand der Erkenntnisse entsprechen[64)]."

Die MKRO hat ferner darauf hingewiesen, daß die institutionelle Einbettung der Umweltverträglichkeitsprüfung (1. Stufe) "in die Verfahren der Landesplanung, die ohnehin zu einem frühen Verfahrensstadium notwendig sind, ... dem Anliegen Rechnung (trägt - D.M.), die Umweltverträglichkeitsprüfung außerhalb der fachlich betroffenen Ressorts anzubinden, um eine neutrale Ausgangsposition zwischen ökologischem und ökonomischem Anliegen herzustellen[65)]."

(4) Artikel 23, Abs. 1 BayLpG bestimmt: "die Landesplanungsbehörden haben in einem förmlichen Verfahren (Raumordnungsverfahren):

a) vorzuschlagen, wie raumbedeutsame Planungen und Maßnahmen öffentlicher und sonstiger Planungsträger unter Gesichtspunkten der Raumordnung aufeinander abgestimmt werden können,
b) festzustellen, ob raumbedeutsame Planungen und Maßnahmen mit den Erfordernissen der Raumordnung übereinstimmen[66)]."

Nach der Bekanntmachung des Bayerischen Staatsministeriums für Landesentwicklung und Umweltfragen vom 27.3.1984 bezweckt das Raumordnungsverfahren, "zur bestmöglichen Entwicklung des Raumes (Raum-, Siedlungs- und Wirtschaftsstruktur) beizutragen, insbesondere

- Fehlplanung zu vermeiden,
- Eingriffe in schützenswerte Bereiche abzuwenden oder auf ein Mindestmaß zu beschränken,
- den Landverbrauch möglichst gering zu halten,
- auf berührte Vorhaben und Entwicklungen anderer Planungsträger hinzuweisen,
- nachfolgende Verwaltungsverfahren zu erleichtern und zu beschleunigen.

Im Raumordnungsverfahren werden Vorhaben öffentlicher und sonstiger Planungsträger auch auf ihre Vereinbarkeit mit den raumbedeutsamen und überörtlichen Belangen des Umweltschutzes überprüft[67)]."

Abb. 16: Arbeitsabfolgen einer Projekt-UVP (1. Stufe) einschl. ökologischer Wirkungsprognose

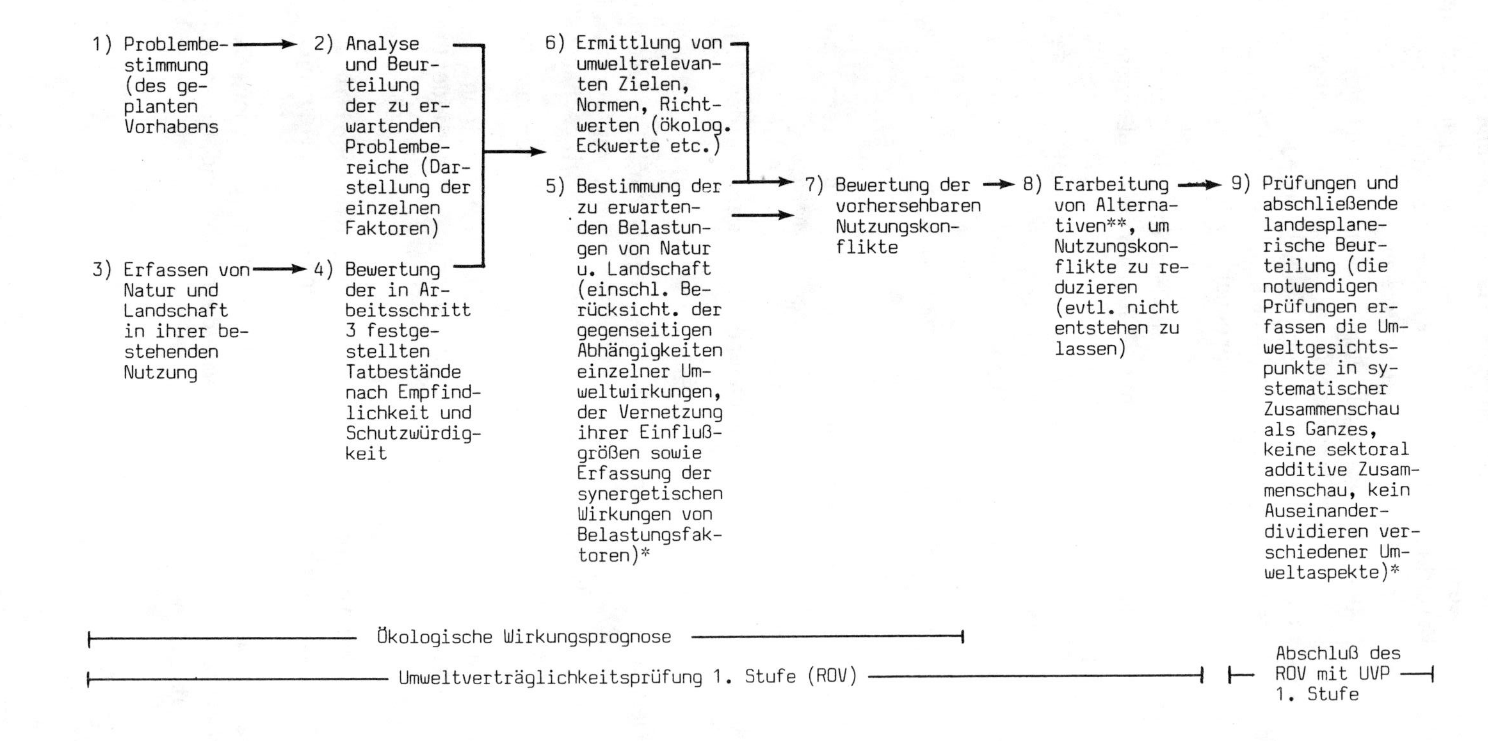

Unmittelbare Öffentlichkeitsbeteiligung ist nach dem Selbstverständnis der Richtlinie ein zentrales und unverzichtbares Element der UVP. Dabei ist folgendes zu beachten:

- informiert wird die Öffentlichkeit,
- angehört wird die betroffene Öffentlichkeit.

Zweck der Öffentlichkeitsbeteiligung ist:

- Verbesserung der Informationsgrundlage für die Projektentscheidung und
- Verbesserung der Akzeptanz einer unter ausreichender Öffentlichkeitsbeteiligung zustandegekommenden Entscheidung aber auch
- ein vorverlagerter Rechtsschutz[68].

Da zur Zeit das Problem des vorverlagerten Rechtsschutzes[69] und die Form der Öffentlichkeitsbeteiligung[70] noch sehr heftig und kontrovers diskutiert werden, muß es an dieser Stelle genügen, auf diese zur Zeit noch offenen Fragen hinzuweisen.

(5) Wie die Arbeitsfolgen einer (Projekt-)UVP 1. Stufe aussehen, zeigt die Abbildung 16.

Erläuterungen zu Abb. 16:

* Vgl. hierzu auch H.-J. Schemel, Umweltverträglichkeitsprüfung nach der EG-Richtlinie und Raumordnungsverfahren - Gemeinsamkeiten und Unterschiede beider Instrumente aus umweltwissenschaftlicher Sicht (Müller-Festschrift), S. 276.

** Zusammen mit dem Projektträger.

Die Arbeitsschritte 1 und 2 sollten nach Art. 5 der EG-Norm durch den Projektträger durchgeführt werden (UVP-Erklärung). Die Arbeitsschritte 3, 4 und 5 werden optimal durch die Naturschutzbehörde und die einschlägigen Verbände abgeklärt, während die Arbeitsschritte 6, 7, 8 und 9 meines Erachtens durch die Behörde zu vollziehen sind, die das ROV durchführt.

Erstmals abgedruckt in: Umweltverträglichkeitsprüfung im Raumordnungsverfahren, Verfahrensrechtliche und inhaltliche Anforderungen, Akademie für Raumforschung und Landesplanung, Arbeitsmatrial Nr. 122, Hannover 1986, S.88.

Quelle: Arbeitsgruppe "Umweltverträglichkeitsprüfung" des Beirats für Naturschutz und Landschaftspflege: H. Sukopp, K.-H. Hübler, H. Kiemstedt, G. Möller, O. Schlichter und A. Winkelbrandt; veröffentlicht als: Umweltverträglichkeitsprüfung für raumbezogene Planungen und Vorhaben - Verfahren, methodische Ausgestaltung und Folgerungen, Schriftenreihe des Bundesminiters für Ernährung, Landwirtschaft und Forsten, Reihe A: Angewandte Wissenschaft, Heft 313, Münster-Hiltrup 1985, S. 20 (Der Verfasser hat geringfügige Änderungen vorgenommen, die seines Erachtens der Verdeutlichung dienen).

(6) Zielkonflikte zwischen ökologischen und ökonomischen (wirtschaftlichen, infrastrukturellen, verkehrlichen u.ä.) Belangen sind - wie die Erfahrung zeigt - die Regel.

Um diese Zielkonflikte bei der landesplanerischen Beurteilung bereits vor Erlaß eines entsprechenden UVP-Gesetzes bzw. Art. Gesetzes und vor Erlaß entsprechender Verwaltungsvorschriften einer "nachvollziehbaren Abwägung" zugänglich zu machen (ohne an dieser Stelle die rechtlichen Rahmenregelungen des Raumordnungsrechtes und des Umweltrechtes ausloten zu wollen), empfiehlt es sich, bei der Zusammenfassung der Untersuchungsergebnisse des UVP-Verfahrens und des ROV (in Bayern: der landesplanerischen Beurteilung) etwa die folgenden Gesichtspunkte im Sinne einer planerischen Beurteilung zu beachten:

6.1 Handle so, daß Du Dich durch die Fehler Deines Verhaltens korrigieren kannst, d.h. zerstöre nicht irreversibel! (Postulat der Umwelt-Ethik)

6.2 Umweltbeeinträchtigungen liegen vor, wenn

- die Leistungsfähigkeit des Naturhaushaltes beeinträchtigt wird
- ökologisch wertvolle Flächen umgewidmet werden
- bei der Errichtung, dem Betrieb oder dem Rückbau/Abbau eines Betriebes Veränderungen der Gestalt oder Nutzung von Grundflächen eintreten, die die Leistungsfähigkeit des Naturhaushaltes oder das Landschaftsbild erheblich oder nachhaltig beeinträchtigen können
- chemische Stoffe oder chemische Zubereitungen, deren Verunreinigungen oder ihre Zersetzungsprojekte infolge der in den Verkehr gebrachten Menge, der Verwendungen, der geringen Abbaubarkeit, der Akkumulationsfähigkeit oder der Mobilität in der Umwelt auftreten, insbesondere sich anreichern können und aufgrund wissenschaftlicher Erkenntnisse schädliche Wirkungen auf den Menschen oder auf Tiere, Pflanzen, Mikroorganismen, die natürliche Beschaffenheit von Wasser, Boden oder Luft und auch die Beziehungen unter ihnen sowie auf den Naturhaushalt haben können, die erhebliche Beeinträchtigungen oder erhebliche Nachteile für die Allgemeinheit herbeiführen. Dabei wird davon ausgegangen, daß eine erhebliche Beeinträchtigung dann vorliegt, wenn eine wesentliche und nachhaltige Beeinträchtigung einer natürlichen Lebensgrundlage nicht auszuschließen ist.

6.3 Im Widerstreit zwischen ökologischen und anderen Belangen haben die ökologischen Belange dann Vorrang, wenn sonst eine wesentliche und nachhaltige Beeinträchtigung einer natürlichen Lebensgrundlage im Naturraum nicht auszuschließen ist.

(Zumindest nachrichtlich ist zu berücksichtigen, ob infolge von Verfrachtungen nachhaltige Beeinträchtigungen einer natürlichen Lebensgrundlage im Fernbereich auftreten können).

6.4 Die Errichtung, der Betrieb oder gegebenenfalls der Abbau eines Betriebes ist deshalb dann in der landesplanerischen Beurteilung (zum Abschluß des Raumordnungsverfahrens) abzulehnen, wenn die Maßnahme

- erhebliche Nachteile befürchten läßt und wenn sie
- innerhalb eines Zeitraumes von einer Generation im Naturraum nicht ausgeglichen werden kann. (Unberührt bleibt in diesem Zusammenhang die Konsequenz von Verfrachtungen im Fernbereich).

(7) Bei der Verfeinerung der Verfahren sollte man einräumen, daß sie - ebenso wie Planung - als Prozeß zu sehen sind. Eine sorgfältige UVP wird 1987 anders aussehen als 5 Jahre später, vor allem dann, wenn Ansätze der Verwirklichung der Vorschläge zur Detaillierung der Laufenden Raumbeobachtung festzustellen sind und die Konkretisierung der Ziele die notwendigen "parlamentarischen Hürden" überwunden hat.

Solange präzise Informationen über Folgewirkungen nicht vorliegen und viele Konsequenzen anthropogener Einflüsse im Hinblick auf ihre langfristigen human- und ökotoxikologischen Wirkungen unbekannt sind, sollte sich der verantwortliche Raumordner bzw. Regionalplaner von dem bereits erwähnten Grundsatz leiten lassen: "Zerstöre nicht irreversibel, handle so, daß Du Dich durch die Fehler Deines Verhaltens korrigieren lassen kannst!"

V. Schlußfolgerungen

1. Ziele und Instrumente verbessern

(1) "Allen es recht zu machen, ist eine Kunst, die keiner kann". Aus der Sicht der engagierten Umweltschützer hat die Raumordnungspolitik in den vergangenen Jahrzehnten zu wenig geleistet. Uppenbrink und Knauer werfen ihr sogar vor, sie hätte es versäumt, "mindestens einen Teil der Schutzziele, wie sie jetzt in der Bodenschutzkonzeption niedergelegt sind, selbst (zu) entwickeln und (zu) verfolgen[1]." Ähnlich kritisieren Hübler, Fürst u.a. ...

Demgegenüber vertritt Buchner die Ansicht: "Die Raumordnung kann nicht als 'Magd' der Umweltpolitik fungieren, obgleich sie gehalten ist, sich für die Belange der Umwelt einzusetzen und auch schon bisher ganz Erhebliches für die Umwelt geleistet hat. Deshalb kann man auch nicht sagen, die Instrumente seien bisher nicht entsprechend eingesetzt worden und man hätte nicht genügend Mut gehabt.

So ist es der Raumordnung durch ihre Bündelungsprinzipien in vielfältiger Hinsicht gelungen, den Landschaftsverbrauch doch wenigstens zu reduzieren. Diese Bündelungsfunktion der Raumordnung hat auch in vielerlei Zusammenhängen dazu beigetragen, das Landschaftsbild zu erhalten.

Überhaupt hat die Raumordnung unter dem Stichwort "Verbotsplanung" einiges erreicht. Die Raumordnung hat eine Fülle von Zielen aufgestellt, die für verbindlich erklärt und auch verwirklicht worden sind. Dadurch konnte die Nutzung bestimmter freizuhaltender Räume etwa durch das Siedlungswesen, den Verkehr, die Landwirtschaft oder sonstige Anliegen verhindert werden. Es ist ja auch die Raumordnung gewesen, die Räume für die naturschutzrechtliche Schutzgebietsausweisung abgegrenzt und freigehalten hat[2].

Es ist schwer, objektiv abzuwägen und alle Aspekte dabei richtig zu gewichten. Statt ständig "nach hinten" gewandt zu argumentieren, scheint es sinnvoller, die Zukunft besser zu gestalten. Das wird möglich sein, wenn Umweltschutz und räumliche Daseinsvorsorge künftig gleichberechtigt und wesentlich intensiver zusammenarbeiten, als das bisher der Fall war! Etwas überpointiert könnte man sagen "nicht immer in der Vergangenheit alte Schlachten schlagen, sondern die natürlichen Lebensgrundlagen für die Zukunft erhalten, ist die Aufgabe!"

Die hier dargelegten Überlegungen zur Frage der Wechselbeziehungen zwischen Umweltschutz und Raumordnung/Landesplanung wurden von dem Grundgedanken getragen, daß es gilt:

- trotz gesunkenen politischen Stellenwertes der Raumordnung, "den ganzen Lebensraum zu erhalten und zu gestalten" (Lendi) und
- eine engere Verbindung zwischen Umweltschutz und Landesplanung zu erreichen.

(2) Die Verfassungswirklichkeit der Bundesrepublik Deutschland zeigt über Jahre hinweg, daß auf Landes- und Bundesebene die Teilbereiche der Politik von Exekutive und Legislative am stärksten "bewegt" werden, die

- für den Bürger plastisch darstellbar sind,
- über die sich der Bürger eine eigene Meinung bilden kann und
- die die Interessen oder die Emotionen vieler Bürger ansprechen.

Anders formuliert: In dieser Republik bewegt sich nur etwas, wenn hinter einem politischen Ziel eine starke Lobby vermutet wird oder tatsächlich vorhanden ist[3]. Ich vertrete die These, daß Raumordnung und Landesplanung sich diese Grunderfahrung stärker als bisher zunutze machen müssen, wenn der zur Zeit vergleichsweise niedrige Stellenwert von Landesplanung und Raumordnung (wieder) auf ein höheres Niveau kommen, und wenn es gelingen soll, das interdependente Zusammenarbeiten zwischen Landes- und Regionalplanung und technischem sowie ökologischem Umweltschutz zu verbessern. Die nachfolgend formulierten Schlußfolgerungen sollen deshalb dazu dienen, für den Gedanken des "Aufbaus einer landes- und regionalplanerisch orientierten Lobby" auf Gemeinde-, Regions- und Landesebene zu werben.

Dabei wird z.B. unterstellt, daß es der ARL in Zusammenarbeit mit der BFLR und einigen Landesministerien gelingen kann, aktuelles Wissen gut lesbar aufbereitet und Problemkenntnisse vermittelnd (ähnlich der "Volkswirtschaftlichen Korrespondenz" der Adolf-Weber-Stiftung, die im 26. Jahr zwölfmal jährlich erscheint) an eine breite, sorgfältig ausgewählte Zielgruppe zu versenden. Zum Aufbau einer geeigneten Lobby helfen keine Lexika, Nachschlagewerke oder umfangreiche Abhandlungen zu wissenschaftlichen und verwaltungsrechtlichen Detailproblemen, sondern eine umfassende, bewußt auch einfache Informationspolitik, die Zusammenhänge aufzeigt und Problembewußtsein schafft, das sich in "öffentliche Diskussion" umsetzen kann.

Kann man diesen Vorschlag zunächst einmal gedanklich akzeptieren, ist es erforderlich und mit Hilfe einer aktiven Lobby auch möglich, auf dem üblichen parlamentarischen Weg

- Ziele und Instrumente zu verbessern,
- Entscheidungen nachvollziehbarer zu gestalten und
- die gesellschaftliche Akzeptanz von landes-, regional- und umweltpolitischen Entscheidungen durch zusätzliche Informationen zu fördern.

Wie das im einzelnen unter den Gesichtspunkten einer verstärkten Breitenwirkung geschehen könnte, soll im folgenden diskutiert werden. Dabei sollte allerdings deutlich sein, daß es mir dabei nicht um sophistische Besserwisserei geht, sondern vielmehr um Anregungen und "Gedankensplitter", die helfen sollen, für eine gute Sache ein besseres Marketing zu finden[4)].

(3) Einen guten Bezugsrahmen für diese Diskussion liefert das Schema von Steinbuch/Fritsch, das Antwort auf die Frage gibt: "Was hängt wie womit zusammen[5)]?"

Nach Fritsch beeinflussen "zumindest 5 in sich wiederum gegliederte Teilsysteme (und - D.M.) deren Zusammenwirken unsere materiellen und immateriellen Lebensumstände". Diese Teilsysteme sind:

- der Einzelne, seine materielle und psychische Befindlichkeit,
- die Gesellschaft, ihre Organisationsformen, ihre politische Struktur usw.,

- die Umwelt,
- die Technik und
- das politische Steuerungssystem.

Die Vielfalt der Zusammenhänge geht aus den Wechselbeziehungen hervor, die Fritsch dargelegt hat:

- "Gesellschaft und Psyche des Menschen: Vereinsamung, Wertwandel, Orientierungsverlust, Verzweiflung, Depression, Verlust an Geborgenheit.
- Psyche des Menschen und Umwelt: Zerfall der Städte, Verslumung, Stadtkriminalität, aber auch: Zerstörung der Landschaft durch rücksichtlose Voranstellung des kurzfristigen Eigeninteresses.
- Technologie und Psyche des Menschen: Akzeptanzproblem von Großtechnologie, Drogenproblematik, Psychopharmaka, Medien.
- Psyche des Menschen und politisches Steuerungssystem: Wählerverhalten, Verlust des Vertrauens gegenüber der Politik, Legitimationsproblematik, Selektionsmechanismus sowie Anreize für Politiker.
- Umwelt und politisches Steuerungssystem: Umweltproblematik, Aufkommen der grünen Parteien, Schwierigkeiten der politischen Steuerung wegen des Verzögerungsverhaltens ökologischer Systeme.
- Umwelt und Gesellschaft: Direkte Schutzmaßnahmen der Gesellschaft, aber auch Einwirkung von Umweltfaktoren auf das gesellschaftliche Leben, z.B. Abholzung der Waldbestände in den Entwicklungsländern, Waldsterben in den Industrieländern, Bevölkerungsentwicklung etc.
- Gesellschaft und Technik: Innovation, Auswirkungen des technischen Fortschritts auf die Lebenserwartung, neue Lebenszyklen des Menschen, zunehmende Mobilität etc.
- Technik und Umwelt: Umweltzerstörung und zugleich Umwelterhaltung durch Technologie; Entwicklung umweltbezogener Technologien (Lärmschutz, Emissionsvorschriften etc.).
- Politisches Steuerungssystem und Technik: Technologiepolitik, Akzeptanz von Großtechnologie; F+E-Ausgaben, Medientechnologie vs. Medienpolitik (Kabelfernsehen), angepaßte Technologien etc.
- Politisches Steuerungssystem und Gesellschaft: Konkurrenzdemokratie, Funktion von Parteien, Verbänden etc., Steuerungsbedarf vs. Steuerungsfähigkeit des jeweiligen politischen Systems, zunehmende Bürokratisierung[6]."

Bei den meisten der angeführten Zusammenhänge kann man ergänzend hinzufügen: "Auswirkungen von Regional- und Stadtplanung, Umweltschutz".

Fritsch vertritt die Thesen:

- "Über die meisten hier angedeuteten Zusammenhänge und Beziehungen wissen wir verhältnismäßig wenig, jedenfalls nicht soviel, als daß es uns möglich

wäre, das vorhandene Wissen in Politik umzusetzen" und
- "Wir leiden wahrscheinlich weniger an Überinformation, als an Orientierungsmangel[7]."

(4) Führt man die beiden zuletzt genannten Thesen von Fritsch:

- das vorhandene Wissen reicht vielfach nicht aus, um es in Politik umzusetzen, und
- unsere Gesellschaft leidet weniger an Überinformation, als an Orientierungsmangel

fort und verbindet sie mit zwei besonders wichtigen Aussagen von Fürst:

- Raumplanung hat wenig Einflußchancen und kann deshalb im Prinzip nur Planaussagen verfolgen, die konsensfähig sind, und
- Raumplanung ist nur sehr eingeschränkt konfliktfähig; "ihr fehlen Zwangs- und Tauschmittel, um auf Konfliktgegner Einfluß nehmen zu können, d.h. sie ist ohne Macht[8],"

dann sind m.E. nicht nur die Schwachstellen von Landes- und Regionalplanung gut beschrieben, sondern zugleich auch die Ansatzpunkte, diesen Zustand zu ändern. Marketing für ein verbessertes Zusammenwirken zwischen Landesplanung und Umweltschutz hat mithin folgende Schwerpunkte zu setzen:

- das vorhandene Wissen so aufzubereiten, daß es in Politik vor Ort umgesetzt werden kann[9]
- den politisch relevanten gesellschaftlichen Kräften die Orientierung über eine wünschbare Zukunft im Hinblick auf Landes- und Regionalplanung sowie technischen und ökologischen Umweltschutz so plastisch zu geben, daß es möglich ist, sich - nachvollziehend - dazu eine eigene Meinung zu bilden, die die Interessen oder die Emotionen vieler Bürger anspricht. Das ist m.E. auch für eine sorgfältig arbeitende und loyale Verwaltung möglich, wichtig ist dabei nur, daß sie sich einerseits vom "obrigkeitsstaatlichen Denken" löst und andererseits vom Amtschef bis zum Sachbearbeiter ständig daran denkt, daß sie die ihr übertragenen Aufgaben

  - um so besser löst,
  - um so mehr Einflußchancen hat,
  - um so konfliktfähiger ist und
  - im Ergebnis um so mehr Macht hat,

  je stärker die Lobby ist, die sie sich - in Verbindung mit den interessierten und anerkannten Naturschutzverbänden z.B. - selber schafft.

Auf diese Möglichkeiten und Verfahren hat der frühere Staatssekretär Hartkopf hingewiesen. Es ist hier leider nicht der Ort, auf diese Möglichkeiten im Detail einzugehen. Jeder in der politischen Praxis Stehende kennt diese Verfahren und ihre Modifikationen. Sie sind m.E. legitim, wenn die Regel und Gebote der Loyalität und der Wahrhaftigkeit eingehalten werden, denn es geht bei Landes- und Regionalplanung wie bei technologischem und ökologischem Umweltschutz um die Risiko- und Zukunftsvorsorge für kommende Generationen[10)].

Die Verpflichtung, den Lebensraum zu erhalten und zu gestalten, ist gegeben, und muß nach bestem Wissen erfüllt werden. Auch dann, wenn die politischen Mandatsträger eine gewisse Abstinenz zeigen.

Mit neuem Engagement ist es möglich:

- die Einflußmöglichkeit zu verstärken, z.B. durch die Verbindung von Raumordnungsverfahren und Umweltverträglichkeitsprüfung und entsprechende Informationen an die Bürger (gem. der Empfehlung der MKRO vom 1.1.1983)

- durch entsprechendes Zusammenfügen geeigneter Ressorts, Zwangs- und Tauschmittel zu erhalten, d.h. Macht für Verhandlungslösungen (auf gesetzlicher Grundlage) zu schaffen.

Diese Schwerpunkte künftiger Arbeit können nicht von "heute auf morgen" befriedigend umgesetzt werden. Das wird allerdings auch kein vernünftiger Mensch fordern, denn gute Politik besteht bekanntlich im geduldigen Bohren dicker Bretter.

(5) "Ziele und Instrumente verbessern" heißt vor dem Hintergrund der vorangestellten Überlegungen:

5.1 Ziele und Instrumente (Maßnahmen) "plastisch" darstellen. In IV,1 wurde ausgeführt, wie man sich eine Verfeinerung der landes- und regionalplanerischen, aber auch der umweltpolitischen Ziele vorstellen kann.

Verfeinerte Zielaussagen verlieren ex definitione viel von ihrem Abstraktionsgrad (im Verständnis der Bürger: Schwammigkeit); sie lassen sich dann leichter "plastisch", auf die Interessen der Bürger orientiert darstellen; sie erlauben Identifikationsmöglichkeiten.

5.2 Verfeinerte Zielaussagen, die "plastisch" formuliert Identifikationsmöglichkeiten schaffen, geben dem Bürger Anlaß, sich eine eigene Meinung zu bilden. Damit hat eine Verwaltung, die sich eine Lobby schaffen muß, um ihre sachlich begründeten, zielorientierten Maßnahmen im "Dschungelkampf der Interessenten" unbeschädigt von "höheren Sachzwängen" einigermaßen durchsetzen zu können, schon sehr viel gewonnen.

5.3 Das Werben um Zustimmung zu bestimmten Zielen auf zahllosen Bürgerversammlungen, z.B. gegen böswillige Hetze, hat mir immer wieder gezeigt, daß der Bürger erstens nicht so dumm und vergeßlich ist, wie er von zahlreichen Politikern häufig angesehen wird, und sich durchaus mit Interesse und/oder Emotion um öffentliche Angelegenheiten oder das allgemeine Wohl kümmert, wenn man ihn darauf anspricht, und u.U. um Unterstützung bittet.

Es muß eingeräumt werden, daß die im Hintergrund dieser Formulierungen stehende Erfahrung in einer Großstadt, also im kommunalen Bereich gesammelt wurde. Sie ist aber m.E. durchaus übertragbar, z.B. auf den Bereich der Bürgerbeteiligung bei künftigen Raumordnungsverfahren mit UVP und - bei etwas verändertem Sachverständnis der "Fachverwaltung" - auch bei der Erstellung und vor der Verabschiedung von Regionalplänen.

2. Entscheidungen nachvollziehbarer gestalten

Hat sich der Bürger eine eigene Meinung zu bestimmten Problemfeldern gebildet und fühlt er sich aufgrund seiner Interessen oder Emotionen angesprochen, will er in der Regel - m.E. verständlicherweise - wissen, wie die "Angelegenheit zu Ende geht".

Die Untersuchung hat gezeigt, daß die Wechselwirkungen zwischen Landesplanung und Umweltschutz zu verbessern und zu intensivieren sind.

Das Umweltprogramm von 1971 führte zu einer "legislativen Phase" (Storm) und "damit zu einer Vielzahl neuer und zur Novellierung oder Gesamtreform bestehender Gesetze für einzelne Umweltbereiche, deren 'ökologische Tönung' teils stärker, teils schwächer ist[11)]."

Im Bereich der Raumordnung ereignete sich leider nichts Vergleichbares. Die Programmatischen Schwerpunkte der Raumordnung von 1984[12)] geben eher zur Verzweiflung denn zur Hoffnung Anlaß.

Angesichts dieser Situation muß man eine raumordnungspolitisch orientierte Lobby aufbauen, die der Abstinenz der Mandatsträger entgegenwirkt.

Im Sinne dieser Überlegungen, daß sich ein Verwaltungszweig, der für das physische und psychische Wohl aller Bürger und der kreatürlichen Mitwelt Vorsorge zu betreiben hat und deshalb verantwortlich ist auch für das Wohlbefinden künftiger Generationen, eine Lobby zu schaffen hat, der sie sich verständlich machen kann, ist es verständlich - wie bereits dargestellt -

- die Ziele auf der Landes- und Regionsebene zu verfeinern,
- die Vorschriften für den technischen und ökologischen Umweltschutz schärfer zu fassen, und
- Ziele und Vorschriften sorgfältig zu formulieren und zu begründen.

Diese Begründungen müssen der Öffentlichkeit bekannt sein bzw. bekannt gemacht werden[13]. Die allfälligen Entscheidungen (und ihre Begründungen), von wem sie auch immer getroffen werden, sollten - ebenso wie die Zielbegründungen - stärker als bisher der Öffentlichkeit zugänglich gemacht werden.

Nach meiner Erfahrung ist es nur so (und mit der Gelassenheit, sich von den Bürgern auch einmal überstimmen zu lassen) möglich, Entscheidungsbegründungen transparenter zu machen. Die interessierten und engagierten Bürger werden erfahrungsgemäß dann selber fragen, warum plausible Zielbegründungen abgelehnt und andere Entscheidungen herbeigeführt wurden. In einer lebendigen Demokratie gehört dieses Feedback zu den unabdingbaren Voraussetzungen eines mündigen Bürgers. Werden ihm diese vorenthalten, braucht sich niemand über die Degeneration zur Wahlrhythmus-Demokratie, d.h. einer temporären Demokratie im Abstand von 4 Jahren zu beklagen.

3. Gesellschaftliche Akzeptanz fördern

In Abschnitt I dieser Untersuchung wurden

- die Grundzüge der Bevölkerungsentwicklung bis zum Jahre 2030 und
- die wichtigsten Belastungen von Luft, Wasser, Boden dargestellt. (Auf die Probleme der Abfallbeseitigung und der Lärmminderung konnte nicht eingegangen werden).

Es wurde aufgezeigt, wie dadurch die natürlichen Lebensgrundlagen gefährdet werden. Eine Besserung ist nirgends abzusehen.

In Abschnitt II ging es darum, Grundsätze, Ziele und Erkenntnisse von Umweltschutz und Raumordnung/Landesplanung in gedrängter Form zu skizzieren und zu vertiefen.

Mit Abschnitt II und Abschnitt I konnte ein System von Meßlatten geschaffen werden, das es erlaubt, die Realität und die Zusammenarbeit von Umweltschutz und Landesplanung in Nordostoberfranken, dem engeren Ruhrgebiet und dem Saarland nicht nur zu beschreiben, sondern auch zu beurteilen.

Die in Abschnitt III, 4 formulierten Folgerungen aus Beschreibung und Beurteilung machen deutlich, daß zum Schutz der natürlichen Lebensgrundlagen bestimmte Erfordernisse erfüllt sein müssen, wenn Umweltschutz und Landesplanung künftig quasi institutionell besser zusammenarbeiten sollen, um einen besseren Schutz der natürlichen Lebensgrundlagen zu gewährleisten.

Die zahlreichen Gespräche und detaillierten Beobachtungen haben aber auch gezeigt, daß neben die institutionelle Komponente eine Kraft treten muß, die die Bedeutung von Landes- und Regionalplanung sowie technischem und ökologischem Umweltschutz im politischen Willensbildungsprozeß verstärkt und in stärkerem Maße als bisher zu einer öffentlichen Angelegenheit werden läßt.

In diesem Zusammenhang sind die Überlegungen von Michel von großem Interesse, der darauf hinweist, daß die Landesplanung zur Bewältigung der vor ihr liegenden Aufgaben

- sich auf veränderte Rahmenbedingungen einzustellen hat; "Landesplanung als Impulsgeber",
- die wahren Bürgerinteressen im Bereich der Daseinsvorsorge aufzuspüren hat; "größere Bürgernähe",
- das politisch wirklich Machbare herauszuarbeiten hat; "politikgerechte Umsetzung".

Michel zitiert in diesem Zusammenhang Niemeier: "Landesplanung ist für Politiker nicht besonders attraktiv. Sie wollen Erfolge im äußeren Geschehen sehen. Die Aufstellung eines Landesentwicklungsplanes, der an der Verkehrsmisere, an der Umweltverschmutzung, an der Beseitigung der Arbeitslosigkeit nichts ändert, bis er Jahre nach seiner Aufstellung mehr oder minder vollständig realisiert ist, ist aber kein aufsehenerregendes Faktum[14].

Ähnlicher Ansicht ist Woll, wenn er feststellt: "Ansatz und Verfahrensweise der Umweltpolitik (verdeutlichen) eine grundsätzliche Schwäche der Demokratie: Aktionismus und politische Opportunität scheint wichtiger als systemkonformes Handeln und sachadäquate Problembehandlung[15]".

In Anlehnung an Überlegungen von Hartkopf und aufbauend auf eigenen kommunalen Erfahrungen wird deshalb vorgeschlagen, daß die zuständige Verwaltung sich mehr als bisher um eine eigene Lobby bemüht, eine Lobby, die auch die Interessen der Natur und der künftigen Generationen vertritt.

Die diesbezüglichen Überlegungen sollen nun abgeschlossen werden mit Anregungen, die von dem in der Regel betriebswirtschaftlichen, d.h. auf den Verkauf von Produkten hin orientierten Marketing abgeleitet werden. M.E. ist das Marketing für öffentliche Leistungen, d.h. Planungsmarketing in dem hier relevanten Bereich von Umweltschutz und Landes- bzw. Regionalplanung bisher nur unzureichend entwickelt.

Ziel des Planungsmarketing muß es m.E. sein, planerische Vorgaben, nach Maßgabe der gegebenen Rahmenbedingungen, so zu formulieren, daß die Entscheidungsträger nach Abschluß geeigneter Kommunikationsprozesse willens sind, diese planerischen Vorgaben zur Grundlage ihrer Entscheidungen zu machen und für verbindlich zu erklären[16].

Für Planungsmarketing stehen folgende Instrumente zur Verfügung:

(3.1.) Produktgestaltung
(3.2.) Preisgestaltung
(3.3.) Distributionsgestaltung
(3.4.) Kommunikationsgestaltung

Im einzelnen hat man darunter folgendes zu verstehen:

zu 3.1.
Im privatwirtschaftlichen Bereich gilt es, bei der Produktgestaltung zunächst den Markt zu analysieren, zu interpretieren, zu prognostizieren und erst dann zu produzieren. Die Produktion hat dabei so zu erfolgen, daß für die ausgewählten Marktsegmente "maßgeschneiderte Angebote" geschaffen werden. Im Bereich des Planungsmarketing sollte deutlich gemacht werden, daß das Produkt, sowohl in seiner textlichen als auch in seiner zeichnerischen Ausführung, zu einer Lebensqualität führt, deren positive Effekte gegenüber den individuell als nachteilig empfundenen Zielen überwiegen. Der Nutzen für alle muß somit deutlich größer sein als die positiven Effekte des status quo für negativ Betroffene. Auch für die Planung gilt: "Jedes Unternehmen überlebt nur, wenn es gelingt, Produkte so anzubieten, wie sie gebraucht werden[17]." Michel nennt das: "größere Bürgernähe"[18]

zu 3.2.
Im privatwirtschaftlichen Bereich ist der Preis des für das Marktsegment maßgeschneiderten Angebotes so festzusetzen, daß der Kunde den Eindruck hat, einerseits ein günstiges Preis-Leistungsverhältnis zu haben, andererseits in dem Bewußtsein lebt, das für ihn adäquate, besonders wertvolle Produkt habe eben seinen Preis, weil hohe Qualität nicht billig sein könne.

Im Bereich des Planungsmarketing ist die Preisgestaltung von entsprechenden Planungsinformationen in noch engerem Zusammenhang mit Distribution und Kommunikation zu sehen als im privatwirtschaftlichen Bereich.

Bei Aufbau einer stetig interessierten Lobby ist es wichtig, sich zu vergegenwärtigen, daß Planungsprozesse in aller Regel Begünstigte und Benachteiligte schaffen und daß -cum grano salis - in aller Regel

- die Begünstigten schweigen und
- die Benachteiligten reklamieren.

Preisgestaltung im Planungsmarketing sollte deshalb

- auf niedrige Preise bei der Abgabe von Information über bestimmte Planungsprobleme achten (Problem: was nichts kostet, ist nichts wert!), andererseits
- die erforderlichen Kosten aufbringen, um die Bürger mit visuellen Mitteln in den Stand zu setzen, sich eine eigene Meinung zu bilden und sich zu engagieren[19].

zu 3.3
Im Rahmen der privatwirtschaftlichen Distributionspolitik wird auf Vertriebswege geachtet, die dem Selbstverständnis des Produktes und dem Selbstverständnis, das man dem Kunden unterstellt, entsprechen. (Teueres Parfum verkauft man nicht in Discount-Läden, einen BMW nicht in einem "Schuppen").

Planungsmarketing erfordert bei der Distribution des Produktes, also dem Plan, zunächst einmal das Ernstnehmen und die richtige Einschätzung des Bürgers als Partner. Faltblätter, Kurzfassungen, öffentliche Vorträge in geeignetem Rahmen mit anschließender Diskussion und schriftliche Aufnahme von Änderungsvorschlägen haben sich bewährt. Wichtig erscheint auch aufgrund gemachter Erfahrungen, genügend "Produkte" zur Verfügung zu haben, damit die Betroffenen wirklich die Chance haben, sich eine eigene Meinung zu bilden.

zu 3.4.
Kommunikationspolitik mit dem potentiellen Kunden reicht von der PR-Arbeit, die Corporate Identity bis hin zur Werbebotschaft (was ist die Unique Selling Proposition) und die Auswahl von Werbemitteln (z.B. Anzeige) und Werbeträger (z.B. Zeitschrift).

Beim Planungsmarketing steht die Kommunikation mit dem Bürger und das Gewinnen seines Interesses und Engagements im Mittelpunkt aller Bemühungen. Nur mit Hilfe einer guten Distributionspolitik und sorgfältig vorbereiteten Kommunikationen wird es gelingen, die Mehrzahl der Bürger davon zu überzeugen, daß sie der Solidität und Abgewogenheit des Planungsergebnisses vertrauen können. Damit wird Vertrauen neben der Akzeptanz zum wichtigsten Ziel des Planungsmarketings.

Kommunikationsgestaltung kann jedoch an dieser Stelle nicht abbrechen. Besonders wichtig ist in diesem Zusammenhang, daß die Begünstigten ihr Schweigen aufgeben und allgemein deutlich wird, daß die Reklamationen der Betroffenen in keinem Verhältnis zur Verbesserung der Gesamtsituation stehen. Der schwerste und zugleich letzte Arbeitsschritt besteht dann darin, die Medien durch sehr detaillierte Informationsarbeit dazu zu bewegen - entgegen der üblichen Arbeitsweise -, auch einmal über Positives zu berichten.

Das individuell notwendige Gespür des Planers, das zu planen, was auch zu verwirklichen ist, die Verbindung zu den Bürgern, die diese Planung öffentlich unterstützen, und Medien, die über den "guten Plan" und das Engagement der Bürger, ihn auch zu verwirklichen, berichten, diese "Trias" ist die häufig unabdingbare Voraussetzung für die entsprechende Beschlußfassung der Entscheidungsträger; das letzte, nie aus dem Auge zu verlierende Ziel des Planungsmarketing der öffentlich bediensteten Planer.

Anmerkungen zu Kapitel I

1) Raumordnung wird im folgenden verstanden als die zusammenfassende, überörtliche und überfachliche Planung zur Ordnung und Entwicklung des Raumes (sinngemäß: "raumordnerische Pläne").

Landesplanung = Raumordnung für den Bereich des Landes.

Regionalplanung = Landesplanung für Teilräume eines Landes (Regionen), insbesondere Aufstellung zusammenfassender überörtlicher und überfachlicher Pläne, die den Grundsätzen und Zielen der Raumordnung und Landesplanung folgen.

Räumliche Planung (Raumplanung) = Aufstellung von Plänen, die zusammenfassend überörtlich und überfachlich den Grundsätzen und Zielen der Landes- bzw. Regionalplanung folgt bzw. sie beachtet (z.B. Flächennutzungsplanung).

Umweltpolitik = Gesamtheit aller Maßnahmen, die darauf gerichtet sind, Existenz und Gesundheit des Menschen zu sichern, Boden, Wasser, Luft, Tier- und Pflanzenwelt vor nachteiligen Wirkungen anthropogener Eingriffe zu schützen und Schäden oder Nachteile aus anthropogenen Eingriffen zu verringern oder zu verhindern.

2) Vgl. hierzu die Regierungserklärung von Bundeskanzler Kohl v. 18.3.1987: Die Schöpfung bewahren - die Zukunft gewinnen, abgedruckt im Bulletin des Presse- und Informationsamtes, Jg. 1987, Nr. 27; den Sammelband Environtologie, Iserlohn 1986; den Sammelband VDI - Berichte 605, Umweltschutz in großen Städten, Düsseldorf 1987; vgl. ferner den Beitrag von Urban, M.: Die Schattenseite unserer Industriekultur - Grenzen der Belastbarkeit von Wasser, Luft und Erde - das Ökosystem Bundesrepublik muß vor irreversiblen Schäden bewahrt bleiben. In: Südd. Zeitung, Jg. 87, Nr. 49, S. 10.

3) Vgl. hierzu: Bericht zur Bevölkerungsentwicklung in der Bundesrepublik Deutschland. In: Bulletin des Presse- und Informationsamtes der Bundesregierung, Jg. 1987, Nr. 16, S. 121ff.; Wingen, M.: Überblick über die gegenwärtige Bevölkerungsentwicklung in der Bundesrepublik Deutschland und Perspektiven für die Zukunft, Manuskript des Vortrages auf der Hauptversammlung der Deutschen Statistischen Gesellschaft in Bonn am 26.9.1985; Statistische Rundschau für das Land Nordrhein-Westfalen, hrsg. v. Landesamt für Datenverarbeitung und Statistik Nordrhein-Westfalen, Düsseldorf, 38. Jg. (1986); Vorausberechnungen der Bevölkerung in den kreisfreien Städten und Kreisen Nordrhein-Westfalens, Bevölkerungsprognose 1984 bis 2000/2010, hrsg. v. Landesamt für Datenverarbeitung und Statistik Nordrhein-Westfalen, Düsseldorf 1985, H. 545; Bevölkerungs- und Arbeitsplatzentwicklung in den Raumordnungsregionen 1978-1995, Schriftenreihe des Bundesministers für Raumordnung, Bauwesen und Städtebau, Bonn-Bad Godesberg 1985.

4) VDI-Richtlinien 2104.

5) Wicke, L.: Die ökologischen Milliarden/Das kostet die zerstörte Umwelt - So können wir sie retten, München 1986, S. 56.

6) Wicke, L., a.a.O., S. 56ff.

7) Vgl. hierzu auch die ökologischen Fachbeiträge der Landesanstalt für Ökologie und Forstplanung Nordrhein-Westfalen, z.B. den ökologischen Fachbeitrag "Westmünsterland" und die dortigen Ausführungen zum "Lufthygienischen und geländeklimatischen Ausgleichspotential". Einen sehr interessanten mittelfristig sicher erfolgversprechenden Weg, Planungsrichtwerte für die Luftqualität in Raumordnung/Landesplanung einzuführen, hat W. Kühling entwickelt, vgl. Kühling, W.: Planungsrichtwerte für die Luftqualität - Entwicklung von Mindeststandards zur Vorsorge vor schädlichen Immissionen als Konkretisierung der Belange empfindlicher Raumnutzungen, hrsg. v. Institut für Landes- und Stadtentwicklungsforschung des Landes Nordrhein-Westfalen im Auftrag des Ministers für Umwelt, Raumordnung und Landwirtschaft des Landes NRW, Dortmund 1986; vgl. hierzu ferner Schulz, W.: Der ökonomische Wert der Umwelt - Ein Überblick über den Stand der Forschung zur Schätzung des Nutzens umweltpolitischer Maßnahmen auf der Basis verhinderter Schäden in der Bundesrepublik Deutschland, Manuskript.

8) Rundfunkmeldung (Bayerischer Rundfunk) v. 24.3.1987.

9) Vgl. Wasserbedarf, Wasserversorgung, Trinkwasseraufbereitung. In: Die Umwelt des Menschen, Mannheim, Wien, Zürich 1984, S. 376. Nach einer Veröffentlichung der Ländergemeinschaft Wasser 1986/Bundesverband der Deutschen Gas- und Wasserwirtschaft entfallen folgende Anteile auf den täglichen Wasserverbrauch:

- Toilettenspülung 32 %
- Baden/Duschen 30 %
- Wäsche waschen 12 %
- Körperpflege 6 %
- Geschirrspülen 6 %
- Hausgartenbewässerung 4 %
- Trinken/Kochen 2 %
- Autowaschen 2 %
- Sonstiges 6 %

Veröffentlicht in: iwd/Informationsdienst des Instituts der Deutschen Wirtschaft, Jg. 1987, Nr. 19 v. 7. Mai 1987, S. 6.

10) Schriftliche Auskunft durch Stadtwerke München, Gas- und Wasserversorgung.

11) Verordnung über Trinkwasser und über Wasser für Lebensmittelbetriebe (Trinkwasserverordnung v. 22.5.1986, BGBl I, S. 760).

12) Zitiert nach Wicke, L., a.a.O., S. 58.

13) Wicke, L., a.a.O., S. 58.

14) Wicke, L., a.a.O., S. 63.

15) Wicke, L. (a.a.O., S. 62) hat festgestellt, daß die durchschnittlichen Aufbereitungskosten 8 ausgewählter Trinkwasserwerke an Rhein und Ruhr von 1950 bis 1985 um das 30fach gestiegen sind.

16) Wicke, L., a.a.O., S. 59ff.

17) In einem Interview mit der Süddeutschen Zeitung machte - neben anderen - Minister Töpfer (Rheinland-Pfalz) auf diese Probleme aufmerksam, vgl. SZ, Jg. 87, Nr. 59, S. 13, (12.3.1987).

18) Stahr, K.: Wie lassen sich Bodenfunktionen erhalten? In: Bodenschutz als Gegenstand der Umweltpolitik, hrsg. v. K.-H. Hübler: Landschaftsentwicklung und Umweltforschung, Schriftenreihe des Fachbereichs Landschaftsentwicklung der TU, Berlin, Nr. 27, S. 152.

19) Beispiele sind: Stroh, Textilfasern, Öle, Hirse, Grundstoffe (nachwachsende Rohstoffe).

20) Vgl. Stahr, K., a.a.O.; U. Rembierz, W.: Ökologischer Fachbeitrag Westmünster Land, a.a.O.

21) Stahr, K., a.a.O., S. 158.

22) Gegenwärtig sind im Bundesdurchschnitt ca. 11 % der Grundfläche "versiegelt", in einzelnen Städten des Ruhrgebietes mehr als 70 %.

23) Der höchste Tageswert an künstlicher Radioaktivität wurde vor Tschernobyl am 9.11.1962 mit 1.41 Becarel pro qm gemessen, am 26.4.1986 explodierte der Atomreaktor in Tschernobyl, am 30.4.1986 registrierten die Berliner Meteorologen einen Tageswert von 6.96 Becarel pro qm (Wicke, L.: a.a.O., S. 89).

24) Wicke, L., a.a.O., S. 88.

25) Vgl.: Die Beseitigung von Siedlungsabfällen in industriellen Ballungsräumen. In: Wie funktioniert das?/Die Umwelt des Menschen, Mannheim/Wien/Zürich 1981, S. 432; vgl. hierzu auch die Bodenschutzkonzeption der Bundesregierung, Bundestagsdrucksache 10/2977 v. 7.3.1985.

26) Vgl. hierzu Marx, D.: Umweltbelastungen durch die chemische Industrie, noch unveröffentlichtes Manuskript, München 1987.

27) Daten zur Umwelt 1986/87, hrsg. v. Umweltbundesamt, Berlin 1986, S. 127.

28) Vgl. hierzu auch Haber, W.: Umweltschutz-Landwirtschaft-Boden. In: Akademie für Naturschutz und Landschaftspflege (Hrsg.), Berichte Nr. 10.

29) Rat von Sachverständigen für Umweltfragen: Umweltprobleme der Landwirtschaft, Tz. 1168.

30) Rat von Sachverständigen für Umweltfragen: Umweltprobleme der Landwirtschaft, Tz. 1170.

31) Rat von Sachverständigen für Umweltfragen: Umweltprobleme der Landwirtschaft, Tz. 1173.

32) Rat von Sachverständigen für Umweltfragen: Umweltprobleme der Landwirtschaft, Tz.

33) Rat von Sachverständigen für Umweltfragen: Umweltprobleme der Landwirtschaft, Tz.

34) Bodenschutzkonzeption der Bundesregierung, a.a.O., S. 117.

35) Bodenschutzkonzeption der Bundesregierung, a.a.O., S. 118.

36) Wicke, L., a.a.O., S. 108.

37) Wallmann, W.: "Wir wollen Verbote und Beschränkungen", SZ-Gespräch mit Bundesumweltminister Walter Wallmann v. M. Urban. In: SZ, Jg. 1987, Nr. 71, (26.3.1987), S. 12.

38) Bodenschutzkonzeption der Bundesregierung, Bundestags - Drucksache 10/2977 v. 7.3.1985, Stuttgart, Berlin, Köln u. Mainz 1985, S. 10.

39) Vgl. hierzu auch Hampicke, U.: Die voraussichtlichen Kosten einer naturschutzgerechten Landwirtschaft. In: Landschaftsentwicklung und Umweltforschung, Schriftenreihe des Fachbereichs Landschaftsentwicklung der TU Berlin, Nr. 22, Berlin 1984, S. 56ff.

40) Vgl. hierzu Rat von Sachverständigen für Umweltfragen: Umweltprobleme der Landwirtschaft, a.a.O., Tz. 1163ff.

41) Vgl. hierzu Agrarbericht 1986/87 (Auszüge für die Presse).

42) Haber, W.: Umweltschutz - Landwirtschaft - Boden. In: Akademie für Naturschutz und Landschaftspflege (Hrsg.) , Berichte Nr. 10, S. 22ff.

43) "Andere Autoren nennen 17 000 Pflanzen- und zwischen 40 000 und 50 000 Tierarten. Die Differenzen beruhen darauf, daß bei den sog. niederen Organismen (z.B. Pilze, Algen, Rädertiere, Urtiere, Spinnen, Würmer) entweder nicht alle Arten bekannt oder die Artenabgrenzungen umstritten sind. Allein Pilze und Algen bestreiten aber rund 80 % des gesamten Pflanzenartenbestandes. Die für den Stoffabbau und Humusaufbau so wichtigen Bakterien und Strahlenpilze des Bodens sind bei diesen Berechnungen überhaupt nicht berücksichtigt. Die biologische Forschung der letzten 100 Jahre hat bei ihrer Fixierung auf die

Suche nach allgemeinen Naturgesetzen die Untersuchung der Artenvielfalt weitgehend vernachlässigt. Einigermaßen gesichert sind nur die Artenzahlen der Blüten- und Farnpflanzen (2700), Wirbeltiere (500), bestimmter Insektengruppen, z.B. Libellen, (80), Groß-Schmetterlinge (1300) und Weichtiere (301).", Sachverständigenrat für Umweltfragen: Umweltprobleme der Landwirtschaft, a.a.O., Tz. 573.

44) Daten zur Umwelt, hrsg. v. Umweltbundesamt, Berlin 1986, S. 29.

45) Rat von Sachverständigen für Umweltfragen: Umweltprobleme der Landwirtschaft, a.a.O., Tz. 579.

46) Ebenda, Tz. 580.

47) Finke, L.: Flächenansprüche aus ökologischer Sicht. In: Wechselseitige Beeinflussung von Umweltvorsorge und Raumordnung, FUS, Bd. 165, Hannover 1987, S. 183.

48) Engelhardt, W.: Artensterben in Mitteleuropa. In: Deutscher Forschungsdienst, Jg. 1985, Nr. 16, S. 10ff.

49) Daten zur Umwelt 1986/1987, a.a.O., S. 95.

50) Heydemann, B.: Die Bedeutung von Tier- und Pflanzenarten in Ökosystemen, ihre Gefährdung und ihr Schutz, Sonderdruck aus: Jahrbuch für Naturschutz und Landschaftspflege, Kilda-Verlag, Greven 1980, Bd. 30; Heydemann, B.: Zur Frage der Flächengröße von Biotopbeständen für den Arten- und Ökosystemschutz, Sonderdruck aus: Jahrbuch für Naturschutz und Landschaftspflege, Greven 1981, Bd. 31; Heydemann, B.: Bedeutung der Arten für Ökosysteme als Grundlage des Ökosystemschutzes, Sonderdruck aus der Schriftenreihe der Akademie Sankelmark, Neue Reihe 52/52; Heydemann, B.: Arten- und Biotopschutz, Sonderdruck aus: Abschlußbericht der Projektgruppe "Aktionsprogramm Ökologie". In: Umweltbrief, hrsg. v. Bundesminister des Innern, Bonn 1983, H. 29, S. 16ff.; Heydemann, B.: Aufbau von Ökosystemen im Agrarbereich und ihre langfristigen Veränderungen, Sonderdruck aus: Daten und Dokumente zum Umweltschutz, Sonderreihe Umwelttagung, hrsg. v. Dokumentationsstelle der Universität Hohenheim, Institut für Landeskultur und Pflanzenökologie der Universität Hohenheim, o.O., 1983, H. 35; Heydemann, B.: Die Beurteilung von Zielkonflikten zwischen Landwirtschaft, Landschaftspflege und Naturschutz aus der Sicht der Landespflege und des Naturschutzes, Schriftenreihe für Ländliche Sozialfragen, Landwirtschaft, Landschaftspflege, Naturschutz, Hannover 1983, H. 88; Grüne Mappe, Landesnaturschutzverband Schleswig-Holstein, o.O., 1987; Heydemann, B.: Forderungen für den Biotop- und Artenschutz/Forderung nach mehr Flächen, WWF Report, o.O. 1982, H. 4; Heydemann, B.: Vorschlag für ein Biotopschutzzonen-Konzept am Beispiel Schleswig-Holsteins - Ausweisung von schutzwürdigen Ökosystemen und Fragen ihrer Vernetzung, Sonderdruck aus: Integrierter Gebietsschutz, Schriftenreihe des Deutschen Rats für Landespflege, o.O., 1983, H. 41, S. 95ff.; Heydemann, B., Meyer, H.: Auswirkungen der Intensivkultur auf die Fauna in den Agrarbiotopen, Sonderdruck aus: Landespflege und Landwirtschaft, Schriftenreihe des Deutschen Rats für Landespflege, o.O., 1983, H. 42, S. 174ff.; Grüne Mappe, Landesnaturschutzverband Schleswig-Holstein, o.O., 1986.

51) Becke, L., a.a.O., S. 107ff.

52) Weizsäcker, R. v.: Der Rang der Umwelt und Natur im Gefüge unserer Wertordnung. In: Bulletin des Presse- und Informationsamtes der Bundesregierung, Jg. 1986, Nr. 122, S. 1026.

Anmerkungen zu Kapitel II

1) Hartkopf, G. u. Bohne, E.: Umweltpolitik, Grundlagen, Analysen und Perspektiven, Obladen 1983, S. 96ff.

2) Ebenda.

3) Hartkopf/Bohne, a.a.O., S. 109.

4) Hartkopf/Bohne, a.a.O., S. 110.

5) Vgl. Storm, P.-Ch.: Einführung in das Umweltrecht, Beck-Texte. In: dtv, Nördlingen, o.J., (Einführung), S. 12.

6) Hartkopf/Bohne, a.a.O., S. 112.

7) Hartkopf/Bohne, a.a.O., S. 114.

8) Ebenda.

9) Ebenda.

10) Die Richtlinien des Rates über die Umweltverträglichkeitsprüfung bei bestimmten öffentlichen und privaten Projekten (RL) - 85/337/EWG, abgedruckt bei Kupei, J.: Umweltverträglichkeitsprüfung (UVP)- Ein Beitrag zur Strukturierung der Diskussion, zugleich eine Erläuterung der EG-Richtlinie, Köln, Berlin, Bonn u. München 1986.

11) Vgl. hierzu als Beispiel die Ausführung von R.A. Sandner vor dem Deutschen Rat für Landespflege am 18.3.1987 in Bonn (Manuskript zur Zeit im Druck).

12) Lersner, A.: Kreise schützen die Umwelt. In: Der Landkreis, Jg. 1986, H. 7, S. 309.

13) Vgl. hierzu die Diskussion über Produkte und Produktionsverfahren der chemischen Industrie.

14) Vgl. Erz, W.: Ökologie oder Naturschutz? Überlegungen zur terminologischen Trennung und Zusammenführung. In: Berichte der ANL, Nr. 10, Laufen 1986, S. 11ff.

15) Siehe Literaturverzeichnis III zu 2. Ruhrgebiet und die dort angeführten Veröffentlichungen der Lölf.

16) Informationen der ANL (Dr. Zielonkowski v. 27.2.1987) und der zuständigen Mitarbeiter im Bayerischen Staatsministerium für Landesentwicklung und Umweltfragen v. Anfang März 1987.

17) Heigl, L. u. Hosch, R. (Hrsg.): Raumordnung und Landesplanung in Bayern/Kommentar und Vorschriftensammlung, München 1973, Kommentar zu Art. 1, S. 10.

18) Ebenda.

19) Heigl/Hosch, a.a.O., Art. 1, S. 11.

20) In Abschnitt III dieser Untersuchung werden deshalb Indikatoren wie z.B. Wanderungssaldo je 1000 Ew./Arbeitslosenquote/Dauerarbeitslosigkeit/Ältere Arbeitslose/Binnenwanderungssaldo der Erwerbspersonen/Siedlungsdichte/Bebaute Fläche/Freifläche in m^2 je Ew./Naturnahe Fläche in m^2 je Ew. verglichen um Anhaltspunkte für den Zielerreichungsgrad zur Chancengleichheit und gleichwertigen Lebens- und Arbeitsbedingungen zu gewinnen.

21) Zur Definition dieser Indikatoren vgl. Kapitel III.

22) Müller, G.: Art.: Raumordnung. In: Handwörterbuch der Raumforschung und Raumordnung, Bd. III, Sp. 2468.

23) Vgl. hierzu auch Müller, G., a.a.O.

24) Müller, G., a.a.O., Sp. 2471.

25) Von 1960 bis 1986 verringerte sich die Zahl der landwirtschaftlichen Betriebe erheblich.

26) Besonders die Vielzahl der weiterführenden Schulen hat die "Chancengleichheit" oder "Startgerechtigkeit" wesentlich verbessert.

27) Sowohl im Beschluß der Ministerkonferenz für Raumordnung über den "Ländlichen Raum" vom 12.11.1979 als auch in den programmatischen Schwerpunkten der Raumordnung (v. 3.4.1985) wird gefordert, den ländlichen Raum bzw. die Teilräume der Bundesrepublik nach ihren Funktionen neu zu differenzieren. Das ist eine Aufgabe, die an dieser Stelle nicht geleistet werden kann. Es wäre jedoch zu begrüßen, wenn sich die ARL mit dieser Frage auch weiterhin befassen könnte.

28) Zum folgenden vgl. Lowinski, H.: unveröffentlichtes Statement zu aktuellen Fragen der Raumordnung v. Januar 1987.

29) Vgl. Raumordnungsprogramm für die großräumige Entwicklung des Bundesgebietes (Bundesraumordnungsprogramm) von der Ministerkonferenz für Raumordnung am 14.2.1975, von der Bundesregierung am 23.4.1975 beschlossen, Schriftenreihe "Raumordnung" des Bundesministers für Raumordnung, Bauwesen und Städtebau, Nr. 06.002, Bonn-Bad Godesberg 1975.

30) Vgl. Regierungserklärung des Bundeskanzlers v. 4.5.1983. In: Bulletin des Presse- und Informationsdienstes der Bundesregierung.

31) Vgl. Bundestagsdrucksache 10/3146 v. 3.4.1985.

32) Bundestagsdrucksache 10/3146, a.a.O., S. 3.

33) Interessant sind bei diesen Ausführungen der Bundesregierung bzw. des zuständigen Bundesministers u.a. auch die neuen Bezeichnungen für Teilgebiete der Republik, z.B. "ländliche, überwiegend periphere Regionen, in denen ein ausgeprägter Mangel an Arbeitsplätzen ... besteht", "Verdichtungsräume, überwiegend altindustrialisierte ... mit überdurchschnittlichen Wachstumsproblemen grenzung nach diesen Kategorien.

34) Hoppe, W.: Zusammenfassende Übersicht über Vorschläge und Überlegungen zur Novellierung des ROG unter Berücksichtigung der Entstehungsgeschichte des Gesetzes, Vortrag anläßlich einer Sitzung der Sektion III "Konzeptionen und Verfahren" der Akademie für Raumforschung und Landesplanung am 4.12.1986 in Hannover, Münster 1986.

Anmerkungen zu Kapitel III

1. Nordostoberfranken

1) Die Karten sind entnommen dem Heft: Aktuelle Daten und Prognosen zur räumlichen Entwicklung/Umwelt I, Luftbelastung, Informationen zur Raumentwicklung, Jg. 1985, H. 11/12; vgl. zum folgenden auch die Ausführungen von Kampe, D.: Einführung/Regionale Umweltdaten können die Abstimmung von Umwelt- und Raumordnungspolitik verbessern, S. I ff.; Peters, A.: Die Erfassung der räumlichen Verteilung von Schwefeldioxid- und Stickoxidemissionen als Informationsgrundlage für die Raumordnung, S. 1003ff; Otto, I.: Schwefeldioxidemissionen aus öffentlichen Kraftwerken, Ein räumlich disaggregiertes Schätzmodell, S. 1015ff.; Schmitz, St.: Schadstoffemissionen privater Haushalte, ein räumlich disaggregiertes Schätzmodell, S. 1021ff.; Kroesch, V.: Zur Schadstoffbelastung der Luft: Die Immissionssituation, S. 1029 ff.; Wurm, S.: Informationen zum Stand der gebietsbezogenen Luftreinhalteplanung der Bundesländer, S. 1035ff., erwähnt werden muß noch, daß in diesem Heft sich Karten über Belastungsgebiete in der Bundesrepublik (Stand: 1.1.1986) und Smog-Gebiete (Stand: 1.1.1986) befinden, die auch für Raumordnung und Landesplanung sehr informativ sind.

2) Vgl. hierzu auch Marx, D.: Normative Überlegungen zum Zusammenwirken von Umweltschutz und Raumordnung/Landesplanung auf der Ebene eines Raumordnungsverfahrens (ROV). In: FUS 165, hrsg. v. ARL, Hannover 1987, S. 441ff.

3) Vgl. Abschnitt V dieser Arbeit.

4) Z.B. mit Minister "Jo" Leinen in Saarbrücken am 5.12.1985.

5) Die chemische Fabrik Marktredwitz ist ein Paradebeispiel für die Produktion von Altlasten, die nach Beendigung der Produktion der Allgemeinheit aufgehalst werden.

6) Schriftenreihe 06 "Raumordnung" des Bundesministers für Raumordnung, Bauwesen und Städtebau (Hrsg.): Projektionen der Bevölkerungs- und Arbeitsplatzentwicklung in den Raumordnungsregionen 1978-1995 (Raumordnungsprognose 1995) und Bericht des Ausschusses "Daten der Raumordnung" der Ministerkonferenz für Raumordnung, Bonn-Bad Godesberg 1985, S. 10.

7) Bayern regional 2000, Bayerisches Staatsministerium für Landesentwicklung und Umweltfragen (Hrsg.), München 1986, S. 152ff.

8) Nach Auskunft des Bayerischen Landwirtschaftsministeriums.

9) Bayern regional 2000, a.a.O., S. 160.

10) Frederking, R.: Die Luftverunreinigungen und ihre Auswirkungen auf Wasser, Boden und Vegetation. In: Umweltsituation in Nordostbayern, Fakten und Auswege, hrsg. v. Sies, R., Selb 1986, S. 9.

11) Frederking, R., a.a.O., S. 15ff.

12) Meier, P.: Wald in der Krise, Waldschäden in Nordost-Oberfranken. In: Umweltsituation in Nordostbayern, a.a.O., S. 33.

13) Frederking, R., a.a.O., S. 16ff.

14) pH-Wert ist die Meßgröße für den Säuregehalt (Wasserstoffionen-Konzentration im Wasser und Boden). Die Skala reicht von pH = 0 = stärkste Säurekonzentration über pH = 7 = neutral bis pH = 14 = stärkste basische oder alkalische Konzentration. Beachte deshalb: bei niedrigem pH-Wert besteht eine hohe Säurekonzentration. (In Nebeltröpfchen werden Werte um 2,5 pH gemessen); eine Änderung des pH-Wertes um 1 entspricht einer Veränderung der Säurekonzentration um das 10fache.

15) Frederking, R., a.a.O., S. 18.

16) Frederking, R., a.a.O., S. 19.

17) Frederking, R., a.a.O., S. 20ff.

18) Frederking, R., a.a.O., S. 21.

19) Sies, R.: Umweltsituation in Nordostbayern - Fakten und Auswege, Selb 1986.

20) Sies, R.: Gesundheitsschäden durch Luftverschmutzung in Nordostoberfranken, o.O., o.J. (Selb 1984), S. 2.

21) Sies, R., a.a.O., (1984), S. 5.

22) Sies, R., a.a.O., (1986), S. 45ff.

23) Sies, R., a.a.O., (1986), S. 47.

24) Zu diesem Themenkomplex erschien in der örtlichen und überörtlichen Presse (SZ) in den letzten Jahren eine Vielzahl von Beiträgen.

25) Frederking, R., a.a.O., S. 22.

26) Frederking, R., a.a.O., S. 23.

27) Z.B. Sendung des Bayerischen Fernsehens v. 17.2.1987 "Dicke Luft in Oberfranken".

28) So berührt es merkwürdig, daß bis Mitte 1986 noch nicht einmal eine Wirtschaftsförderungsgesellschaft für den Raum Nordostoberfranken gegründet

wurde. (Schreiben v. Landrat Zuber v. 9.7.1986). Vertrauensfördernd soll dagegen der jeweilige, von der Bayerischen Staatsregierung veröffentlichte Grenzlandbericht sein.

29) Interessante Perspektiven weist das von verschiedenen Bürgergruppierungen entwickelte Konzept zu einer regionalen Umweltsanierung "Umweltprojekt Fichtelgebirge" auf, das von Von der Borch, L. u. Halbhuber, D. (im Juni 1986 in Sophienreuth) veröffentlicht wurde.

30) Vgl. Manuskript der Rede von Staatsminister Alfred Dick vor dem Plenum des Bayerischen Landtags am 22.2.1984 zur Forschreibung des Landesentwicklungsprogrammes, S. 6.

2. Ruhrgebiet

31) Zum folgenden vgl. Diercke, Lexikon Deutschland, Braunschweig 1985; Helmrich, W.: Wirtschaftskunde des Landes Nordrhein-Westfalens, Düsseldorf 1960; Radzio, H.: 50 Jahre Kleinkrieg für das Revier/Leben können an der Ruhr, Düsseldorf und Wien 1970; Schlieper, A.: 150 Jahre Ruhrgebiet, Düsseldorf 1986 sowie diverse Zeitungsartikel aus der Wochenzeitung Die Zeit, der Frankfurter Allgemeinen Zeitung sowie der Süddeutschen Zeitung und die zu III, 2. Ruhrgebiet angegebene Literatur.

32) Kommunalverband Ruhrgebiet (Hrsg.): Wechsel auf die Zukunft, Essen 1984.

33) Ein Bergmann, der in Tonnen geförderter Steinkohle denkt und entsprechend zu arbeiten gelernt hat, wird größte Schwierigkeiten haben, sich durch Umschulungen zum Feinmechaniker ausbilden zu lassen.

34) Helmrich, W.: Wirtschaftskunde des Landes Nordrhein-Westfalen, Düsseldorf 1960, S. 72 und Angaben des KVR.

35) Helmrich, W., a.a.O. u. Schreiben des Gesamtverbandes des Deutschen Steinkohlenbergbaus v. 14.4.1987 sowie Jahresbericht 1985/86 des Gesamtverbandes des Deutschen Steinkohlenbergbaus und Statistik der Kohlenwirtschaft e.V.: Der Kohlenbergbau in der Energiewirtschaft der Bundesrepublik Deutschland im Jahre 1985, Essen u. Köln 1986.

36) Eigene Berechnungen nach den in Fußnote 35) angegebenen Quellen.

37) Helmrich, W., a.a.O., S. 71.

38) Vgl. die in Fußnote 35) angegebenen Quellen.

39) Vgl. die in Fußnote 35) angegebenen Quellen.

40) Vgl. hierzu Helmrich, W., a.a.O., Wirtschaftswoche, 40. Jg. (1986), Nr. 48: Themenschwerpunkt: Deutsche Kohle - Neues Zechensterben, S. 50ff.; Rohwedder, D.: "Bonn muß uns helfen - Ein Zeit-Interview über die Stahlkrise mit Büschemann, K.-H. u. Kemmer, H.-G.. In: Die Zeit, Jg. 1987, Nr. 15 (3.4.1987), S. 25ff.

41) Helmrich, W., a.a.O., S. 47.

42) Vgl. Tab. 28.

43) Es muß die Frage unbeantwortet bleiben, ob bei der gegenwärtig unzureichenden Kompetenzausstattung des KVR dieser überhaupt in der Lage ist, die ungeheuren Probleme zu bewältigen. Wenn eine entsprechende Aufgabenerfüllung durch den KVR schon begründet bezweifelt werden muß, dann ist dieser Zweifel in noch stärkerem Maße für die einzelnen Stadtverwaltungen gegeben.

44) Vorausberechnung der Bevölkerung in den kreisfreien Städten und Kreisen Nordrhein-Westfalens, Bevölkerungsprognose 1984 bis 2000/2010, hrsg. v. Landesamt für Datenverarbeitung und Statistik Nordrhein-Westfalen, Düsseldorf 1985, S. 14.

45) Müller, H.: Demographische Einflüsse auf dem Arbeitsmarkt. In: Statistische Umschau für das Land Nordrhein-Westfalen, 38. Jg. (1986), S. 281.

46) Erst kürzlich hat der Bundespräsident Richard v. Weizsäcker in einer Ansprache: "Prioritäten und Zukunftschancen für das Ruhrgebiet" darauf hingewiesen: "Das Ruhrgebiet hat vergleichsweise spät den Anschluß an die sog. "dritte industrielle Revolution" gefunden, aber dafür mit um so entschiedenerer Dynamik eine Hochschullandschaft aufgebaut, die heute ihresgleichen sucht. Es ist damit zu einem Schwerpunkt in Ausbildung, Forschung und Entwicklung unseres Landes geworden." In: Bulletin des Presse- und Informationsamtes der Bundesregierung, Jg. 1987, Nr. 74, S. 634.

47) BfLR, Referat J 3 (Verfasser): Regionalstatistische Informationen aus der Laufenden Raumbeobachtung. In: Informationen zur Raumentwicklung, Jg. 1985, H. 11/12, S. 1075.

48) Am 14.7.1987 hat der Bundespräsident anläßlich seines Vortrags beim Kommunalverband Ruhrgebiet in Essen unter anderem auch ausgeführt: "Die wirtschaftlichen Folgen der Arbeitslosigkeit wiegen schwer; schwerer aber noch wiegen die menschlichen und die gesellschaftlichen Folgen für jene Mitbürger, die ohne eigenes Verschulden von diesem Los getroffen wurden. Arbeit ist ein wesentlicher Teil unseres menschlichen Selbstgefühls und unserer Existenz in der Gesellschaft. Nicht abseits stehen zu müssen, sondern zu wissen, daß man gebraucht wird, seinen produktiven Beitrag zum gemeinsamen Wohlergehen zu leisten, sein Leben als erfüllt zu empfinden - darum geht es." Weizsäcker, R.v.: Prioritäten und Zukunftschancen für das Ruhrgebiet, a.a.O., S. 633.

49) Koch, R., a.a.O., S. 194.

50) Koch, R., ebenda.

51) Koch, R., a.a.O., S. 199.

52) Industrie und Bergbau schöpfen (aufgrund alter Rechte mehr als dreimal soviel Grundwasser wie die öffentlichen Wasserwerke), vgl. Koch, R., a.a.O., S. 216. Das Umweltprogramm Nordrhein-Westfalen weist darauf hin, daß rd. 75 % des in Nordrhein-Westfalen von der Industrie in Anspruch genommenen Grundwassers nur deshalb gefördert (wird), um Steinkohle und Braunkohle überhaupt erschließen und abbauen zu können. (Umweltprogramm Nordrhein-Westfalen, Düsseldorf 1983, S. 38.

53) Umweltprogramm Nordrhein-Westfalen, Düsseldorf 1983, S. 35.

54) Landesentwicklungsbericht Nordrhein-Westfalen 1984, Düsseldorf 1985, S. 160.

55) Koch, R., a.a.O., S. 229.

56) Vgl. König, B. und Krämer, F.: Schwermetallbelastungen von Böden und Kulturpflanzen in Nordrhein-Westfalen, Schriftenreihe der Lölf, Bd. 10, Recklinghausen 1985.

57) Rote Lise der in Nordrhein-Westfalen gefährdeten Pflanzen und Tiere, Schriftenreihe der Lölf, Bd. 4 (2. Fassung), Recklinghausen 1986, S. 11.

58) Umweltprogramm, a.a.O., S. 42.

59) Koch, R., a.a.O., S. 233.

60) Landesentwicklungsbericht Nordrhein-Westfalen 1984, a.a.O., S. 170.

61) Landesentwicklungsbericht Nordrhein-Westfalen 1984, a.a.O., S. 171.

62) Koch, R., a.a.O., S. 229.

3. Saarland

63) Ein weiterer, m.E. wichtiger Unterschied zum Ruhrgebiet besteht darin, daß im Saarland rund 60 % der Bevölkerung im eigenen Haus leben. Es ist anzunehmen, daß deshalb auch ein hoher Prozentsatz der Arbeitslosen ein eigenes Haus - und damit zugleich auch ein begrenztes Tätigkeitsfeld, selbst bei Arbeitslosigkeit hat.

64) Am 30.9.1986 waren im Stadtverband Saarbrücken nach Angaben des Statistischen Landesamtes Saarbrücken 152 644 sozialversicherungspflichtige Beschäftigte tätig.

65) Landesentwicklungsprogramm Saar, Teil 3: Verkehr 1990, S. 487.

66) Regierungserklärung v. 21.4.1985, S. 15.

67) Raumordnung im Saarland, Bericht zur Landesentwicklung 1982, hrsg. v. Minister für Umwelt, Raumordnung und Bauwesen, Saabrücken 1982, S. 68.

68) Vgl. Regierungserklärung v. 24.4.1985, S. 10.

69) Der Minister für Arbeit, Gesundheit und Sozialordnung (Hrsg.): Arbeitsmarktpolitische Maßnahmen im Saarland/Programme und Richtlinien, Saarbrücken 1986, S. 1.

70) Arbeitsmarktpolitische Maßnahmen ..., a.a.O., S. 1.

71) Ebenda, S. 2.

72) Ebenda, S. 2.

73) Vgl. hierzu auch das Positionspapier des SPD-Unterbezirks-Dortmund, das konkrete Maßnahmen auf kommunaler Ebene vorschlägt und die positive Stellungnahme dazu durch den KVR v. 2.4.1987.

74) Dieser persönliche Eindruck basiert auf einem längeren Gespräch am 5.12.1985; er wird bestätigt durch die diletanttische Behandlung von Krisen und Pannen, soweit sie öffentlich diskutiert wurden, sowie persönliche Statements, vgl. z.B. dazu das Manuskript eines Vortrages, der am 23.4.1987 mit dem Titel "Abfallvermeidung und Abfallverwertung/Eckpfeiler einer funktionierenden Abfallwirtschaft" gehalten wurde. Einen umfassenden (und vernichtenden) Bericht über die bisherige Arbeitszeit des jetzigen Stelleninhabers gibt die Zeitschrift "Natur" im Jg. 1987, H. 7, S. 26ff., nachdem FAZ und SZ regelmäßig über Pannen und "Fettnäpfer" berichtet haben, in die der Minister geraten war. Vgl. hierzu Kauntz, E.: Die flotte Art des Umweltministers/Leinen und der Zeitfaktor. In: FAZ v. 14.1.1986; Brill, K.: Wer dauernd in den Fettnapf tritt/Der selbstbewußte Aufsteiger von der Saar zieht nicht allein die Attaken der Oppositionen auf sich, sondern er grimmt zunehmend die Genossen. In: SZ v. 18./19.1.1986; Kauntz, E.: Leinens Not, ob der Fischetod - oder: Die Flucht zur neuen Kampagne. In: FAZ v. 4.8.1986; Kauntz, E.: Traurig, aber entschlossen blickt er über das verseuchte Wasser / Jo Leinen ist noch immer im Amt. In: FAZ v. 18.3.1987.

75) Band 3 des Ökologischen Handbuchs der Planung gibt auf den Seiten 46ff. (Luftbelastung), S. 64ff. (Abwasser), S. 101ff. (Regenerationsflächen für die Tier und Pflanzenwelt) gute Hinweise für die notwendigen Arbeitsschritte, vgl. Handbuch der Ökologischen Planung, Bd. 3.

76) Kroeber-Riel, W.: Die subjektive Wahrnehmung der Umweltverschmutzung durch die Saarländer und ihre politische Bedeutung. In: Umwelt-Saar 1972, hrsg. v. Bund für Umweltschutz e.V., Saarbrücken 1972, S. 140.

77) Kroeber-Riel, W., a.a.O., S. 142; zur Schwefeldioxidbelastung vgl. Bronder, M.: Kontinuierliche Schwefeldioxidmessungen unter dem Aspekt der Bewährungsmöglichkeit schädigender Umwelteinflüsse. In: Schriftenreihe des Ministers für Arbeit, Gesundheit und Sozialordnung des Saarlandes, H. 15, Saarbrücken 1984, S. 56ff. (Bronder führt aus, daß die So_2-Belastung in den Wintermonaten 1980/1984 in Frankfurt/Main höhergelegen hat als im Saarland und weist darauf hin, daß die bedeutendsten So_2-Emittenten das Kraftwerk Ensdorf, das Industriegebiet um Völklingen und die Region Carlingen in Frankreich sei. Erwähnt werden muß in diesem Zusammenhang auch,daß die relativ schwefelhaltige Kohle aus den saarländischen Gruben vor allem in Ensdorf, Weiher und Bexbach verstromt wird. Die dabei auftretenden Emissionen haben, z.B. im Bereich der Abluft-Fahne von Bexbach zu erregten Diskussionen geführt, an denen auch das Umweltbundesamt durch Vergabe eines Forschungsauftrages beteiligt war. Der Gutachter (Paul Müller) stellte dabei fest, daß z.B. der Schwefelgehalt in den Fichtennadeln 1985 16 % höher war als 1982, also bevor Bexbach ans Netz ging. Vgl. hierzu Müller, P., Flacke, W., Höffel, I.: Ökologisches Beweissicherungsverfahren am Beispiel des Höcherbergraumes, Steinkohlenkraftwerk Bexbach, Kurzfassung, Saarbrücken 1985, S. 37. An dieser Stelle kann auf den Streit und die Verbitterung der Bevölkerung der umliegenden Ortschaft mit Saarberg nicht näher eingegangen werden. Für den Außenstehenden war und ist - trotz intensivster Recherchen - vieles rational nicht nachvollziehbar. Tragisch erscheint nur, daß die Arbeitsplätze in den Zechen, die Bexbach mit Kohle beliefern, wie Bürgermeister und Bürger von Bexbach glauben, ihre Gesundheit gefährden und z.B. Saarberg rund 60 % des erzeugten Stroms für die Landesgrenzen exportiert.

78) Schreiber, J.: Genosse Frust. In: Natur, Jg. 1987, H. 27, S. 29.

79) Raumordnung im Saarland, a.a.O., S. 14.

80) Härtel, H.-H., Matthies, K. u. Mously, M.: Zusammenhang zwischen Strukturwandel und Umwelt, Spezialuntersuchung 2 im Rahmen der HWWA-Strukturberichterstattung 1987, hrsg. v. HWWA, Hamburg 1986.

81) Koch, E.R.: Die Lage der Nation 85/86, Umwelt-Atlas der Bundesrepublik, Daten, Analysen, Konsequenzen, Trends, Hamburg 1985, S. 310.

82) Koch, E.R., a.a.O., S. 310.

83) Koch, E.R., a.a.O., S. 310.

84) Die Saarbergwerke gehören zu 24 % dem Saarland und zu 76 % der Bundesrepublik Deutschland.

85) Koch, E.R., a.a.O., S. 316.

86) So führt die Prims neben Wasser jährlich folgende Giftmengen mit sich: 22 t Kohlenwasserstoffe, 1240 t Chloride, 40 t Nitrate, 1160 t Sulfate, 53 t Sulfid, 18 t Aluminium, 232 kg Cadmium, 9 kg Quecksilber, 245 t Eisen, 84 t Zink, 24 t Blei, 135 t Ammonium. Kauntz, E.: Hat das Umweltministerium vom Zyankali der Dillinger Hütte gewußt? Der Kanal "E 16" leitete das Gift in die Saar / Das Fischsterben und die Stahlindustrie. In: FAZ v. 16.4.1987, S. 3.

87) Im Juli 1986 vernichtete bekanntlich ein Blausäurestoß 100 t Fische in der Saar.

88) Koch, E.R.: S. 317.

89) Koch, E.R.: a.a.O., S. 323.

90) Wagner, A.: Belastung der Wälder im Saarland durch Luftverunreinigungen. In: Der Forst- und Holzwirt, 37. Jg. (1982), S. 22, S. 557ff. (Sonderdruck); Wagner, A.: Stirbt unser Wald ein drittes Mal? In: Allgemeine Forstzeitschrift, Jg. 1983, Nr. 3, S. 77ff.; Wagner, A.: Mitteilungen der saarländischen Landesforstverwaltung, Bodenanalyseserie 1964 bis 1983 und Anpassungsunterhaltung, (Sonderdruck), Saarbrücken 1985; Wagner, A.: Die Waldschäden haben im Saarland 1985 um 6,8 % der Waldfläche zugenommen, Manuskript, Saarbrücken 1985; Wagner, A.: Waldschadenserhebung 1984, Mitteilung der saarländischen Landesforstverwaltung, (Sonderdruck), Saarbrücken 1984; Beckenkamp, H.W.: Die Epidemiologie der Lungen- und Bronchialmalignome. In: Handbuch der Inneren Medizin, Bd. IV/4 A: Tumoren der Atmungsorgane und das Mediastinumsa, hrsg. v. Trendelenburg, F., Berlin, Heidelberg, New York, Tokio 1985; Heyden, S.: Umweltpanorama der Zivilisationskrankheiten; Forst, W.: Unvermeidbare Schadstoffe in unserer Umwelt; Schlippköter, H.W.: Smog in Ballungsgebieten und dessen Einfluß auf den Menschen, alle Beiträge in: Medicinale XV, Environtologie - Mensch und Umwelt, Iserlohn 1985; Schlippköter, H.W.: Pseudokrupp und Luftverunreinigungen, Bericht des Länderausschusses für Immissionsschutz, Bundesgesundheitsamt und Umweltbundesamt, Manuskript, Düsseldorf 1985.

91) Wagner, A.: Belastung der Wälder im Saarland durch Luftverunreinigungen, a.a.O., S. 558.

92) Ebenda.

93) Ebenda.

94) Wagner, A., a.a.O., S. 559.

95) Ebenda.

96) Die TA-Luft 86 fordert für So_2 für IW_1 = 0,14 mg/m^3 Luft und für IW_2= 0,40 mg/m^3 Luft.

97) Wagner, A., a.a.O., S. 560.

98) Ebenda.

99) Weltatlas der Bundesrepublik Deutschland, zweite, völlig überarbeitete Auflage, Berlin, Heidelberg, New York, Tokio 1984, S. 152.

100) Becker, N. et al., a.a.O., S. 154.

101) Schreiben Prof. Dr. H.W. Beckenkamp vom 12.5.1987.

102) Vgl. hierzu die Bewerbungsaufforderung des kommunalen Abfallbeseitigungsverbundes Saar, FAZ v. 4.4.1987.

103) Arbeitsprogramm "Arbeit und Umwelt" der saarländischen Sozialdemokraten.

104) Vgl. hierzu auch Arbeitsprogramm "Arbeit und Umwelt", a.a.O., Ziff. 4 a, 7 und 9.

4. Folgerungen

105) Schlieper weist zurecht darauf hin, daß das Ruhrgebiet vor allem im vorigen Jahrhundert eine starke Ähnlichkeit mit den USA hatte. "Auch die Städte des Ruhrgebiets waren "Boomtowns" und folgten in ihrer städtebaulichen Entwicklung fast nur den Erfordernissen der Industrie". Schlieper, A., a.a.O., S. 18, Fußnote 5.

106) Artikel Raumordnung. In: Handwörterbuch der Raumforschung und Raumordnung, hrsg. v. ARL, Hannover 1970, Sp. 2460.

107) Ebenda.

108) Vgl. hierzu auch Schlieper, a.a.O., S. 300 sowie Denkinger, J.: Wandel der Arbeitsgesellschaft - Zukunft der Arbeit; Fürstenberg, F.: Geht der Arbeitsgesellschaft die Arbeit aus? Espenhorst, J.: Zu neuen Ufern der Arbeit, Aspekte eines epochalen Wandels, Bahrdt, H.P.: Quo vadis Arbeit? Erwerbsarbeit/Eigenarbeit/Hausarbeit; Zimmerli, W.CH.: Vom "Glück" der Arbeitslosigkeit. In: Universitas, Zeitschrift für Wissenschaft, Kunst und Literatur, 42. Jg. (1987), H. 3; Stutzer, D.: Von der Fronarbeit zum Fließband (Ein Beitrag zur Karriere der Arbeit in 1500 Jahren), unveröffentlichtes Manuskript v. Oktober 1984 (Grundlage einer Sendung des Bayerischen Rundfunks am 21.10.1984); Schütze, Ch.: Abschied von der bisherigen Arbeit. In: SZ, Jg. 1986, Nr. 295 sowie die Sammelbände "Wege zur Vollbeschäftigung", hrsg. v.

Krupp, H.J., Rohwer, B. und Rothschild, K., Freiburg 1986 und Sanmann, H. und Lamszus, H. (Hrsg.): Neue Technologien, Arbeitsmarkt und Berufsqualifikation, Bern und Stuttgart 1987.

Anmerkungen zu Kapitel IV

1. Konkretisierung der Ziele

1) Damit wird hier m.E. realitätsnäher - aus der Sicht anderer "skeptischer" - argumentiert als in dem sehr lesenswerten und anregenden Reader: Wege zur Vollbeschäftigung, hrsg. v. Krupp, H.J., Rohwer, B. und Rothschild, K.W., Freiburg 1986.

2) Vgl. Wingen, M.: Überblick über die gegenwärtige Bevölkerungsentwicklung in der Bundesrepublik Deutschland und Perspektiven für die Zukunft, Manuskript des Vortrages auf der Hauptversammlung der Deutschen Statistischen Gesellschaft in Bonn am 26.9.1985.

3) Von der Heide, H.-J. und Gatzweiler, H.P.: Raumstrukturen der neuen Kreise. In: Der Kreis, 3. Bd.: Strukturen und Perspektiven der neuen Kreise, Köln und Berlin 1985, S. 233.

4) Mustergliederung eines Regionalplanes gem. Bekanntmachung des Bayerischen Staatsministeriums für Landesentwicklung und Umweltfragen vom 25.8.1975 (LUMBl. S. 101).

5) Der folgende Text folgt nahezu wortwörtlich einem schriftlichen Votum von Bruno Dietrichs, das B.D. und ich im Frühjahr 1987 dem Präsidium der ARL übermittelt haben.

6) Vgl. hierzu BVerwGe 68, 311ff. und BVerwGe 68, 319ff.

7) Die Verantwortung für wirtschaftlichen Strukturwandel, d.h. die Anpassung des betrieblichen Absatzes - besser: des Produktionsprogrammes - an die Nachfrage liegt "in einer Marktwirtschaft primär bei den Unternehmern. Gerade an dieser Stelle sind die Möglichkeiten des Staates, gestaltend einzugreifen, begrenzt. Das Vorantreiben des Strukturwandels bedeutet ja, neue Felder auszuwählen, von denen man nicht weiß, ob sie sich auf Dauer als aussichtsreich erweisen. Der Suchprozeß des Marktes, der an dieser Stelle zugleich eine Verteilung des Risikos auf viele beinhaltet, ist hier unverzichtbar. Der Staat kann durch Existenzgründungsförderung Regionalpolitik und Technologiepolitik Hilfestellung leisten." Krupp, H.J.: Die Erschließung von Arbeitsplatzreserven im Tertiärsektor als Beitrag zur Lösung struktureller Probleme. In: Wege zur Vollbeschäftigung, a.a.O., S. 236.

8) Josef Reichholf hat in seinem Beitrag: "Indikatoren für Biotopqualitäten, notwendige Mindestflächengrößen und Vernetzungsdistancen" hierzu deutliche Worte gefunden, die nachstehend zitiert werden sollen: "Als beste Möglichkeit, die praktisch sofort verwirklicht werden könnte, wird die Umwidmung von Flächen vorgeschlagen, die aus der landwirtschaftlichen Produktion ausscheiden oder die sich bereits im Besitz der öffentlichen Hand befinden.
Solche Flächen aus dem Staatsforstbereich, aus staatlichem Besitz in Auwäldern, an Gewässern und auch an landwirtschaftlichen Nutzflächen können den Flächenbedarf für Artenerhaltung und Regeneration des Naturpotentials kurz-,

mittel- und langfristig decken. Sie lassen sich auch als Tauschmöglichkeit im Bedarfsfalle heranziehen, um die benötigten Flächen in die richtige Verteilung und Größen zu bekommen. Mit Hilfe des vorhandenen Personals und unter Nutzung der vorhandenen Ausbildungskapazitäten, z.B. in Bayern der Akademie für Naturschutz (ANL) und anderer Institutionen ließe sich Personal aus der Staatsforstverwaltung und aus den Flurbereinigungsbehörden für diesen neuen Aufgabenbereich zu sachgerechter Arbeit fortbilden und aufgrund der einschlägigen beamtenrechtlichen Bestimmungen auch für diese Aufgaben heranziehen, ohne daß in größerem Umfang Stellen geschaffen werden müßten.
Der Staat (bzw. die Länder) darf sich der gesetzlich verankerten Aufgabe nicht wie bisher dadurch weitgehend entziehen, daß er die Problematik von Nutzungsausfall oder Nutzungseinschränkungen auf geschützten Flächen zu einem wesentlichen Teil auf den privaten Grundbesitz oder private Nutzungsrechte abwälzt, während er selbst auf den staatseigenen Flächen nach den Prinzipien der Ertragsmaximierung weiterwirtschaftet.
Wenn der Staat bereit ist, den ihm unmittelbar verfügbaren Flächenbesitz in diesem Sinne als Kapital mit langfristiger Verzinsung einzusetzen, erscheint die Problematik durchaus lösbar. Die Landflächen sind vorhanden, die zur Sicherung des Artenreichtums und zur Erhaltung der Naturgüter benötigt würden. Wenn endlich genügend politischer Wille gezeigt würde, ist es keineswegs zu spät zum Handeln." In: Wechselseitige Beeinflussung von Umweltvorsorge und Raumordnung, FUS, Bd. 165 (hrsg. v. ARL), Hannover 1987, S. 308.

9) Goppel, K.: Die Rechtswirkungen des Regionalplans. In: BayVbl., Jg. 1984, H. 8, S. 230.

2. Detaillierung der Laufenden Raumbeobachtung

10) "Die umweltpolitischen Debatten der jüngsten Zeit - um das Waldsterben, um das Kohlekraftwerk Buschhaus, um die Einführung von Katalysatoren, zuletzt um den Smogalarm in den verschiedenen Ballungszentren - haben einen deutlichen Einstellungswandel bei der Bevölkerung der Bundesrepublik bewirkt. Regelmäßigen bundesweiten Infas-Repräsentativerhebungen zur Folge hat der Umweltschutz als politische Aufgabe im Bewußtsein der Bürger erheblich an Gewicht gewonnen.", Institut für angewandte Sozialwissenschaft (Report für die Presse, Jg. 1985, Nr. 2, S. 1).

11) Kremhelmer, G. u. Weiß, H.: Anpassung von Vorschriften an das Staatsziel "Umweltschutz" in der Bayerischen Verfassung. In: Amtsblatt des Bayerischen Staatministeriums für Landesentwicklung und Umweltfragen, 15. Jg. (1985), Nr. 1, S. 1.

12) Vgl. Uppenbrink, M. u. Knauer, W.: Funktion, Möglichkeiten und Grenzen von Umweltqualitäten und Eckwerten aus der Sicht des Umweltschutzes. In: Wechselseitige Beeinflussung von Umweltvorsorge und Raumordnung, FUS, Bd. 165 (hrsg. v. ARL), Hannover 1987, S. 45ff.

13) Uppenbrink, M. u. Knauer, W., a.a.O., S. 47.

14) Uppenbrink, M. u. Knauer, W., a.a.O., S. 49.

15) Vgl. hierzu ARL (Hrsg.): Wechselseitige Beeinflussung von Umweltvorsorge und Raumordnung, FUS, Bd. 165. Besonders hervorzuheben sind in diesem Band die Beiträge von Uppenbrink/Knauer, Kloke, Finke, Schmitt und Rembierz sowie J. Reichholf.

16) Schon 1983 wies z.B. H. Lowinski in der Zusammenfassung der vorangegangenen Diskussion darauf hin: "Es fehlt vielfach die Kenntnis über die ökologischen Grundlagen und Daten der Lebensräume, für die wir planen - Stichwort: es gibt z.B. kein Immissionskataster, und wenn es Informationen gibt, dann sind sie häufig nicht flächendeckend verfügbar.", Lowinski, H.: Leitlinien und Zielkonflikte der Raumordnungs- und Umweltpolitik - Berichterstattung über die Arbeitsgruppe I -. In: Umweltvorsorge durch Raumordnung (22. Wiss. Plenarsitzung der ARL 1983), Hannover 1984, S. 56.

17) Kampe, D.: Orientierungs- und Richtwerte als Entscheidungsgrundlage für eine ökologisch orientierte Raumentwicklung. In: Wechselseitige Beeinflussung von Umweltvorsorge und Raumordnung, a.a.O., S. 320.

18) Kampe, D.: Orientierungs- und Richtwerte als Entscheidungsgrundlage für eine ökologisch orientierte Raumentwicklung, a.a.O., S. 317.

19) Kampe, D., a.a.O., S. 321.

20) Vgl. Tab. 2.

21) Schreiber, H.: Emissions-, Immissions- und Wirkungskataster als Instrumente der Umweltberichterstattung/Ein Vergleich zwischen der Bundesrepublik Deutschland und den Vereinigten Staaten von Amerika, IIUG rep 85/5, Berlin 1985, S. 27. Vgl. zu diesem Themenkomplex auch die außerordentlich informative Darstellung von Wurm, S.: Informationen zum Stand der gebietsbezogenen Luftreinhalteplanung der Bundesländer. In: Informationen zur Raumentwicklung: Akuelle Daten und Prognosen zur räumlichen Entwicklung/Umwelt I: Luftbelastung, Jg. 1985, H. 11/12, S. 10035ff.

22) Dreyhaupt, zitiert nach Schreiber, a.a.O., S. 27.

23) Schreiber vertritt die Ansicht: "Das Wirkungskataster ist in seiner Aussagekraft sehr viel geringer einzustufen als das Emissions- und das Immissionskataster. Es ist nur sehr schwer möglich, stoffspezifische Wirkungen nachzuweisen: "Vielmehr wird heute aus im Wirkungskataster festgestellten Tatbeständen, die im Zusammenhang mit Luftverunreinigungen stehen könnten, auf die Einwirkung bestimmter Luftverunreinigungskomponenten geschlossen. Die Tendenz geht ... dahin, für bestimmte Luftverunreinigungskomponenten Wirkungsmuster zu beschreiben, die durch gezielte Untersuchungen in Bereichen mit entsprechender Immissionsbelastung - erkennbar aus dem Immissionskataster - verifiziert werden sollten." Schreiber zitiert hier erneut Dreyhaupt. Schreiber, H., a.a.O., S. 31.

24) Schreiber, H., a.a.O., S. 33. Nachrichtlich sei erwähnt, daß das Land Nordrhein--Westfalen 1975 ein Landesimmissionsschutzgesetz erließ, um das BImSchG materiell zu ergänzen. Die Immissionsschutzgesetzgebung in Nordrhein-Westfalen konzentriert sich auf
- den anlagenbezogenen Immissionsschutz,
- den stoff- und produkbezogenen Immissionsschutz und
- den gebietsbezogenen Immissionsschutz.

Man nimmt an, daß durch die GFAVO und die novellierte TA-Luft der Schadstoffausstoß der Kraftwerke und der Industrie deutlich zurückgeht, aber der Anteil von Haushalten und Kleinverbrauchern - ähnlich wie an der Saar und in Nordost-Oberfranken (besonders in Hof!) - zunehmen wird. Vgl. hierzu auch: Solfrian, W., Schade, H. u. Schramek, E.R.: Ermittlung der Emissionen des Sektors Haushalte und Kleinverbraucher im großstädtischen Lebensraum, dargestellt an den Luftreinhalteplänen im Ruhrgebiet. In: Umweltschutz in großen Städten, VDI-Berichte 605, Düsseldorf 1987, S. 121ff.

25) Zimmermann, F. (Hrsg.): Dritter Immissionsschutzbericht der Bundesregierung, Drucksache 10/1354 (v. 25.4.1984), S. 27.

26) Schreiber, H., a.a.O., S. 35.

27) Der Rat von Sachverständigen für Umweltfragen: Waldschäden und Luftverunreinigungen, Wiesbaden 1983, S. 112ff.

28) In einem Interview mit der SZ hat der damalige Umweltminister von Rheinland-Pfalz, Klaus Töpfer, erklärt, daß gefährliche Stoffe "nicht erst am Auslauf der Kläranlage zu beachten sind, sondern daß wir an den Entstehungsort zurückgehen müssen". Töpfer erklärte ferner: "Zu überprüfen ist, welche Abwasser entstehen, wie werden sie behandelt und welche Möglichkeiten bestehen, um sie überhaupt zu vermeiden? Wenn sie nicht zu vermeiden sind, müssen sie entweder vor der Kläranlage abgefangen oder durch bestimmte andere Behandlungsmöglichkeiten chemischer Art reduziert werden. ... Allerdings brauchen wir für den Vollzug mehr Personal und vor allen Dingen mehr Analytik. Wir müssen die gewaltigen Fortschritte der modernen Meß- und Regeltechnik einsetzen, um den veränderten Kontrollausgaben auch wirklich gerecht werden zu können." (SZ v. 12.3.1987/Probleme im Vollzug der Umweltgesetze/Es fehlt an Technik und Überwachungspersonal, S. 13).

29) "Der in § 7a neu eingeführte Satz 2 sieht bei der Einleitung gefährlicher Stoffe Vermeidungsmaßnahmen nach dem Stand der Technik vor. Bei der noch durchzuführenden Beurteilung der Frage, ob es sich um einen gefährlichen Stoff handelt, werden insbesondere die in der Liste I des Anhangs der EG-Gewässerschutzrichtlinie aufgeführten Stoffe herangezogen werden können. Von diesen Stoffen, die hauptsächlich aufgrund ihrer Giftigkeit, ihrer Langlebigkeit und ihrer Anreicherungsfähigkeit auszuwählen sind, gebührt den nachfolgenden Stoffen besondere Beachtung:
- organische Halogenverbindungen und Stoffe, die in Wasser derartige Verbindungen bilden können,
- organische Phosphorverbindungen,
- organische Zinnverbindungen,
- Stoffe, deren kanzerogene Wirkung in oder durch das Wasser erwiesen ist,
- Quecksilber und Quecksilberverbindungen,
- Cadmium und Cadmiumverbindungen,
- beständige Mineralöle und aus Erdöl gewonnene beständige Kohlenwasserstoffe.

Hervorzuheben ist, daß die Bestimmung der gefährlichen Stoffe nicht ausschließlich an der Liste I des Anhangs der EG-Gewässerschutzrichtlinie auszurichten ist. Es kommen auch Stoffe der Liste II in Betracht. Ebenso sind weitere ähnlich gefährliche Stoffe denkbar (z.B. Stoffe, die im Zusammenwirken mit anderen Stoffen gefährliche Eigenschaften bilden). Bezüglich des Inhalts der Begriffe Stoffe mit krebserzeugender, fruchtschädigender oder erbgutverändernder Wirkung kann auf § 3, Nr. 3 des Chemikaliengesetzes verwiesen werden". Deutscher Bundestag, Drucksache 10/3973, S. 10.

30) Hierzu zählt auch das Problem der sog. Indirekteinleitungen. Heute werden ca. 50 % der gewerblichen und industriellen Abwässer nicht direkt in

Gewässer abgeleitet, sondern über öffentliche Abwasseranlagen. Diese sog. Indirekteinleitungen wurden bis zur Novellierung des WHG nicht erfaßt.

31) Im Bericht der Bundesregierung über die Anwendung und die Auswirkungen des Chemikaliengesetzes (Bundestagsdrucksache 10/5007 v. 5.2.1986) heißt es wörtlich: "Ein systematischer Vollzug des Chemikaliengesetzes, z.B. durch routinemäßige Überprüfungen der Betriebe mit Probeanalysen und Fakteneinsicht findet deshalb bisher nicht statt." (S. 24).

32) Milde, G.: Erfassung und Bewertung standortgebundener Boden- und Grundwasserkontaminationen. In: Umweltschutz in großen Städten, VDI-Berichte 605, Düsseldorf 1987, S. 143.

33) Milde, G., a.a.O., . 142ff.

34) Milde, G., a.a.O., S. 143.

35) Milde, G., a.a.O., S. 145.

36) Als Faustregel gilt: Das Trinkwasser, das heute aus dem Grundwasser gefördert wird, ist - je nach Bodenbeschaffenheit - vor 30 bis 10 Jahren als Niederschlag auf die (stark gedüngten) Böden niedergegangen. D.h. selbst wenn ab sofort nicht mehr gedüngt würde, würde sich der Nitratgehalt im Grundwasser noch erhöhen. Vgl. hierzu auch NN: Pflanzenschutzmittel im Grundwasser. In: FAZ v. 15.4.1987. Ähnlich äußerte sich Töpfer, K.: "Es fehlt an Technik und Überwachungspersonal." (In: SZ, Jg. 1987, Nr. 59, S. 13).

37) Vgl. hierzu die im Literaturverzeichnis zu I,5 (Boden) angeführten Veröffentlichungen von A. Kloke.

38) Vgl. S. 15 dieser Untersuchung.

3. Verbesserung der Instrumente

39) Zum Grundsätzlichen vgl. ARL (Hrsg.): Grundriß der Raumordnung, Hannover 1982; Bröss, U.: Raumordnungspolitik, 2. Aufl., Berlin u. New York 1982; Buchwald, K. u. Engelhardt, W.: Handbuch für Planung, Gestaltung und Schutz der Umwelt, 4 Bände, München, Bern, Wien 1978; Dietrichs, B.: Konzeptionen und Instrumente der Raumplanung - eine Systematisierung, Hannover 1986; Vester, F.: Ballungsgebiete in der Krise - zum Verstehen und Planen menschlicher Lebensräume, dtv-Sachbuch, München 1983 Zum speziellen Problem der freien Entfaltung der Persönlichkeit vgl. Programmatische Schwerpunkte der Raumordnung, Bundestagsdrucksache 10/3146 v. 3.4.1985). Hier wird festgestellt, "daß sich die Probleme der traditionell strukturschwachen Räume tendenziell eher vergrößern, statt sich dem notwendigen Ausgleich anzunähern". (S. 2).

40) Vgl. hierzu auch Böventer, E. v., Hampe, J. u. Steinmüller, H.: Theoretische Ansätze zum Verständnis räumlicher Prozesse. In: Grundriß der Raumordnung, ARL (Hrsg.) Hannover 1982, S. 63ff.

41) Über vier besonders wichtige Umweltschutzprogramme in Bayern (Landschaftspflegeprogramm/Erschwernisausgleich bei Feuchtflächen/Wiesenhüterprogramm/Acker- und Wiesenrandstreifenprogramm) informiert Bayer. Landwirtschaftliches Wochenblatt, 176. Jg. (1986), Nr. 11 (15.3.1986), S. 12.

42) Vgl. Hartkopf, G. u. Bohne, E.: Umweltpolitik, Bd. 1, a.a.O., S. 186.

43) Lendi, M.: Politische und soziale Probleme der modernen Raumplanung. In: DISP 88, Dokumente und Informationen zur Schweizerischen Orts-, Regional- und Landesplanung, 23. Jg. (1987), H. 4, S. 5.

44) Kampe, D., a.a.O., S. 317.

45) In diesem Zusammenhang sollte nicht übersehen werden, daß Umweltverschmutzung nachweislich ein altes Problem ist. Woll liefert hierfür Beispiele, die ins erste vorchristliche Jahrhundert reichen, vgl. Woll, A.: Wirtschaftspolitik, München 1984, S. 313.

46) § 19 WHG erlaubt es den Ländern, in größerem Umfang als bisher, Wasserschutzgebiete auszuweisen. Als störend muß dabei empfunden werden, daß durch die Bestimmungen über die Entschädigung von Bauern, auf deren Land Wasserschutzgebiete ausgewiesen werden, das Verursacherprinzip auf den Kopf gestellt wird. Hier haben die Parlamentarier wieder einmal einer kleinen, aber lautstarken Lobby nachgegeben.

47) Becker, K.: Das Konzept der ausgeglichenen Funktionsräume. In: Grundriß der Raumordnung, a.a.O., S. 239.

48) Umweltqualität wurde differenziert nach: natürliches Potential, Erholungs-Potential, bebaute und belastete Fläche, Lärm, Qualität der Luft, Oberflächengewässer, Grundwasser, vgl. Der Bundesminister für Raumordnung, Bauwesen und Städtebau (Hrsg.): Beirat für Raumordnung, Empfehlungen vom 16.6.1976, (Bonn-Bad Godesberg) 1976, S. 31.

49) Brösse, U.: Raumordnungspolitik, 2. Aufl., Berlin u. New York 1982, S. 94.

50) Brösse, U., a.a.O., S. 95ff.

51) Siehe gemeinsam festgelegte Begriffe. In: Wechselseitige Beeinflussung von Umweltvorsorge und Raumordnung, a.a.O., S. 7. Die Anwendung des Arbeitsinstrumentes "ökologischer Funktionsräume" führt auch zu einer verstärkten Regelungsdichte. Buchner spricht in anderem Zusammenhang von der Unteilbarkeit der Verantwortung für den Raum, die Gesellschaft, Wirtschaft, Wissenschaft und öffentlicher Hand obliegt. "Deshalb hat das Raumordnungsrecht weitgehende Formen der Teilhabe geschaffen, die ihren Ausdruck im breiten Anhörungsverfahren bei der Aufstellung von Programmen und Plänen sowie in Beiräten zur Behandlung von grundsätzlichen Fragestellungen auf der Ebene der planenden Verwaltung finden. Alles in allem ist hier ein System geschaffen worden, das von Anhängern der Verwaltungsvereinfachung mißtrauisch beäugt wird. Aber alles läßt sich eben nicht vereinfachen". Buchner, W.: Raumbewußtsein - von der Verantwortung im Umgang mit dem Raum unserer Heimat. In: Bayer. Verwaltungsblätter, Zeitschrift für öffentliches Recht und öffentliche Verwaltung, Jg. 1986, H. 21, S. 645.

52) Als Fehlentwicklung wäre es anzusehen, wenn innerhalb eines "Bereiches für die Land- und Forstwirtschaft" ökologisch wertvolle Feuchtwiesen in Maisäcker umgewandelt werden, wobei der Naturhaushalt vermutlich irreversibel verändert wird. "Je genauer eine ökologische Funktion - Biotop- und Artenschutz, Kaltluftbildung, Grundwasserneubildung, Bodenschutz etc. - in ihren

landschaftsstrukturellen Voraussetzungen beschrieben wird, um so einfacher ist es, im Einzelfall zu beurteilen, inwieweit eine geplante Maßnahme in diesem Sinne funktionsadäquat, d.h. umweltverträglich ist." Finke, L.: Flächenansprüche aus ökologischer Sicht. In: Wechselseitige Beeinflussung von Umweltvorsorge und Raumordnung, a.a.O., S. 197.

53) Vgl. hierzu auch Kerber, W.: Ethik und Ökonomik, S. 16.

54) So forderte z.B. schon 1979 die Ministerkonferenz für Raumordnung: "das Instrumentarium zur Verwirklichung landesplanerischer Zielsetzungen ist im Interesse der Entwicklung des ländlichen Raumes unter den geänderten Rahmenbedingungen zu überprüfen und gegebenenfalls zu erweitern." Beschluß v. 12.11.1979). In diesem Zusammenhang ist es auch wichtig, was Buchner kürzlich ausführte: "Die Bereitstellung eines ausreichenden Flächenanteils für die Erfüllung der Naturschutzzwecke ... ist wesentliche Voraussetzung für eine Beendigung des fortschreitenden Arten- und Biotopverlustes" und: "die Verwirklichung der naturschutzfachlichen Ziele (erfordert) einen erheblichen finanziellen Aufwand". Buchner, W.: "Naturschutzfachliche Programme unter Beteiligung der Landwirtschaft", unveröffentlichtes Manuskript für das Seminar der Akademie für Naturschutz und Landschaftspflege am 7.11.1986 in Grünberg, S. 3 u. S. 7.

55) Fürst, D.: Ökologisch orientierte Raumplanung/Schlagwort oder Konzept. In: Landschaft und Stadt, 18. Jg. (1986), H. 4. S. 149.

56) Vgl. Lendi, M.: Politische und soziale Probleme der modernen Raumplanung, a.a.O., S. 5.

57) Beschluß vom 1.1.1983 ("Bürgerbeteiligung in der Raumordnung und Landesplanung").

4. Verfeinerung der Verfahren (ROV mit UVP)

58) Zum folgenden vgl. Cupei, J.: Die Richtlinie des Rates über die Umweltverträglichkeitsprüfung (UVP) bei bestimmten öffentlichen und privaten Projekten. In: Natur und Recht, 7. Jg. (1985), H. 8, S. 297ff.; Cupei, J.: Umweltverträglichkeitsprüfung, Berlin, Bonn, München 1986; Höhnberg, U.: Prüfung der Umweltverträglichkeit raumbedeutsamer Vorhaben im Raumordnungsverfahren nach bayerischem Landesplanungsrecht. In: Umweltverträglichkeitsprüfung im Raumordnungsverfahren, ARL, Arbeitsmaterial, Nr. 122, Hannover 1986, S. 58ff; Schemel, H.J.: Die Umweltverträglichkeitsprüfung (UVP) bei Großprojekten, Berlin 1985, Schriftenreihe des Bundesministers für Ernährung, Landwirtschaft und Forsten/Angewandte Wissenschaft, H. 313: Umweltverträglichkeitsprüfung für raumbezogene Planungen und Vorhaben, Münster-Hiltrup 1985; Marx, D.: Normative Überlegungen zum Zusammenwirken von Umweltschutz und Raumordnung/Landesplanung auf der Ebene eines Raumordnungsverfahrens. In: Wechselseitige Beeinflussung von Umweltvorsorge und Raumordnung, a.a.O., S. 454ff. (z.T. wörtliche Zitate, ohne daß diese gesondert kenntlich gemacht werden).

59) Meyer-Rutz: Stand und Möglichkeiten der Umsetzung der EG-Richtlinie zur Umweltverträglichkeitsprüfung, noch unveröffentlichtes Manuskript (eines Vortrages, der im Rahmen des Kolloquiums Umweltverträglichkeitsprüfung des Deutsches Rates für Landespflege am 18.3.1987 in Bonn gehalten wurde).

60) Art. 5, Abs. 2 der RL-UVP, a.a.O., S. 95.

61) A.a.O., S. 101.

62) Zur Erläuterung von Art. 3 vergl. Cupei, J., a.a.O., S. 131ff.

63) Cupei, J.: Natur und Recht, a.a.O., S. 301.

64) Heigl/Hosch, a.a.O., B II/1.34, S. 3.

65) Heigl/Hosch, a.a.O., B. II/1.34, S. 4. Die MKRO stellt in diesem Zusammenhang fest, daß das skizzierte Konzept der UVP die bundesweite Durchführung von Raumordnungsverfahren voraussetzt, weshalb die MKRO auch vorschlägt, das ROG um eine Regelung zu ergänzen, "nach der die Länder die Rechtsgrundlagen für ein Verfahren zur Abstimmung raumbedeutsamer Vorhaben von überörtlicher Bedeutung mit den Erfordernissen der Raumordnung und Landesplanung schaffen sollen (Raumordnungsverfahren), das gleichzeitig auch eine Überprüfung der Verträglichkeit des Vorhabens mit den raumbedeutsamen und überörtlichen Belangen des Umweltschutzes einschließt", a.a.O., S. 4.

66) Nach meinen Informationen wird das Raumordnungsverfahren in Bayern am häufigsten angewendet. Nach Auskunft der damit arbeitenden Fachleute ist das ROV zwar ausbaufähig, aber nicht mehr wegzudenken. Da in Bayern gute Erfahrungen mit dem ROV gemacht wurden, wird hier das "bayerische" Verfahren geschildert.

68) Vgl. hierzu auch Cupei, J.: Natur und Recht, a.a.O., S. 102ff.

69) Vgl. hierzu auch: Umweltverträglichkeitsprüfung im Raumordnungsverfahren ARL, Arbeitsmaterial, Nr. 122, Hannover 1986, Brencken spricht sich in dieser Veröffentlichung aus Gründen sowohl der Klarheit und Rechtsicherheit als auch eines erleichterten Planungsablaufs nachdrücklich für rechtliche Wirkungen des ROV-Bescheides gegenüber dem Antragsteller der Gemeinde aus. Damit wäre die landesplanerische Beurteilung als Verwaltungsakt anzusehen und verwaltungsgerichtlich anfechtbar. Vgl. Brencken, G.: Aufgabe und Bedeutung des Raumordnungsverfahrens unter Einbeziehung der überörtlichen Umweltverträglichkeitsprüfung, S. 4ff. sowie Brencken, G.: Erfassung und Wertung der Raum- und Umweltfaktoren im Raumordnungsverfahren, Arbeitsschritte und Prüfungsmatrix, Arbeitsmaterial der ARL, Nr. 115, Hannover 1986.

70) Höhnberg kommt in seinem Beitrag "Prüfung der Umweltverträglichkeit raumbedeutsamer Vorhaben im Raumordnungsverfahren nach bayerischem Landesplanungsrecht" zu dem Ergebnis, daß "mit Rücksicht auf die verfassungsrechtliche Stellung der Gemeinden in der bayerischen Durchführungsbekanntmachung zum Raumordnungsverfahren eine nur mittelbare Bürgerbeteiligung vorgesehen (ist). Danach können die von einem Vorhaben berührten Gemeinden, die im Raumordnungsverfahren stets beteiligt werden, die Bürger z.B. in Form einer Bürgerversammlung (Art. 18 GO) anhören und die dabei gewonnenen Erkenntnisse in ihre Stellungnahme einfließen lassen. Nach der MKRO-Entschließung (Bürgerbeteiligung in der Raumordnung und Landesplanung) sollte mit Rücksicht auf die verfassungspolitische Stellung der kommunalen Gebietskörperschaften die Anhörung der Bürger zu Einzelvorhaben nach Maßgabe des jeweiligen Kommunalrechts den Gemeinden überlassen bleiben, wobei diese das Ergebnis der Bürgerbeteiligung den Behörden und Trägern der Landes- und Regionalplanung zusammengefaßt mitteilen". Höhnberg, U.: Prüfung der Umweltverträglichkeit raumbedeutsamer Vorhaben im Raumordnungsverfahren nach bayerischem Landesplanungsrecht. In:

Umweltverträglichkeitsprüfung im Raumordnungsverfahren nach dem Europäischen Gemeinschaftsrecht, FUS, Bd. 166, Hannover 1986, S. 28.

Anmerkungen zu Kapitel V

1) Uppenbrink, M. u. Knauer, P.: Funktion, Möglichkeiten und Grenzen von Umweltqualitätszielen und Eckwerten aus der Sicht des Umweltschutzes. In: Wechselseitige Beeinflussung der Grundsätze, Ziele und Erkenntnisse von Raumordnung und Umweltschutz, Hrsg.: ARL, FUS 165, Hannover 1987 (Manuskript, S. 39).

2) Buchner, W.: Die Bedeutung der Belange des Umweltschutzes für die Ziele und Verfahren der Raumordnung und Landesplanung/Ergänzende Bemerkungen nach Abschluß der Diskussion in der Arbeitsgruppe 2. In: Umweltvorsorge durch Raumordnung, Hrsg.: ARL, FUS, Bd. 158 (22. Wiss. Plenarsitzung), Hannover 1984, S. 51.

3) So vermutet z.B. Woll sicher zurecht, "daß die Lobby der Automobilindustrie eine Reihe von angeblich 'wirtschaftlichen' Gründen mit dem Ziel ins Feld zu führen wußte, staatliche Auflagen (zur Produktion abgasfreier Autos) zu verhindern". Woll, A., a.a.O., S. 339.

4) Vgl. hierzu auch Marx, D.: Planungsmarketing im Vollzug/Rahmenbedingungen und Konflikte. In: Arbeitsmaterial der ARL, Nr. 87, Hannover 1984, S. 46ff. sowie die dort angegebene Literatur.

5) Zum folgenden vgl. Fritsch, B.: Das Prinzip Offenheit - Anmerkungen zum Verhältnis von Wissen und Politik, München 1985, S. 37.

6) Fritsch, B.: Das Prinzip Offenheit ..., a.a.O., S. 38ff.

7) Ebenda.

8) Fürst, D.: Ökologisch orientierte Raumplanung - Schlagwort oder Konzept. In: Landschaft und Stadt, Jg. 18 (1986), S. 145.

9) Fritsch weist darauf hin, daß es fast immer Divergenzen zwischen Wissenschaftlern unterschiedlicher Disziplinen zu einem bestimmten Problem gibt, "doch sehr viel seltener echte Differenzen von kompetenten Wissenschaftlern zum gleichen Problem. Leider wird dieser Unterschied von den Medien häufig nicht beachtet." Fritsch, B.: a.a.O., S. 43.

10) In diesem Zusammenhang muß die völlig unzureichende Berücksichtigung von Umweltschutz und Raumordnung in der Regierungsordnung des Bundeskanzlers bedauert werden. Vgl. Bulletin des Presse- und Informationsamtes der Bundesregierung, Jg. 1987, Nr. 27, S. 205 (19.3.1987). Glücklicherweise kann die Rede des Bundespräsidenten von 1986, in der er den Umweltschutz (und damit zugleich unausgesprochen die Raumordnung) in den Rang einer "Überlebensfrage der Menschheit" hob, von der interessierten Fach-Öffentlichkeit als ein gewisses Korrektiv betrachtet werden. Vgl. Weizsäcker, R.v.: Der Rang der Umwelt und Natur im Gefüge unserer Wertordnung. In: Bulletin des Presse- und Informationsamtes der Bundesregierung, Jg. 1985, Nr. 122, S. 1026.

11) Storm, P.-Chr.: Einführung zur 4. Auflage Umweltrecht, dtv-Texte, München 1987, S. 10.

12) Programmatische Schwerpunkte der Raumordnung, Bundestagsdrucksache 10/3146 v. 3.4.1985.

13) In diesem Arbeitsfeld hat sich eine gute Zusammenarbeit mit den Medien bewährt.

14) Michel, D.: Landesplanung als politische Aufgabe. In: Beiträge zu Raumforschung, Raumordnung und Landesplanung, Festschrift für Gottfried Müller, hrsg. v. ILS, Dortmund 1985, S. 103.

15) Woll, A.: Wirtschaftspolitik, München 1984, S. 332.

16) Bei den Überlegungen zum Planungsmarketing übernehme ich im folgenden Formulierungen aus meinem bereits erwähnten Beitrag in den Arbeitsberichten der ARL, Nr. 87, ohne im einzelnen eigene Zitate kenntlich zu machen oder zu belegen. Zum Problemkomplex des Marketing vgl. auch Eichholz, R.E.: Das Unternehmen auf dem Markt - Ein Marketingrevier für die Praxis, Frankfurt 1985 und Heller, E.: Wie Werbung wirkt: Theorien und Tatsachen, Frankfurt 1984 (Fischer Taschenbuch 3839).

17) Eichholz, R.E.: a.a.O., S. 25.

18) Michel, D.: a.a.O., S. 103.

19) Bürgerbeteiligung ist erfahrungsgemäß nicht nur sehr zeitaufwendig, sondern auch kostspielig, deshalb sollten die erforderlichen Mittel rechtzeitig eingeworben werden.

Anhang

- Wanderungssaldo je 1000 Ew.

Zuzüge und Fortzüge sind die Wanderungskomponente der Bevölkerungsentwicklung. In Ergänzung zur Natürlichen Zuwachsziffer zeigt der Wanderungssaldo, bezogen auf 1000 Einwohner, an, ob sich die Wanderungsvorgänge positiv oder negativ auf das Bevölkerungswachstum auswirken. Darüber hinaus gilt der Wanderungssaldo allgemein als Indikator für die Qualität regionaler Lebensbedingungen. Der Gesamtwanderungssaldo versteckt allerdings eine Vielzahl selektiver Wanderungen, denen jeweils unterschiedliche Ursachen und Motive zugrunde liegen. Er bedarf daher i.d.R. einer näheren Aufschlüsselung bei einer Verwendung zur Messung regionaler Lebensbedingungen.

- Arbeitslosenquote

Hohe Arbeitslosigkeit beeinträchtigt sozial- und wirtschaftspolitische Zielsetzungen gleichermaßen. Das Gesamtausmaß dieser Beeinträchtigung kommt in der jahresdurchschnittlichen Arbeitslosenquote am besten zum Ausdruck. Sie mißt kurz- oder mittelfristig auftretende wirtschaftliche Strukturprobleme (z.B. Produktivitätssteigerung bei stagnierender oder schrumpfender Güternachfrage, Veränderungen in der internationalen Arbeitsteilung, natürliche Schwankungen des Arbeitskräfteangebots), die zur Freisetzung oder Nichtbeschäftigung von Arbeitskräften führen.

- Dauerarbeitslosigkeit

Die Dauerarbeitslosenquote in % steht als Indikator für das Ausmaß struktureller Arbeitslosigkeit. Sie ist i.e.S. zurückzuführen auf Unterschiede in den Qualitätsprofilen zwischen Angebot und Nachfrage des Produktionsfaktors Arbeit. Das Risiko, für längere Zeit arbeitslos zu sein, ist für den Einzelnen um so größer, je geringer seine berufliche Qualifikation ist und je mehr die Branche, in der er beschäftigt ist, vom strukturellen Wandel betroffen ist. Hohe Werte des Indikators weisen somit auf Probleme hin, die sich aus dem wirtschaftsstrukturellen Wandel ergeben und sich auf dem Arbeitsmarkt niederschlagen.

- Ältere Arbeitslose

Zwischen dem Alter und der Produktivität einer Arbeitskraft besteht ein Zusammenhang, der jedoch nicht immer eindeutig ist. Zwar sinkt mit dem Alter die körperliche Spannkraft, andererseits nimmt jedoch die Berufserfahrung zu. Schließlich sind ältere Arbeitnehmer teurer als junge. Am Arbeitsmarkt bestehen daher im allgemeinen Präferenzen für jüngere Arbeitnehmer, so daß ältere Arbeitsuchende nur schwer vermittelbar sind. Der Indikator gibt Hinweise darauf, wie schwerwiegend das Arbeitslosenproblem in der Region ist. Hohe Indikatorwerte sind negativ zu bewerten.

- Binnenwanderungssaldo der Erwerbspersonen

Der interregionale Binnenwanderungssaldo der Erwerbspersonen weist auf unzureichende Erwerbsmöglichkeiten für Arbeitnehmer hin. Ein hoher Negativsaldo zeigt oft ein nicht ausreichendes und wenig attraktives Arbeitsplatzangebot an. Es trägt verstärkt zur Abwanderung von jungen Menchen bei, wodurch die Entwicklungsmöglichkeiten (Humankapital) der betreffenden Regionen - sofern es sich um ländliche oder strukturschwache Regionen handelt - grundsätzlich geschmälert werden.

- Siedlungsdichte

Die Siedlungsdichte mißt die Bevölkerungskonzentration im bebauten Bereich eines Raumes. Allgemein steht sie als Indikator für die Qualität der engeren Wohnumwelt. Denn mit zunehmender Siedlungsdichte steigen i.d.R. die Belastungen durch Verkehr, Lärm und Immissionen und werden klimatische, hydrologische und biologische Funktionszusammenhänge und Regenerationsprozesse (z.B. durch Oberflächenversiegelung, Einengung ökologisch wirksamer Freiräume) behindert oder unterbrochen. Unter Umweltgesichtspunkten sind sehr hohe Siedlungsdichten deshalb kritisch zu betrachten, da sie mögliche Überlastungen des Naturhaushalts und Beeinträchtigungen der Wohnumwelt anzeigen.

- Bebaute Fläche

Die Relation Bebaute Fläche/Freifläche gibt erste Hinweise auf das Ausmaß der Bodenbelastung durch Bebauung. Die bebaute Fläche umfaßt die "Gebäude- und Freifläche", die "Betriebsfläche" und die "Verkehrsfläche". Die Freifläche wird gebildet durch Erholungsfläche, landwirtschaftliche Fläche, Waldfläche, Wasserfläche und Flächen anderer Nutzung. Bebaute Flächen stellen zum einen eine wesentliche Quelle von Schadstoff-, Staub- und Lärmemissionen dar. Zum anderen behindern oder unterbrechen sie klimatische, hydrologische und biologische Funktionszusammenhänge und Regenerationsprozesse (z.B. durch Oberflächenversiegelung oder Zerschneidung bzw. Einengung ökologisch wirksamer Freiräume). Die Aussagekraft des Indikators ist eingeschränkt, weil einerseits die qualitativen Ausprägungen der Bezugsfläche Freifläche nicht erfaßt werden (können) und andererseits auch die bebaute Fläche selbst in quantitativer und qualitativer Hinsicht raumabhängig sehr unterschiedlich ausgeprägt ist (z.B.

überwiegend dichte, zusammenhängende Bebauung in den Verdichtungsräumen, eher aufgelockerte Einfamilienhausbebauung in den ländlichen Räumen).

- Freifläche in m^2 je Ew.

Die Freifläche stellt u.a. den Aktivraum für freiraumgebundene Freizeit- und Regenerationsbedürfnisse der Bevölkerung dar. Sie dient ferner als Kontrastraum zur bebauten Umwelt auch der passiven Regeneration der Bevölkerung. Zur Gewährleistung dieser Funktionen ist ein quantitativer Mindestanteil an Freiflächen in jeder Region erforderlich und zu sichern. Der Indikator ermöglicht eine globale Orientierung über mögliche Beeinträchtigungen der Regenerationsfähigkeit des Naturhaushalts und die Versorgung der Bevölkerung mit Freiraumpotentialen.

- Naturnahe Fläche in m^2 je Ew.

Die naturnahen Flächen sind innerhalb der Freiflächen besonders geeignet, den naturraumgebundenen Freizeit- und Regenerationsbedürfnissen der Bevölkerung zu dienen. Insbesondere die Wälder, die den größten Teil der naturnahen Fläche ausmachen, kommen für diese Funktionen in Betracht. Von daher ist ein quantitativer Mindestanteil in jeder Region notwendig und zu sichern. Zu den naturnahen Flächen zählen Waldflächen, Wasserflächen, Moore, Heide und Unland. Entnommen aus: Aktuelle Daten und Prognosen zur räumlichen Entwicklung, hrsg. v. Bundesforschungsanstalt für Landeskunde und Raumordnung, H. 11/12, Jg. 1985, S. 1067ff.

Literatur zu Kapitel I

1. Vorbemerkung

Bonus, H.: Warnung vor den falschen Hebeln/Ökologie und Marktwirtschaft sind keine Gegensätze. In: Die Zeit, Nr. 21, 17. Mai 1985.

Bonus, H.: Zertifikate für den letzten Dreck/Die wirksamste und billigste Methode zum Schutz der Umwelt: Das Eigeninteresse wecken. In: Die Zeit, Nr. 22, 24. Mai 1985.

Bonus, H.: Gesetz der Natur/Marktwirtschaft und Umweltschutz sind kein Widerspruch. In: Die Zeit, N. 41, 4. Oktober 1985.

Hübler, K.-H.: Plädoyer für den Staat/Die fortgeschrittene Umweltverschmutzung läßt keine Zeit für Experimente. In: Die Zeit, Nr. 40, 27. September 1985.

Kohl, H.: Die Schöpfung bewahren - die Zukunft gewinnen/Grundsätze und Leitgedanken - Auftrag zur Verantwortung und Gestaltung, Regierungserklärung des Bundeskanzlers vor dem Deutschen Bundestag. In: Bulletin des Presse- und Informationsamtes der Bundesregierung, Nr. 27, S. 205, Bonn 19. März 1987.

Schütze, C.: Ein unauflösbarer Widerspruch/Brücke von der Ökonomie zur Ökologie gesucht. In: Wirtschaft und Umwelt, 27. Februar 1986.

Sommer, T.: Jenseits von Pendelschwung und Wellenschlag/Vom Wertewandel in unserer Zeit. In: Die Zeit, Nr. 2, 3. Januar 1986, Jg. 41.

2. Bevölkerungsentwicklung

Birg, H.: Interregionale demo-ökonomische Modelle für die Bundesrepublik Deutschland: Eine Zwischenbilanz, Der Bevölkerungstrend von den nördlichen nach den südlichen Bundesländern und der Bevölkerungsverlust von Berlin (W) an das Bundesgebiet, IBS-Materialien, Bielefeld 1985.

Bundesminister für Raumordnung, Bauwesen und Städtebau: Bevölkerungs- und Arbeitsplatzentwicklung in den Raumordnungsregionen 1978-1995, Schriftenreihe, Bonn-Bad Godesberg 1985.

Landesamt für Datenverarbeitung und Statistik Nordrhein-Westfalen: Vorausberechnungen der Bevölkerung in den kreisfreien Städten und Kreisen Nordrhein-Westfalens, Bevölkerungsprognose 1984 bis 2000/2010, Düsseldorf 1985, H. 545.

Landesamt für Datenverarbeitung und Statistik Nordrhein-Westfalen: Statistische Rundschau für das Land Nordrhein-Westfalen, Düsseldorf, 38. Jg. (1986), H. 5.

NN: Bericht zur Bevölkerungsentwicklung in der Bundesrepublik Deutschland. In: Bulletin, Jg. 1987, H. 16, S. 121ff.

Stiens, G.: Szenarien zur Entwicklung der Raum- und Siedlungsstruktur der Bundesrepublik Deutschland. In: Bauwelt, H. 24/Stadtbauwelt 82, 75. Jg. (1984), S. 145ff.

3. Luft

Bergmann, H. u. Westermann, G.: Tentative estimate of Damage caused by So_2 depositions in the European Community and cost of controlling SO_2 emissions, Vorlage für 5th Cidie Meeting, Luxembourg (June 13-15, 1984), European Investment Bank, Luxembourg.

Bonus, H.: Waldkrise - Krise der Ökonomie? In: Frankfurter Allgemeine Zeitung, Nr. 243. S. 13, 27. Oktober 1984.

Bundesforschungsanstalt für Landeskunde und Raumordnung: Waldsterben und Raumordnung/Informationen zur Raumentwicklung, Bonn 1985, H. 10.

Bundesminister für Forschung und Technologie: Umweltforschung zu Waldschäden, 2. Bericht, Bonn 1985.

Bundesminister für Forschung und Technologie: Umweltforschung zu Waldschäden, 3. Bericht, Bonn 1985.

Bundesminister des Innern: Dritter Immissionsschutzbericht. In: Bulletin, Nr. 39, S. 343, 6. April 1984.

Bundesverband Bürgerinitiativen Umweltschutz e.V.: Entwurf für ein Gesetz zum Schutz des Bodens, Informationsblatt des Arbeitskreises Bodenschutz, Berlin.

Bundesverband Bürgerinitiativen Umweltschutz e.V.: Schützt den Boden!, Informationsblatt des Arbeitskreises Bodenschutz, Berlin.

Deutscher Bundestag: Schädigung des Waldbestandes durch radioaktive Strahlung aus dem Atomkraftwerk Würgassen, Antwort der Bundesregierung auf die Kleine Anfrage des Abgeordneten Stratmann und der Fraktion Die Grünen, Drucksache 10/3168, 11. April 1985.

Deutscher Bundestag: Waldschäden und Luftverunreinigungen, Sondergutachten März 1983 des Rates von Sachverständigen für Umweltfragen, Unterrichtung durch die Bundesregierung, Drucksache 10/113, 8. Juni 1983.

Deutscher Bundestag: Dreizehnte Verordnung zur Durchführung des Bundes-Immissionsschutzgesetzes (Verordnung über Großfeuerungsanlagen - 13. BimSchV) v. 22. Juni 1983. In: Bundesgesetzblatt, Nr. 26, Bonn 25. Juni 1983.

Ewers, H.-J., Brabänder, H-D., Brechtel, H.-M. u.a.: Zur monetären Bewertung von Umweltschäden, Methodische Untersuchung am Beispiel der Waldschäden, Forschungsbericht 101 03 086, Umweltforschungsplan des Bundesministers des Innern - Umweltplanung/Ökologie -, Erich Schmidt Verlag, Berlin 1986.

Forschungsbeirat Waldschäden/Luftverunreinigungen der Bundesregierung und der Länder: 2. Bericht, Karlsruhe Mai 1986.

Frisch, F.: Wie der Mensch die Atmosphäre trübt/Spurensubstanzen reichern sich immer mehr an und führen zu massiven Veränderungen, In: SZ, Nr. 167, S. 11.

Gampe, S., König, N., Mayer, P.: Die Folgen des Waldsterbens/Die Wälder sind Vorboten einer grundlegenden Bedrohung der ganzen Umwelt. In: Das Waldsterben/Ursachen-Folgen-Gegenmaßnahmen, hrsg. v. Arbeitskreis Chemische Industrie, Köln/Katalyse-Umweltgruppe Köln e.V., 2. Aufl., Köln 1984.

Gesellschaft für Strahlen- und Umweltforschung: Atlas zur Waldschadensforschung/Projektgruppe Bayern zur Erforschung der Wirkung von Umweltschadstoffen (PBWU), Bericht 9, München 1985.

Gesellschaft für Strahlen- und Umweltforschung: Atlas der Immissionsmeßstationen Europas/Projektgruppe Bayern zur Erforschung der Wirkung von Umweltschadstoffen (PBWU), Bericht 27, München 1986.

Gesellschaft für Strahlen- und Umweltforschung: Literaturdokumentation zum Thema Waldschäden/Projektgruppe Bayern zur Erforschung der Wirkung von Umweltschadstoffen (PBWU), Bericht 37, München 1986.

Gesellschaft für Strahlen- und Umweltforschung: Projektdokumentation laufender, von Bayerischen Ministerien geförderter Vorhaben zur Waldschadensforschung Oktober 1986/Projektgruppe Bayern zur Erforschung der Wirkung von Umweltschadstoffen (PBWU), Bericht 39, München 1986.

Gizycki, P. v.: Schäden an Kulturgütern, Industriebauten und Materialien durch Luftverschmutzungen/Schäden in Milliardenhöhe. In: Das Waldsterben/Ursachen-Folgen-Gegenmaßnahmen, hrsg. v. Arbeitskreis Chemische Industrie, Köln/Katalyse-Umweltgruppe Köln e.V., 2. Aufl., Köln 1984.

Institut für Energie- und Umweltforschung Heidelberg e.V.: Wirksamkeitsanalyse emissionsmindernder Maßnahmen/Schwefeldioxid-Stickoxide, Materialien zum Waldsterben, Bericht Nr. 40, Mai 1985.

Kühling, W.: Planungsrichtwerte für die Luftqualität, Entwicklung von Mindeststandards zur Vorsorge vor schädlichen Immissionen als Konkretisierung der Belange empfindlicher Raumnutzungen, hrsg. v. Institut für Landes- und Stadtentwicklungsforschung des Landes Nordrhein-Westfalen (ILS) im Auftrage des Ministers für Umwelt, Raumordnung und Landwirtschaft des Landes NRW, Schriftenreihe, Materialien, Dortmund 1986.

Kuhr, M., Reichelt, G., Stumpf, H. u.a.: Waldsterben/Rettet unsere Wälder, Globus-Begleitmappe 2/84.

Schmidt, A., Falk, K., Herforth, A. u.a.: Auswirkungen von Waldschäden auf ausgewählte Landschaftsfaktoren im Gebiet des Regionalverbandes Südlicher Oberrhein, Beiträge der ARL, Band 95, Hannover 1986.

Schütt, P., Wentzel, F., Ulrich, B. u.a.: Der Deutsche Wald stirbt, Bild der Wissenschaft dokumentiert eine Kultur-Katastrophe. In: Bild der Wissenschaft, H. 12, 1982.

Presse- und Informationsamt der Bundesregierung: Was ist los mit unserem Wald? Was bedeutet er für uns? Wie schlimm ist es wirklich? Wie können wir ihn retten? Bonn 1985.

Prittwitz, V., Haushalter, P.: Was ist ein Luftqualitäts-Index? In: ZfU, H. 4, S. 323-346, 1985.

VDI-Richtlinien: Maximale Immissions-Konzentrationen für Schwefeldioxid, VDI 2310, Blatt 11, August 1984.

4. Wasser

Brösse, U.: Der Wasserzins als Instrument der Raumordnungspolitik und der Umweltpolitik, Theoretische und empirische Untersuchungen zur möglichen raumordnungspolitischen und umweltpolitischen Bedeutung eines Wasserzinses, (noch unveröff. Manuskript), Aachen 1986.

Brunowsky, D.: Bonner Schlag ins Wasser. In: Wirtschaftswoche, Nr. 19, S. 40, 1. Mai 1987, 41. Jg.

Ruf, M.: Der Lebensraum Wasser, Internationaler Umweltschutzkongreß 28.-30. April 1983 anläßlich der IGA 1983 in München.

Schmidt-Aßmann, E.: Grundwasserschutz als Aufgabe wasserrechtlicher und regionalplanerischer Gebietsausweisungen. In: DÖV 1986, H. 22 (Manuskript).

Verband für Wasserwirtschaft und Kulturbau e.V. (DVWK), Hrsg.: Großräumige wasserwirtschaftliche Planung in der Bundesrepublik Deutschland, Schriftenreihe, Hamburg, Berlin 1984.

5. Boden

ARL: Bodenschutz als Aufgabe der Landes- und Regionalplanung, Sitzung 19./20.2.1985 in Osnabrück (Tagungspapiere).

Ausschuß "Struktur und Umwelt" der Ministerkonferenz für Raumordnung: Entwurf einer Entschließung der MKRO "Raumordnung und Schutz des Bodens".

Bayerischer Landtag: Schutz des Bodens (Drs. 6171) bzw. Bodenschutz (Drs. 6352), Interpellationen der Fraktionen, Drucksache 10/6171 v. 1.3.1985 u. 10/6352 v. 14.3.1985.

Bund/Umweltzentrum: Rettet unsere Böden, Bund Informationsmappe, Stuttgart 1985.

Der Rat von Sachverständigen für Umweltfragen: Umweltprobleme der Landwirtschaft, Sondergutachten, Bonn März 1985.

EG-Nachrichten: Die Einheitliche Akte muß ein Erfolg werden/Eine neue Perspektive für Europa (Mitteilung der Kommission an das Europäische Parlament vorgelegt am 15. Februar 1985).

Erbguth, W.: Gegenwärtige rechtliche Grundlagen des Bodenschutzes, Arbeitspapier 4/84, Münster Mai 1984.

Europäische Gemeinschaften der Rat: Mitteilung der Kommission an den Rat und an das Europäische Parlament über die Perspektiven für die gemeinsame Agrarpolitik, Brüssel 25. Juli 1985.

Florian: Konzept der Bundesregierung zum Abbau der Agrarüberschüsse. In: Bulletin, Nr. 18/S. 139, 24. Februar 1987.

Frederking, R., Friege, H., Gabel, G. u.a.: Bodenschutzprogramm. In: Bund-Positionen d. Bund für Umwelt und Naturschutz Deutschland e.V., Bonn.

Geldern, v.: Landwirtschaft zwischen Ökologie und Ökonomie. In: Bulletin, Nr. 49, S. 418, 10. Mai 1986.

Geldern, v.: Maßnahmen zur Sicherung der bäuerlichen Familienbetriebe. In: Bulletin, Nr. 24, S. 191, 11. März 1987.

Herlt, R.: Der unkorrigierbare Irrsinn der EG-Agrarpolitik. In: Finanz und Wirtschaft, Nr. 2, Zürich 1. April 1987.

Hort, P.: Das Bauernopfer. In: FAZ, Nr. 107, S. 13, 9.5.1987.

Hübler, K.-H.: Ökonomisch orientierte Raumplanung versus Ökologie oder Anmerkungen zu einer ökologisch orientierten Raumplanung, Mitteilungen des Österreichischen Instituts für Raumplanung, H. 1/2, 1983.

Hübler, K.-H.: Bodenschutzkonzepte als Ausgangspunkt für eine koordinierte und integrierte Umweltpolitik - Grenzen und Möglichkeiten der oder einer Umweltplanung, 1984.

Hübler, K.-H.: Bodenschutz durch bessere Planungsgrundlagen? - Bodenqualitätsberichte, Bodenkataster - Methodische Überlegungen und praktische Möglichkeiten, Deutsche Akademie für Städtebau und Landesplanung, Oktober 1985.

Hübler, K.-H.: Umweltpolitik in der Bundesrepublik Deutschland/Der Abschlußbericht zum Aktionsprogramm Ökologie-Aufbruch zu neuen Ufern in der räumlichen Planung oder Wiederholung altbekannter Standpunkte?, DISP Nr. 78, Januar 1985.

Hübler, K.-H.: Bodenschutz als Gegenstand der Umweltpolitik, Beiträge des Fachbereichstages 1984, Schriftenreihe des Fachbereichs Landschaftsentwicklung und Umweltforschung der TU Berlin, N. 27, Berlin 1985.

Kick, H., Kirchgeßner, M., Oslage, H.-J. u.a.: Stand und Leistung agrikulturchemischer und agrarbiologischer Forschung, Kongreßband 1982, Vorträge gehalten auf dem 94. VDLUFA-Kongreß in Münster 20.-25. September 1982, Sonderheft 39 d. Landwirtschaftlichen Forschung d. Verbandes Deutscher Landwirtschaftlicher Untersuchungs- und Forschungsanstalten.

Kloke, A.: Immissionsbelastete landwirtschaftliche Standorte. In: Leistungen von Landwirtschaft und Landschaft in Verdichtungsräumen, hrsg. v. Agrarsoziale Gesellschaft e.V., Göttingen 1980.

Kloke, A.: Aufnahme umweltrelevanter Elemente durch die Pflanze. In: XVII. Vortragstagung Siedlungsabfall-Verwertung und Nahrungsqualität am 26. u. 27. März 1981 in Speyer, Deutsche Gesellschaft für Qualitätsforschung (Pflanzliche Nahrungsmittel) e.V., 1981.

Kloke, A.: Bodenkontamination. In: Ullmanns Encyklopädie der technischen Chemie, Band 6, 4. Aufl., Sonderdruck, Weinheim 1981.

Kloke, A.: Tolerable amounts of heavy metals in soils and their accumulation in plants. In: Environmental effects of organic and inorganic contaminants in sewage sludge, Commission of the European Communities, London 1982.

Kloke, A.: Die Belastung der gärtnerischen und landwirtschaftlichen Produktion und Erntegüter durch Immissionen. In: Immissionsbelastungen ländlicher Ökosysteme, Fachseminar 16.-18. März 1982, Laufender Seminarbeitrag 2/82, Akademie für Naturschutz und Landschaftspflege, 1982.

Kloke, A.: Beitrag zur Anhörung zu Cadmium, Protokoll der Sachverständigenanhörung Berlin, 2. bis 4. November 1981, hrsg. v. Umweltbundesamt, Berlin Mai 1982.
Die Bedeutung des Klärschlamms für die Pflanzenproduktion/Düngewirkung und Schwermetallproblematik. In: Schlammbehandlung und Schlammbeseitigung, Vorträge zum ATV-Fortbildungskurs vom 11. bis 13.10.1983 in Essen, Schriftenreihe der ATV aus Wissenschaft und Praxis, 1983.

Kloke, A.: Diskussionsbeiträge im Statusseminar des Fachausschusses III, Arbeitsgemeinschaft für Umweltfragen e.V., Bonn 15.9.1983.

Kloke, A.: Nutzgarten und Umweltbelastung. In: Gartenpraxis, H. 1, S. 35, 1983.

Kloke, A.: Zeitbombe - oder nur halb so schlimm?/Das Schwermetall-Problem kann nicht pauschal betrachtet werden. In: DLG-Mitteilungen, Sonderdruck, Jg. 99, H. 23, S. 1244-1246, 6. Dezember 1984.

Kloke, A.: Klärschlamm - Rohstoff oder Schadstoff? 16. Essener Tagung vom 9.3.- 11.3.1983 in Essen, Sonderdruck aus: Gewässerschutz-Wasser-Abwasser, H. 65, hrsg. v. Böhnke, B.; Institut für Siedlungswasserwirtschaft der Rhein.-Westf. Techn. Hochschule Aachen, Aachen 1984.

Kloke, A.: Schadgas- und Schwermetallbelastungen von Böden und Pflanzen in Kleingärten. In: Garten und Umwelt, BDG Schriftenreihe 37, hrsg. v. Bundesverband Deutscher Gartenfreunde e.V., Braunschweig 1985.

Kloke, A.: Richt- und Grenzwerte zum Schutz des Bodens vor Überlastungen mit Schwermetallen. In: Boden - das dritte Umweltmedium/Beiträge zum Bodenschutz d. Bundesforschungsanstalt für Landeskunde und Raumordnung, Bonn 1985.

Kloke, A.: Zufuhr von Schwermetallen zum Boden mit Pflanzenschutzmitteln, Besondere Stoffe, Zeitschrift für Agrarpolitik und Landwirtschaft, hrsg. v. Bundesministerium für Ernährung, Landwirtschaft und Forsten, Hamburg, Berlin 1985.

Krause, K.P.: Die Agrarpolitik des Ignaz Kiechle/Ein Gespräch mit dem Bundesminister für Landwirtschaft. In: FAZ, Nr. 248, S. 5, 25. Oktober 1986.

Kuhr, M., Reichelt, G., Stumpf, H. u.a.: Chemie in der Natur, Globus-Begleitmappe 3/85, 1985.

Möhler: Freisetzung und Extensivierung landwirtschaftlich genutzter Flächen unter besonderer Berücksichtigung des Natur- und Umweltschutzes (Entwurf), 12.2.1985.

NN: Bonn will Agrarflächen stillegen/Kiechle kündigt Fünf-Jahres-Plan an. In: SZ, 23.3.1987.

Organisation for Economic Co-Operation and Development: Outlook for agricultural pokicies and markets, Commodity notes, Paris 1987.

Ost, F.: Konzept zur Einkommenssicherung der deutschen Landwirtschaft. In: Bulletin, Nr. 105, S. 894, 19. September 1986.

Ribbe, L.: Zur Lage der Landwirtschaft/Agrarpolitisches Grundsatzprogramm, Bund-Positionen d. Bund für Umwelt und Naturschutz Deutschland e.V. Bonn.

Wallmann: Initiativen der Bundesregierung zum Schutz der Umwelt. In: Bulletin, Nr. 74, S. 621, Bonn 20. Juni 1986.

6. Schutz der natürlichen Lebensgrundlagen

Bayerisches Landesamt für Umweltschutz: Symposium über Wirkungen von Luftverunreinigungen auf Menschen, Schriftenreihe, H. 61.

Bayerisches Staatsministerium für Landesentwicklung und Umweltfragen: Ökologie und Umwelthygiene, Tagungsbericht 9/80 d. ANL, München 23.-24. September 1980.

Deutscher Bundestag: Bericht der Bundesregierung über Maßnahmen auf allen Gebieten des Umweltschutzes, Unterrichtung durch die Bundesregierung, Drucksache 10/4614, 2.1.1986.

Graul, H., Pütter, S., Hrsg.: Environtologie/Mensch und Umwelt/Fakten-Spekulationen-Szenarios, Medicenale XV, Iserlohn 1985.

Innenministerium des Bundes: Umweltbrief, Abschlußbericht der Projektgruppe "Aktionsprogramm Ökologie", Bonn 1983.

Fischer, B.: Bewertungsansätze für ökologische Belange in der räumlichen Planung, Ireus, Schriftenreihe, Band 7, Institut für Raumordnung und Entwicklungsplanung Universität Stuttgart.

Lorenz, K.: Die acht Todsünden der zivilisierten Menschheit, Serie Piper.

Mayr, E.: Die Entwicklung der biologischen Gedankenwelt/Vielfalt-Evolution und Vererbung, Berlin, Heidelberg, New York, Tokyo 1984.

OECD: Interfutures, Herausforderungen der Zukunft, Hamburg 1981.

Reichholf, J.: Die Arten-Areal-Kurve bei Vögeln in Mitteleuropa. In: Anz. orn. Ges. Bayern 19, 1980: 13-26.

Reichholf, J.: Inselökologische Aspekte der Ausweisung von Naturschutzgebieten für die Vogelwelt, München (Manuskript).

VDI: Umweltschutz in großen Städten, Düsseldorf 1987.

Vester, F.: Neuland des Denkens, 3. Aufs. "DVA", Stuttgart 1983.

Vester, F.: Unsere Welt - ein vernetztes System, Klett-Cotta-Verlag, Stuttgart 1978 (erscheint als dtv-Taschenbuch im September 1983).

Landesanstalt für Ökologie, Landschaftsentwicklung und Forstplanung Nordrhein-Westfalen: Ökologischer Fachbeitrag der Lölf zum Gebietsentwicklungsplan - Teilabschnitt "Bochum/Hagen/Herne/Ennepe-Ruhr-Kreis", Recklinghausen 1981.

Landesanstalt für Ökologie, Landschaftsentwicklung und Forstplanung Nordrhein-Westfalen: Ökologischer Beitrag zum Landschaftsplan des Kreises Wesel Raum Hamminkeln, Band 1: Analyse des Naturhaushaltes, Recklinghausen 1984.

Landesanstalt für Ökologie, Landschaftsentwicklung und Forstplanung Nordrhein-Westfalen: Ökologischer Beitrag zum Landschaftsplan des Kreises Wesel Raum Hamminkeln, Band 2: Erfassung und Bewertung schutzwürdiger Biotope, Recklinghausen 1984.

Landesanstalt für Ökologie, Landschaftsentwicklung und Forstplanung Nordrhein-Westfalen: Materialien zum ökologischen Beitrag für den Landschaftsplan des Kreises Wesel Raum Hamminkeln, Band 3, Recklinghausen.

Landesanstalt für Ökologie, Landschaftsentwicklung und Forstplanung Nordrhein-Westfalen: Fachbeitrag der Lölf zum Gebietsentwicklungsplan - Teilabschnitt "Siegen/Olpe", Recklinghausen 1984.

Landesanstalt für Ökologie, Landschaftsentwicklung und Forstplanung Nordrhein-Westfalen: Ökologischer Fachbeitrag zum Gebietsentwicklungsplan für den Regierungsbezirk Münster - Teilabschnitt Westmünsterland.

Steuerungsgruppe der Projektgruppe "Aktionsprogramm Ökologie": Materialien der Projektgruppe "Aktionsprogramm Ökologie", Bonn Juli 1983.

Umweltbundesamt: Daten zur Umwelt 1986/87, Berlin 1986.

Literatur zu Kapitel II

Akademie für Naturschutz und Landschaftspflege: Berichte 10, Laufen/Salzach 1986.

ARL: Ausgeglichene Funktionsräume/Grundlagen für eine Regionalpolitik des mittleren Weges, FUS, Bd. 94, Hannover 1975.

ARL: Regional differenzierte Schulplanung unter veränderten Verhältnissen/Probleme der Erhaltung und strukturellen Weiterentwicklung allgemeiner und beruflicher Bildungseinrichtungen, FUS, Bd. 150, Hannover 1984.

ARL: Tendenzen und Probleme der Entwicklung von Bevölkerung, Siedlungszentralität und Infrastruktur in Nordrhein-Westfalen, FUS, Bd. 137, Hannover 1981.

ARL: Räumliche Planung in der Bewährung/Referate und Diskussionsberichte anläßlich der Wissenschaftlichen Plenarsitzung 1980 in Osnabrück, FUS, Bd. 139, Hannover 1982.

ARL: Qualität von Arbeitsmärkten und regionale Entwicklung, FUS, Bd. 143, Hannover 1982.

ARL: Umweltplanungen und ihre Weiterentwicklung, Bd. 73, Hannover 1983.

ARL: Regionale Aspekte der Bevölkerungsentwicklung unter den Bedingungen des Geburtenrückganges, FUS, Bd. 144, Hannover 1983.

ARL: Gleichwertige Lebensbedingungen durch eine Raumordnungspolitik des mittleren Weges/Indikatoren, Potentiale, Instrumente, FUS, Bd. 140, Hannover 1983.

ARL: Umweltvorsorge durch Raumordnung/Referate und Diskussionsberichte anläßlich der Wissenschaftlichen Plenarsitzung 1983 in Wiesbaden, FUS, Bd. 158, Hannover 1984.

ARL: Verkehrsplanung für eine erholungsfreundliche Umwelt/Ein Handbuch verkehrsberuhigender Maßnahmen für Kleinstädte und Landgemeinden v. Heinze, G.W. u. Schreckenberg, W., Hannover 1984.

ARL: Entwicklungsprobleme großer Zentren/Referate und Diskussionsberichte anläßlich der Wissenschaftlichen Plenarsitzung 1984 in Berlin, FUS, Bd. 161, Hannover 1985.

ARL: Sicherung oberflächennaher Rohstoffe als Aufgabe der Landesplanung, FUS, Bd. 180, Hannover 1985.

ARL: Wirtschaftsstruktur und großstädtische Finanzen/Einflüsse höherwertiger Dienstleistungen auf die kommunalen Steuereinnahmen und Ausgaben in verschiedenen Großstädten v. Postlep, R.-D., Hannover 1985.

ARL: Zur Entwicklungsgeschichte der Landesplanung und Raumordnung v. Umlauf, J., Hannover 1986.

ARL: Rechtliche Gegebenheiten und Möglichkeiten der Sicherung des Abbaus oberflächennaher Bodenschätze in der Bundesrepublik Deutschland v. Schulte, H., Hannover 1986.

ARL: Anforderungen an die Raumordnungspolitik in der Bundesrepublik Deutschland, Hannover 1986.

ARL: Erwerbsgrundlagen und Lebensqualität im ländlichen Raum, Bd. 91, Hannover 1986.

Auer, A.: Umwelt Ethik/Ein theologischer Beitrag zur ökologischen Diskussion, 1. A.; Düsseldorf 1984.

Bachfischer, R.: Die ökologische Risikoanalyse, München 1978.

Bachfischer, R.: Regionalplanung in Bayern - Einige Anmerkungen zu Organisation und Wirksamkeit. In: Beiträge zur Raumforschung, Raumordnung und Landesplanung, Festschrift für Gottfried Müller, Hrsg. v. ILS, Dortmund 1985, S. 165ff.

Baestlein/Konukiewitz: Implementation der Raumordnungspolitik: Die Schwierigkeiten der Koordination, Königstein 1980. In: Implementation politischer Programme, S. 36ff. (N.wiss. Bibliothek 97).

Baltensperger, M.: Die volkswirtschaftliche Quantifizierung des Umweltverzehrs, Darmstadt 1979. In: Umwelt und wirtschaftliche Entwicklung, S. 112ff. (Wege der Forschung, Bd. 331).

Bard: Notprogramm zur Schutzwaldsanierung der Alpenregion, Deutscher Bundestag, 10. Wahlperiode, Drucksache 10/2866.

Baum/Potratz: Regionalplanung - Anwalt der Ökologie? Eine Fallstudie zum Konflikt zwischen Ökonomie und Ökologie am Beispiel des Bergbaus. In: Raumforschung und Raumordnung 38, Jg. 1980, S. 85ff.

Bechmann, A., Hofmeister, S., Schultz, S.: Umweltbilanzierung/Darstellung und Analyse zum Stand des Wissens zu ökologischen Anforderungen an die ökonomisch-ökologische Bilanzierung von Umwelteinflüssen, Forschungsbericht 101 04 050 für das Umweltbundesamt, Bd. 1 u. 2, Berlin 1985.

Bechmann, A.: Die Nutzwertanalyse der zweiten Generation - Unsinn, Spielerei oder Weiterentwicklung? In: Raumforschung und Raumordnung 38, Jg. 1980, S. 167ff.

Beck, G.: Vorherrschende wissenschaftliche Sichtweisen der Regionalpolitik in der Bundesrepublik Deutschland. Analyse und Kritik weltfremden Betrachtens der Realität. In: Regionalpolitik zwischen Ökonomie und Ökologie, Hannover 1984, S. 25ff. (Jahrbuch der Geographischen Gesellschaft zu Hannover, Sonderheft 11).

Bibliographisches Institut, Hrsg.: Wie funktioniert das? Die Umwelt des Menschen, 2. Aufl., Mannheim, Wien, Zürich 1981.

Bick, H.: Veränderungen von Ökosystemen durch Umweltbelastungen. In: Wissen für die Umwelt, Berlin 1985, S. 37ff.

Bick, H.: Das "Aktionsprogramm Ökologie". In: Das Parlament, Jg. 1984, Nr. 19, S. 3.

Binswanger/Frisch/Nutzinger u.a.: Arbeit ohne Umweltzerstörung/Strategien einer neuen Wirtschaftspolitik, 2. Aufl. Frankfurt 1983.

Biologische Bundesanstalt für Land- u. Forstwirtschaft in Berlin und Braunschweig: Jahresbericht 1984, o.O., o.J.

Bittig, B.: Zielkonflikte zwischen Ökologie und Ökonomie. In: Dokumente und Informationen zur Schweizerischen Orts-, Regional- und Landesplanung, Nr. 68, 1982, S. 13ff.

Böventer, E., v.: Umweltschutz mit Hilfe der Marktwirtschaft. In: FAZ v. 12.11.1983.

Braun, J., v., Haen, H., de: Die langfristige regionale Entwicklung der Beschäftigung in der Landwirtschaft/Schriftenreihe des Bundesministers für Ernährung, Landwirtschaft und Forsten, Reihe A: Landwirtschaft-Angewandte Wissenschaft, H. 216, Münster-Hiltrup 1979.

Breuer, H.: dtv-Atlas zur Chemie, Bd. 1: Allgemeine und anorganische Chemie, Bd. 2: Organische Chemie und Kunststoffe, München 1981, 1983.

Brösse, U.: Raumordnungspolitik, Berlin, New York 1982.

Buchner, W.: Raumbewußtsein - Von der Verantwortung im Umgang mit dem Raum unserer Heimat. In: Bayerische Verwaltungsblätter, Zeitschrift f. öffentliches Recht und öffentliche Verwaltung, Jg. 1986, H. 21, S. 641ff.

Bundesforschungsanstalt für Landeskunde und Raumordnung: Aktuelle Daten und Prognosen zur räumlichen Entwicklung/Umwelt I: Luftbelastung, Bonn 1985, H. 11.

Bundesforschungsanstalt für Landeskunde und Raumordnung: Aktuelle Daten und Prognosen zur räumlichen Entwicklung, Bonn 1981, H. 11.

Bull, A.T., Holt, G., Lilly, M.D.: Biotechnology/International trends and perspectives, Paris 1982.

Bundesminister des Innern, Hrsg.: Umweltprogramm der Bundesregierung, Köln 1971.

Bundesminister des Innern, Hrsg.: Umweltschutz/Das Umweltprogramm der Bundesregierung, 3. Aufl., Stuttgart, Berlin, Köln, Mainz 1973.

Bundesminister des Innern, Hrsg.: Abschlußbericht der Projektgruppe "Aktionsprogramm Ökologie"/Argumente und Forderungen für eine ökologisch ausgerichtete Umweltpolitik, Bonn 1983.

Bundesministerium des Innern, Hrsg.: Was Sie schon immer über Umweltschutz wissen wollten, 2. Aufl., Stuttgart, Berlin, Köln, Mainz 1984/85.

Bundesminister des Innern, Hrsg.: Bodenschutzkonzeption der Bundesregierung, Stuttgart, Berlin, Köln, Mainz 1985.

Bundesminister für Raumordnung, Bauwesen und Städtebau: Raumordnung/Bundesraumordnungsprogramm, Bonn-Bad Godesberg 1975.

Bundesminister für Raumordnung, Bauwesen und Städtebau: Die Gültigkeit der Ziele des Raumordnungsgesetzes und des Bundesraumordnungsprogramms unter sich ändernden Entwicklungsbedingungen/Gesellschaftliche Indikatoren für die Raumordnung/Berücksichtigung europäischer Aspekte bei der Fortentwicklung der Raumordnungspolitik der Bundesregierung/Sicherung der natürlichen Lebensgrundlagen, Bonn-Bad Godesberg 1976.

Bundesminister für Raumordnung, Bauwesen und Städtebau: Raumordnungsprognose 1990, Bonn-Bad Godesberg 1977.

Bundesminister für Raumordnung, Bauwesen und Städtebau: Landesplanerische Begriffe und Instrumente, Bonn-Bad Godesberg 1984.

Bundesminister für Raumordnung, Bauwesen und Städtebau: Raumordnungsbericht 1986, Bonn-Bad Godesberg 1986.

Bundesminister für Umwelt, Naturschutz und Reaktorsicherheit: Leitlinien der Bundesregierung zur Umweltvorsorge durch Vermeidung und stufenweise Verminderung von Schadstoffen (Leitlinien Umweltvorsorge), Bonn 1986.

Bundesregierung: Programmatische Schwerpunkte der Raumordnung, Deutscher Bundestag, 10. Wahlperiode, Drucksache 10/3146.

Bundesregierung: Bericht der Bundesregierung über Maßnahmen auf allen Gebieten des Umweltschutzes, Deutscher Bundestag, 10. Wahlperiode, Drucksache 10/4614.

Buttler/Gerlach/Liepmann: Grundlagen der Regionalökonomie, Reinbeck 1977.

Carson, R.: Der stumme Frühling, 3. Aufl., München 1971.

Carter, R.W.: Pollution problems in post-war Czechoslovakia. In: Institute of British Geographers, Transactions new series, Vol. 10 (1985), Nr. 1., S. 17ff.

Cousteau, J.Y.: Umweltlesebuch 1: Bestandsaufnahme eines Planeten, Stuttgart 1983.

Cousteau, J.Y.: Umweltlesebuch 2: Saurer Regen und andere Katastrophen, Stuttgart 1983.

Czinki, L.: Gedanken zur Rolle natürlicher Ressourcen in der Raumentwicklung. In: Beiträge zur Raumforschung, Raumordnung und Landesplanung, Festschrift für Gottfried Müller, Hrsg. v. ILS, Dortmund 1985.

Der Rat von Sachverständigen für Umweltfragen: Umweltprobleme der Landwirtschaft, Sondergutachten März 1985, Bonn 1985.

Deutscher Bundestag: Antwort der Bundesregierung auf die kleine Anfrage der Abg. Frau Dr. Bard und der Fraktion Die Grünen: Folgen des Wald- und Vegetationssterbens im Alpenraum, Drs. 10/2662 v. 20.12.1984.

Deutscher Bundestag: Drucksache 10/5727 v. 24.6.1986: Beschlußempfehlung und Bericht zu dem von der Bundesregierung eingebrachten Entwurf eines Fünften Gesetzes zur Änderung des Wasserhaushaltsgesetzes, zu dem Antrag der Abgeordneten Frau Hönes und der Fraktion Die Grünen, Änderung des Wasserhaushaltsgesetzes etc.

Deutscher Rat für Landespflege: Warum Artenschutz? Bonn 1985, H. 46.

DGB: Umweltschutz und qualitatives Wachstum, Frankfurt 1985.

Dick, A.: Schöpfung und Natur, Eichstätt 1985.

Die Grünen: Ökologische und soziale Folgekosten der Industriegesellschaft in der Bundesrepublik Deutschland (1), Deutscher Bundestag, 10. Wahlperiode, Drucksache 10/5849.

Dörge, F.-W.: Umweltpolitische Instrumente und wirtschaftliche Interessen. In: Gegenwartskunde, Jg. 85, H. 4, S. 471ff.

Engelhardt, H.D.: Umweltstrategie/Materialien und Analysen zu einer Umweltethik der Industriegesellschaft, Gütersloh 1975.

Engelhardt, W.: Der fortschreitende Artentod - Ursachen, Folgen und Möglichkeiten zur Abhilfe (unveröffentlichtes Manuskript), (Internationaler Umweltschutzkongreß anläßlich der IGA 83, München 1983).

Erbguth, W.: Weiterentwicklung raumbezogener Umweltplanungen/Vorschläge aus rechts- und verwaltungswissenschaftlicher Sicht, Münster 1984.

Eriksen, W.: Ökologische Belastungen und kommunaler Umweltschutz in urbanen Verdichtungsräumen, Grundlagen und Probleme. In: Regionalpolitik zwischen Ökonomie und Ökologie, Hannover 1984, S. 61ff. (Jahrbuch der Geographischen Gesellschaft zu Hannover, Sonderheft 11).

Evangelische Akademie Arnoldshain und Stiftung mittlere Technologie, Hrsg.: Überleben ohne Wirtschaftswachstum? Karlsruhe 1977.

Finke, L.: Umweltpotential als Entwicklungsfaktor der Region. In: Informationen zur Raumentwicklung, 1984, S. 33ff.

Finke, L.: Regionalplanung zwischen Ökonomie und Ökologie - dargestellt an Beispielen aus dem Bereich des Gebietsentwicklungsplanes Dortmund - Unna - Hamm. In: Regionalpolitik zwischen Ökonomie und Ökologie, Hannover 1984, S. 91ff. (Jahrbuch der Geographischen Gesellschaft zu Hannover, Sonderheft 11).

Finke, L.: Landschaftsökologie, Braunschweig 1986.

Fischer, B.: Bewertungsansätze für ökologische Belange in der räumlichen Planung, Ireus Schriftenreihe, Bd. 7, Stuttgart 1983.

Fischer, K.: Warum gibt es eigentlich keine Bodennutzungsverordnung? Plädoyer für ein Regelwerk zur Siedlungsentwicklung. In: Natur und Landschaft, Jg. 59 (1984), S. 95ff.

Fischer/Krutilla/Cinccetti: Die Erhaltung der natürlichen Umwelt: Eine theoretische und empirische Untersuchung. In: Umwelt und wirtschaftliche Entwicklung, Darmstadt 1979, S. 249ff., (Wege der Forschung, Bd. 331).

Fortak, H.: Globale klimatische Auswirkungen und Risiken der Energieerzeugung. In: Wissen für die Umwelt, Berlin 1985, S. 79ff.

Fromme, F.K.: Eine "Staatszielbestimmung" namens Umweltschutz - Förderung der Richtermacht? In: FAZ v. 7.6.1985.

Fürst, D., Nijkamp, P., Zimmermann, K.: Umwelt-Raum-Politik, Berlin 1986.

Fürst, D., Nijkamp, P., Zimmermann, K.: Ökologisch orientierte Raumplanung - Schlagwort oder Konzept? In: Landschaft + Stadt, 18. Jg. (1986).

Fürst, D., Nijkamp, P., Zimmermann, K.: Landschaftspflege und kommunale Entwicklungsplanung. In: Der Bürger im Staat, 32. Jg. (1982), H. 2.

Glück, A.: Der gemeinsame Weg für Landwirtschaft und Umweltschutz/Diskussionspapier zur grundlegenden Reform der Argrarpolitik, Reparaturen in Teilbereichen genügen nicht mehr, Traunwalden 1985.

Glück, A.: Flächenstillegungen: Die Jahrhundertchance zum Ausgleich zwischen Landwirtschaft und Naturschutz, Traunwalden 1986.

Goppel, K.: Regionalplanung heute - Rückblick, Resultate und Perspektiven. In: Amtsblatt des Bayerischen Staatsministeriums für Landesentwicklung und Umweltfragen, Jg. 1986, Nr. 5, S. 1ff.

Graul, E.H./Pütter, S.: Environtologie Mensch und Umwelt/Fakten, Spekulationen, Szenarios, Medicinale XV, Iserlohn 1985.

Grimme, L.: Die Investitionsplanung im Landesentwicklungsprogramm Bayern - ein Erfahrungsbericht. In: Beiträge zur Raumforschung, Raumordnung und

Landesplanung, Festschrift für Gottfried Müller, Hrsg. v. ILS, Dortmund 1985.

Grosch/Mühlinghaus/Stillger: Entwicklung eines ökologisch - ökonomischen Bewertungsinstrumentariums für die Mehrfachnutzung von Landschaften, Teil 1: Zusammenfassender Bericht, Hannover 1978, (ARL, Bd. 20).

Haaf, G., Klingholz, R., Mayer-List, I., Oekler, R. u.a.: ... und weiter sterben die Wälder. In: Die Zeit, Jg. 1984, Nr. 43 v. 19.10.1984, S. 17ff.

Haber, W.: Ökologische Grundlagen des Natur- und Umweltschutzes - Ökologische Bestandsaufnahme. In: Natur- und Umweltschutz in der Bundesrepublik Deutschland, Hrsg. v. G. Olschowy, Hamburg u. Berlin 1978, S. 25ff.

Haber, W.: Zur Umsetzung ökologischer Forschungsergebnisse in politisches Handelns, Manuskript.

Haber, W.: Umweltschutz - Landwirtschaft - Boden. In: Berichte 10 der Akademie für Naturschutz und Landschaftspflege, Laufen/Salzach 1986, S. 19ff.

Handbuch zur ökologischen Planung, Berlin 1981, (Bd. 1: Einführung/Arbeitsanleitung, Umweltbundesamt - Berichte 3/81, Bd. 2: Datenverarbeitung, Umweltbundesamt-Berichte 4/81, Bd. 3: Pilotanwendung Saarland, Umweltbundesamt-Berichte 5/81.

Hartke, S.: Methoden zur Erfassung der physischen Umwelt und ihrer anthropogenen Belastung, Münster 1975, (Beiträge zum Siedlungs- und Wohnungswesen und zur Raumplanung, Bd. 23).

Hellstern/Wollmann: Entwicklung, Aufgaben und Methoden von Evaluierung und Evaluierungsforschung. In: Wirkungsanalysen und Erfolgskontrolle in der Raumordnung, Hannover 1984, S. 7ff. (Veröffentlichungen der ARL, FUS, Bd. 154).

Hönes: Auswirkungen der Fluorchlorkohlenwasserstoffe auf das Klima, Deutscher Bundestag, 10. Wahlperiode, Drucksache 10/6411, 1986.

Hoppe, W.: Zusammenfassende Übersicht über Vorschläge und Überlegungen zur Novellierung des ROG unter Berücksichtigung der Entstehungsgeschichte des Gesetzes, Münster 1986.

Immler, H.: Natur in der ökonomischen Theorie, Opladen 1985.

Jänicke, M.: Superindustrialismus und Postindustrialismus - Langzeitperspektiven von Umweltbelastung und Umweltschutz. In: Wissen für die Umwelt, Berlin 1985, S. 237ff.

Kammer der evangelischen Kirche in Deutschland für soziale Ordnung: Landwirtschaft im Spannungsfeld / zwischen Wachsen und Weichen Ökologie und Ökonomie Hunger und Überfluß, Gütersloh 1984.

Kampe, D.: Zum Konzept der Wasservorranggebiete. In: Informationen zur Raumentwicklung, Jg. 1983, S. 167ff.

Kapp, K.W.: Soziale Kosten der Marktwirtschaft, Frankfurt 1979.

Kapp, K.W.: Umweltkrise und Nationalökonomie. In: Umwelt und wirtschaftliche Entwicklung, Darmstadt 1979, S. 140ff. (Wege der Forschung, Bd. 331).

Kessel/Tischler: Umweltbewußtsein/Ökologische Wertvorstellungen in westlichen Industrienationen, Berlin 1984.

Kessel/Zimmermann: Zur "Wert"-Schätzung öffentlicher Ausgaben. Hohe Zahlungsbereitschaft für den Umweltschutz, Berlin 1983, (Papers aus dem Internationalen Institut für Umwelt und Gesellschaft des Wissenschaftszentrums Berlin. IIUG - pre 83 - 6).

Kiechle, I.: ... und grün bleibt unsere Zukunft, Stuttgart und Herford 1985.

Klöpper, R.: Überlegungen zur Regionalisierung der Umweltgefährdung. In: Beiträge zur Raumforschung, Raumordnung und Landesplanung, Festschrift für Gottfried Müller, Hrsg. v. ILS, Dortmund 1985, S. 249ff.

Knauer, P.: Fachplanung Abfallwirtschaft, Beitrag für "Daten zur Raumplanung" der Akademie für Raumforschung und Landesplanung, Hannover 1986.

Koch, Vahrenholt;: Die Lage der Nation/Umweltatlas der Bundesrepublik/Daten, Analysen, Konsequenzen, Trends, Hamburg 1983.

Kommission der Europäischen Gemeinschaften: Perspektiven für die Gemeinsame Agrarpolitik, Mitteilung der Kommission an den Rat und an das Parlament, Brüssel 1985.

Kroesch, Hübner: Räumliche Verteilung der Immissionsbelastung in der Bundesrepublik Deutschland. In: Informationen zur Raumentwicklung, Jg. 1984, S. 659ff.

Krüger, R.: Die Koordination von gesamtwirtschaftlicher, regionaler und lokaler Planung/Gedanken zur Einordnung regionaler und lokaler Planung und Politik in die nationale Wirtschaftspolitik, Berlin 1969 (Volkswirtschaftliche Schriften, H. 134).

Lammers, K.: Zur ökonomischen Entwicklung der regionalen Fördergebiete und der Nichtfördergebiete seit Beginn der siebziger Jahre. In: Seminarberichte d. Gesellschaft für Regionalforschung, 1985, S. 1ff.

Leidig, G.: Zur Effizienz umweltbezogener Raumplanung. In: Seminarberichte d. Gesellschaft für Regionalforschung, 1985, S. 109ff.

Leipert, Ch.: Ökologische und soziale Folgekosten der Produktion, Berlin 1984 (Papers aus dem Internationalen Institut für Umwelt und Gesellschaft des Wissenschaftszentrums Berlin, IIUG pre 84-4).

Lendi, M.: Raumplanung und Umweltschutz als Träger der Zukunftsverantwortung. In: DISP 78, Dokumente und Informationen zur Schweizerischen Orts-, Regional- und Landesplanung, 21. Jg. (1975), S. 5ff.

Lendi, M.: Politische und soziale Probleme der modernen Raumplanung. In: DISP 88, Dokumente und Informationen zur Schweizerischen Orts-, Regional- und Landesplanung, 23. Jg. (87), S. 5ff.

Linke, W./Schwarz, K., Hrsg.: Aspekte der räumlichen Bevölkerungsbewegung in der Bundesepublik Deutschland, Wiesbaden 1982.

Lorenz, K.: Die acht Todsünden der zivilisierten Menschheit, 8. A., München 1974.

MAB-Mitteilungen: Der Einfluß des Menschen auf Hochgebirgsökosysteme im Alpen- und Nationalpark Berchtesgaden, Bonn 1985.

MAB-Mitteilungen: Landschaftsbildbewertung im Alpenpark Berchtesgaden, Umweltpsychologische Untersuchung zur Landschaftsästhetik, Bonn 1986.

Marks, R.: Ökologische Landschaftsanalyse und Landschaftsbewertung als Aufgaben der Angewandten Physischen Geographie dargestellt am Beispiel der Räume Zwiesel/Falkenstein (Bayerischer Wald) und Nettetal (Niederrhein), Bochum 1979, (Materialien zur Raumordnung aus dem Geographischen Institut der Ruhr-Universität, Bochum Forschungsabteilung für Raumordnung, Bd. 21).

Mauch, S.P.: Hauptprobleme der Zukunft als Herausforderung an die Raumordnungspolitik. In: Informationen zur Raumentwicklung, Jg. 1982, S. 607ff.

Mayer, R.: Ökotoxikologische Effekte durch weiträumige Luftverunreinigungen. In: Wissen für die Umwelt, Berlin 1985, S. 19ff.

Meister/Schütze/Sperber: Die Lage des Waldes/Ein Atlas der Bundesrepublik/Daten, Analysen, Konsequenzen, Hamburg 1984.

Meyer-Abich, K.M./Schefold, B.: Die Grenzen der Atomwirtschaft, 2. A., München 1986.

Michaelis, H.: Die Bedeutung von Freizeit, Erholung und Fremdenverkehr im Rahmen der Gesamtkonzeption der Raumordnung und Landesplanung mit Fallstudie für den Ordnungsraum Kassel, Hannover 1986, (Arbeitsmaterial Akademie für Raumforschung und Landesplanung, Nr. 126).

Michel, D.: Landesplanung als politische Aufgabe. In: Beiträge zur Raumforschung, Raumordnung und Landesplanung, Festschrift für Gottfried Müller, Hrsg. v. ILS, Dortmund 1985, S. 101ff.

Michelsen, G., Öko-Institut Freiburg, Br.: Der Fischer Öko Almanach/Daten, Fatkten, Trends der Umweltdiskussion, Frankfurt 1984.

Mihailescu, A.: Umweltsünden-Katalog/Was heute jeder tun kann für die Welt, in der wir morgen leben, München 1983.

Möller, H., Osterkamp, R., Schneider, W.: Umweltökonomik, Königstein 1981.

Möller, H., Osterkamp, R., Schneider, W.: Umweltökonomie/Beiträge zur Theorie und Politik, Königstein 1982.

Moll, W.L.H.: Taschenbuch für Umweltschutz, Bd. III: Ökologische Informationen, 2. Aufl. München, Basel 1982.

Niemes, H.: Umwelt als Schadstoffempfänger/Die Wassergütewirtschaft als Beispiel, Tübingen 1981.

NN.: Umweltschutz soll Verfassungsrang bekommen, Staatsziel, nicht Grundrecht/"Normativer Handlungsauftrag". In: FAZ v. 3.4.1987.

NN.: Länder befürworten das Staatsziel Umweltschutz, Vorlage mit Unions-Mehrheit verabschiedet/Bayern enthält sich/SPD: Nicht weitgehend genug. In: SZ v. 11./12.7.1987.

OECD, Hrsg.: Economic and Ecological Interdependence, Paris 1982.

OECD, Hrsg.: OECD and the environment, Paris 1986.

Öko-Almanach: Der Fischer Öko-Almanach 82/83, Frankfurt 1982.

Ökologie I u. II: Angewandte Ökologie - Mensch und Umwelt, Bd. 1, Bd. 2, Stuttgart 1984.

Otto, I.: Karte der Kraftwerke in der Bundesrepublik Deutschland. In: Informationen zur Raumentwicklung, Jg. 1984, S. 675ff.

Peccei, A., Pestel, E., Mesarovic, M.: Der Weg ins 21. Jahrhundert/Alternative Strategien für die Industriegesellschaft, Augsburg 1983.

Piel, E.: Im Geflecht der kleinen Netze, Zürich 1987.

Piest, Selke: Ansatzpunkte für eine stärker ökologisch orientierte Raumordnungspolitik. In: Informationen zur Raumentwicklung Jg. 1985, S. 33ff.

Pietsch, J.: Bewertungssystem für Umwelteinflüsse, Köln r.a. 1983.

Plogmann, J.: Zur Konkretisierung der Raumordnungsziele durch gesellschaftliche Indikatoren/Ein Diskussionsbeitrag zu der Empfehlung des Beirats für Raumordnung vom 16.6.1975, Münster 1977, (Beiträge zum Siedlungs- und Wohnungswesen und zur Raumplanung, Bd. 44).

Presse- und Informationszentrum des Deutschen Bundestages, Hrsg.: Umweltschutz (I)/Wasserhaushalt, Binnengewässer, hohe See und Küstengewässer, Bonn 1971.

Priebe, H.: Die subventionierte Unvernunft/Landwirtschaft und Naturhaushalt, Berlin 1985.

Prittwitz, U., Haushalter, P.: Luftqualitäts-Index und Öffentlichkeit, Zur allgemeinverständlichen Information über die aktuelle Schadstoffbelastung der Atemluft. In: ZfU, 4/85, S. 323ff.

Prognos: Leitbilder für den ländlichen Raum in Bayern, Abschlußbericht, Basel 1981.

Rat von Sachverständigen für Umweltfragen: Auto und Umwelt/Gutachten vom September 1973, Stuttgart und Mainz 1973.

Rat von Sachverständigen für Umweltfragen: Umweltprobleme des Rheins/3. Sondergutachten März 1976, Stuttgart und Mainz 1976.

Rat von Sachverständigen für Umweltfragen: Umweltprobleme der Landwirtschaft/ Sondergutachten März 1985, Stuttgart und Mainz 1985.

Regionaler Planungsverband Würzburg: Regionalplan, Region Würzburg (2), Würzburg 1985.

Reiners, H.: Gebiete für die Sicherung von Lagerstätten in Nordrhein-Westfalen. - Der Landesentwicklungsplan V als Beitrag zur landesplanerischen Rohstoffsicherung. Bemerkungen zum Ergebnis des Beteiligungsverfahrens zum Planentwurf 1982 und zur überarbeiteten Fassung des Planes 1984. In: Raumforschung und Raumordnung, 43. Jg. (1985), H. 3, S. 102ff.

Rendtorff, T.: Ethik/Grundelemente, Methodologie und Konkretionen einer ethischen Theologie, Bd. I, Stuttgart, Berlin, Köln, Mainz 1980, (Theologische Wissenschaft, Sammelwerk für Studium und Beruf, Bd. 13,1).

Rendtorff, T.: Ethik/Grundelemente, Methodologie und Konkretionen einer ethischen Theologie, Bd. II, Stuttgart, Berlin, Köln, Mainz 1981 (Theologische Wissenschaft, Sammelwerk für Studium und Beruf, Bd. 13,2).

Rödel, E.: Regionalplanung in Nordrhein-Westfalen. In: Beiträge zur Raumforschung, Raumordnung und Landesplanung, Festschrift für Gottfried Müller, Hrsg. von ILS, Dortmund 1985, S. 111ff.

Röhl, D.: Die Relevanz und Bewertung von Geofaktoren in der räumlichen Planung - mit Beispielen zu den Entwicklungsmaßnahmen im Unterelberaum, Diss. Berlin 1986.

Rudolph, P., Boje, R.: Ökotoxikologie/Grundlagen für die ökotoxikologische Bewertung von Umweltchemikalien nach dem Chemikaliengesetz, Landsberg 1986.

Salin, E., Bruhn, N., Marti, M., Hrsg.: Polis und Regio - Von der Stadt - zur Regionalplanung, Basel, Tübingen 1967.

Sauerbeck, D.: Funktionen, Güte und Belastbarkeit des Bodens aus agrikulturchemischer Sicht, Taunusstein 1985.

Schäfer, D.: Bausteine für eine monetäre Umweltberichterstattung. In: ZfU 2/86, S. 105ff.

Schmid, K.P.: Wir brauchen einen Kraftakt, die Bundesregierung, die Länder und Parteien sind in der Agrarpolitik hilflos zerstritten. In: Die Zeit, Jg. 1986, Nr. 5, S. 17.

Schmid, W.A.: Berücksichtigung ökologischer Forderungen in der Raumplanung/Methodische Ansätze und Fallspiele, Berichte zur Orts-, Regional- und Landesplanung, Nr. 46, Zürich 1984.

Schmid, W.A./Jacsman, J.: Ökologische Planung - Umweltökonomie, Zürich 1985, (Schriftenreihe zur Orts-, Regional- und Landesplanung).

Schmidt, H.G.: Die Gestaltungskraft der Industriestandorte/Räumliche Wirkung der Investitionen im Industrialisierungsprozeß, Hamburg 1966.

Schulz, W.: Der ökonomische Wert der Umwelt - Ein Überblick über den Stand der Forschung zur Schätzung des Nutzens umweltpolitischer Maßnahmen auf der Basis verhinderter Schäden in der Bundesrepublik Deutschland, (unveröffentlichtes Manuskript).

Senator für Stadtentwicklung und Umweltschutz und Museumspädagogischer Dienst Berlin, Hrsg.: Kleines Lexikon der Planersprache.

Simonis, U.E.: Ökologische Orientierung der Ökonomie. In: Wissen für die Umwelt, Berlin 1985, S. 215ff.

Sommer, Th.: Jenseits von Pendelschwung und Wellenschlag - Zum Wertewandel in unserer Zeit. In: Die Zeit, 41. Jg. (1986).

Späth, L.: Wende in die Zukunft, Die Bundesrepublik auf dem Weg in die Informationsgesellschaft, Hamburg 1985.

Spehl, H.: Regionalpolitik 2000 - Probleme, Ziele, Instrumente/Ergebnisse eines Symposiums, Trier 1984.

Spiegel: Der Schwarzwald stirbt, 38. Jg. (1984). Nr. 51 v. 17.12.1984.

Spindler, E.A.: Umweltverträglichkeitsprüfung in der Raumplanung, Dortmund 1983 (Dortmunder Beiträge zur Raumplanung 28).

Stadtentwicklung und Umweltschutz: Landschaftsprogramm/Artenschutzprogramm, Berlin 1986.

Stadt Solingen: Umweltbericht 1985, Solingen 1985.

Steiger, A.: Sozialprodukt oder Wohlfahrt? Kritik am Sozialproduktkonzept, Die sozialen Kosten der Umweltzerstörung, Diessenhofen 1979.

Stimm, B.: Das Waldsterben - neue und tödliche Dimension einer Umwelterkrankung. In: Informationen zur Raumentwicklung, Jg. 1984, S. 615ff.

Striegnitz, M.: Schutz des Umweltmediums Boden, Rehburg-Loccum 1984, (Loccumer Protokolle).

Stripf, R., Polzer, G.: Biologie/Ökologie I, Bio 9, Darmstadt, o.J.

Stripf, R., Polzer, G.: Biologie/Ökologie II, Bio 9a, Darmstadt, o.J.

Struff, R., Schweitzer, R., v., Thimm, H.-U.: Regionale Lebensbedingungen in der Bundesrepublik Deutschland und in Ländern der Dritten Welt - Öffentliche Arbeitstagung am 20.10.1983 -, Bonn 1984.

Symposium: Gestaltung und Schutz der Umwelt des Menschen, Düsseldorf 1986, Verschiedene Referate zu Umweltproblemen der CSSR und Nordrhein-Westfalens.

Szenario Waldsterben: Verknüpfung des systemdynamischen Ansatzes mit dem flächenbezogenen Informationssystem. In: Szenarien und Auswertungsbeispiele aus dem Testgebiet Jenner/Ökosystemforschung Berchtesgaden, Bonn 1983, S. 1101ff., (MAB-Mitteilungen 17).

Tesdorpf, J.C.: Landschaftsverbrauch, Berlin, Vilseck 1984.

Trachsler, Kias: Ökologische Planung - Versuch einer Standortbestimmung. In: Dokumente und Informationen zur Schweizerischen Orts-, Regional- und Landesplanung, Jg. 1982, Nr. 68, S. 32ff.

Türke, K.: Zum Entwicklungsstand räumlicher Informationssysteme. In: Informationen zur Raumentwicklung 1984, S. 195ff.

Ulrich, B.: Die Versauerung - Giftstoffe reichern sich an. In: Bild der Wissenschaft, Jg. 1983, H. 12 (Schwerpunktthema: Der deutsche Wald stirbt).

Umweltbewertung: Geoökologische Umweltbewertung (Arbeitskreissitzung). In: Deutscher Geographentag Münster/Tagungsbericht und wissenschaftliche Abhandlungen, Stuttgart 1984, S. 467ff.

Umweltschutz: Was Sie schon immer über Umweltschutz wissen wollten, w. Aufl., Stuttgart 1984.

Umweltvorsorge durch Raumordnung: 22. wiss. Plenarsitzung der Akademie für Raumforschung und Landesplanung in Wiesbaden. In: Nachrichten/Akademie für Raumforschung und Landesplanung, Jg. 1984, Nr. 30, S. 15ff.

Unterbruner, U., Fischer, G., Taferner, F.: Waldsterben, Wien 1984, (Schriftenreihe der Stiftung "Wald in Not", Bd. 1).

Vahlberg u.a.: Ökologische und ökonomische Situation im deutschen Alpenraum, Deutscher Bundestag, 10. Wahlperiode, Drucksache 10/2807, 1985.

Vester, F.: Ballungsgebiete in der Krise, München 1983.

Verschiedene Autoren: Kleine und mittlere Betriebe und die Entwicklung strukturschwacher Regionen, 44. Jg. (1986), H. 2/3, (Raumforschung und Raumordnung).

Vidal, H.: Die Geowissenschaften im Dienste des Umweltschutzes und der Daseinsvorsorge, (unveröffentlichtes Manuskript), (Internationaler Umweltschutzkongreß anläßlich der IGA 83, München 1983).

Vollmer: Einführung von Bestandsobergrenzen zum Schutz der bäuerlichen Landwirtschaft und der Umwelt, Deutscher Bundestag, 10. Wahlperiode, Drucksache 10/2822, 1985.

Wasserversorgungswirtschaft (o.J.): Die Wasserversorgungswirtschaft 1984, Bonn, o.J.

Weiger, H.: Umweltvorsorge ist überlebenswichtig, Ökologische Politik aus der Sicht der Umweltschutzverbände. In: Das Parlament, Jg. 1984, Nr. 19, S. 3.

Weigmann, G.: Ökologie und Umweltforschung. In: Wissen für die Umwelt, Berlin 1985, S. 5 ff.

Weinschenck, G./Gebhard, H.-J.: Möglichkeiten und Grenzen einer ökologisch begründeten Begrenzung der Intensität der Agrarproduktion, Taunusstein 1985.

Literatur zu Kapitel III

1. Nordost-Oberfranken

ARL, Hrsg.: Der ländliche Raum in Bayern/Fallstudien zur Entwicklung unter veränderten Rahmenbedingungen, FUS, Bd. 156, Hannover 1984.

Bayerisches Landesamt für Umweltschutz: Dokumentation über die lufthygienische Lage im nordostbayerischen Grenzgebiet, München 1982.

Bayerisches Landesamt für Umweltschutz: Lufthygienischer Jahresbericht 1983, München 1983.

Bayerisches Staatsministerium für Landesentwicklung und Umweltfragen: Landesplanung, München 1973.

Bayerisches Staatsministerium für Landesentwicklung und Umweltfragen: Landesplanung in Bayern, München 1978.

Bayerisches Staatsministerium für Landesentwicklung und Umweltfragen: Materialien, Generatives Verhalten bei Ausländern und seine sozialen Folgen, München, o.J.

Bayerisches Staatsministerium für Landesentwicklung und Umweltfragen: Rote Liste bedrohter Tiere in Bayern, München 1983.

Bayerisches Staatsministerium für Landesentwicklung und Umweltfragen: Materialien, Medizinische Untersuchungen über die Zusammenhänge von luftverunreinigenden und belästigenden Immissionen im nordostbayerischen Grenzgebiet und gesundheitlichen Beeinträchtigungen der Bevölkerung, München 1983 (Materialien 23).

Bayerisches Staatsministerium für Landesentwicklung und Umweltfragen: Feuchtgebiete, 2. Aufl., München 1983.

Bayerisches Staatsministerium für Landesentwicklung und Umweltfragen: Strukturdatenatlas, Karten und Diagramme zu aktuellen Themen der Landesplanung in Bayern, Stadt-Umland-Wanderung, München, o.J.

Bayerisches Staatsministerium für Landesentwicklung und Umweltfragen: Aktuelle Bodenversauerung in Bayern, München 1983 (Materialien 20).

Bayerisches Staatsministerium für Landesentwicklung und Umweltfragen: Indikatorenkatalog der Raumbeobachtung (INKA), Erläuterungen und Benutzeranleitung (Zusammen mit Reg. v. Obb.), München 1983.

Bayerisches Staatsministerium für Landesentwicklung und Umweltfragen: Indikatorengestützte Raumbeobachtung in Bayern, München 1984.

Bayerisches Staatsministerium für Landesentwicklung und Umweltfragen: Waldschäden in Bayern, Stand: Herbst 1984.

Bayerisches Staatsministerium für Landesentwicklung und Umweltfragen: Waldschäden in Bayern, Stand: Herbst 1986.

Bayerische Staatsregierung: Landesentwicklungsprogramm, Teil D, 1981-1984, München 1982.

Bayerische Staatsregierung: Grenzlandbericht, München 1984.

Bayerische Staatsregierung: 7. Raumordnungsgebiet, München 1984.

Bayerische Staatsregierung: Landesentwicklungsprogramm Bayern, Investitionsteil 1983 bis 1986, München 1984.

Bayerische Staatsregierung: Landesentwicklungsprogramm Bayern, Fortschreibung 1984, München 1984.

Bayerische Staatsregierung: Wald in Gefahr, München 1984.

Bezirk Oberfranken (Pressestelle): Umweltbelastung in Oberfranken im Spiegel der Presse (20.3.-10.5.1984).

Birg, H., Maneval, K., Masuhr, K.: Synopse von Verfahren zur regionalen Bevölkerungs- und Arbeitsplatzprognose im Bereich des Bundes und der Bundesländer und deren Auswertung in Richtung auf ein einheitliches Prognosemodell, Berlin, München 1979.

Borch, L.v.d., Halbhuber, D.: Konzept einer regionalen Umweltsanierung, Umweltprojekt Fichtelgebirge, Selb 1986.

Braum, T., Pumpenmeier, K.: Untersuchungen zur Immissionsbelastung des Waldes im Bereich des Bayerischen Forstamts Bad Steben für die Wuchsjahre 1980 und 1982, o.O., o.J.

Buchner, W.: Was kostet uns der Umweltschutz? In: Bayernland, o.O., 1984, H. 4, S. 13ff.

Buchner, W.: Naturschutzfachliche Programme unter Beteiligung der Landwirtschaft anläßlich des Seminars der ANL, Grünberg 1986.

Deixler, W.: Neue Regelungen für die kommunale Landschaftsplanung. In: Kommunalpraxis, Jg. 1982, Nr. 10.

Energieversorgung Oberfranken Aktiengesellschaft: Grundsteinlegung für umweltschützendes 120-Mio-DM-Projekt/"Energieversorgung Oberfranken AG setzt mit Pilotanlage in Arzberg neue Maßstäbe" (v. Waldenfels), Presseinformation v. 26.4.1985.

Färber, R., Schneider, E.: Wanderungsmotivuntersuchung in der Region Oberfranken-Ost und im Landkreis Kronach, Bayreuth 1979.

Goppel: Schwerpunkte bayerischer Bodenschutzpolitik, Würzburg 10.10.1985 (Vortragsmanuskript).

Landesarbeitsamt Nordbayern, Landesarbeitsamt Südbayern: Arbeitsmarktzahlen für Bayern, Presse-Information, München 1986.

Leidig, G.: Zur Effizienz umweltbezogener Raumplanung. In: Seminarberichte 22, Gesellschaft für Regionalforschung, Heidelberg 1985, S. 109ff.

Mayer, B.: Rettungsaktion für die Flußperlmuschel/Bach bei Rehau am Rande des Fichtelgebirges soll von Abwässern freigehalten werden. In: SZ v. 29.5.1985.

Mayer, B.: Ein Umweltskandal, den der Staat ausbaden muß/Sanierung in Marktredwitz wird viele Millionen Mark kosten. In: SZ v. 20.2.1987.

Mühlstein, J.: Mit Koks aktiv, Braunkohlenkraftwerk Arzberg wird noch umweltfreundlicher, Sonderdruck aus: Energie, Jg. 37 (1985), H. 6, S. 51ff.

NN.: Lufthygienische Situation in Nordostbayern, Manuskript.

NN.: Regierungsbezirk Oberfranken.

NN.: Der Landkreis Hof, Zahlen und Informationen, Hof 1985.

NN.: Der Landkreis Hof, Hof, o.J.

NN.: Droht Nordostbayern ein Exodus? In: SZ v. 22./23.3.1986.

NN.: Saubere Luft keine Fata Morgana. In: SZ v. 27.2.1986.

NN.: Vier Programme zum Umweltschutz. In: Bayerisches landwirtschaftliches Wochenblatt, 176. Jg. (1986), (Sonderdruck).

NN.: Weniger Gift aus dem Kamin. In: SZ v. 21./22.3.1987.

NN.: Waldschäden und Luftverunreinigungen in Oberfranken, Stand: November 1983.

Paffrath, D.: Flugzeugmessungen der grenzüberschreitenden Luftverschmutzung im Raum Weiden-Hof/Bayern. In: Forschungsbericht DFVLR 85-25.

Regierung von Oberfranken: Zahlenspiegel des Regierungsbezirks Oberfranken, Bayreuth 1985.

Regierung von Oberfranken: Bericht über Geruchsbelästigungen im Raum Lichtenberg durch das Zellstoffwerk VEB Rosenthal in Blankenstein/DDR, Sachgebiet 840.

Regierung von Oberfranken: Zusammenhänge von luftverunreinigenden und belästigenden Immissionen im nordostbayerischen Grenzgebiet und gesundheitlichen Beeinträchtigungen der Bevölkerung ("Katzendreckgestank"), Sachgebiet 840.

Regierung von Oberfranken: Vollzug der Immissionsschutzgesetze; Kraftwerk Arzberg, Nr. 840.

Regierung von Oberfranken: Waldschäden und Luftverunreinigungen in Oberfranken, Stand: November 1983.

Regionaler Planungsverband Oberfranken-Ost: Daten, Fakten, Zahlen 1980.

Regionaler Planungsverband Oberfranken-Ost: Regionalplan, Planungsregion Oberfranken-Ost, Entwurf 1983, Bayreuth 1984 u. Beschlüsse des Planungsausschusses und der Verbandsversammlung v. 18.10. bzw. 4.12.1985.

Seitschek, O.: Ergebnisse der bayerischen Waldschadenserhebung 1985 und Folgerungen. In: Information, Bayerische Staatsforstverwaltung, Jg. 1985, H. 4, S. 1ff.

Schreyer, G.: Ergebnisse der bayerischen Waldschadensinventur 1984 und Vergleich mit 1983. In: Information, Bayerische Staatsforstverwaltung, Jg. 1984, H. 4, S. 5ff.

Sies, R., Hrsg.: Umweltsituation in Nordostbayern, Selb 1986.

Sies, R., Hrsg.: Gesundheitsschäden durch Luftverschmutzung in Nordostoberfranken, o.O., o.J.

Steckel, H.: Dampf für Porzellan, Ferndampfversorgung aus dem Belg-Kraftwerk Arzberg, Sonderdruck aus: Energie, Jg. 34 (1982), H. 5.

Warnke, J.: DDR und CSSR entgegenkommen/Der Minister regt die Finanzierung von Umwelttechnik für Ostberlin und Prag an. In: SZ v. 8.4.1987.

Wittmann, O.: Der Bodenkataster Bayern-Bodeninformationssystem für Standortkunde, Boden- und Umweltschutz. In: Amtsblatt d. Bayerischen Staatsministeriums für Landesentwicklung und Umweltfragen, 16. Jg. (1986), Nr. 3.

2. Ruhrgebiet

Anderle, W.: Freiraumentwicklung im Ruhrgebiet - Großräumige Strategien und kommunale Maßnahmen, Referat vor dem 145. Kurs des Instituts für Städtebau Berlin, Wuppertal.

Bewerunge, L.: Rau im Regen von Ibbenbüren. In: FAZ, Nr. 257, S. 3, 5. November 1986.

Bieber, H.: Entschwefelte Kraftwerke/Wie die Japaner ihre Umweltschutzprobleme lösen. In: Die Zeit, 21.6.1985.

Bundes-SGK: Arbeitspapier zur Altlastenproblematik, Berlin 3. Mai 1985.

Bennigsen-Foerder: Plädoyer für die Kohle/Ein totaler Verzicht auf den deutschen Bergbau schmälert die Sicherheit der Energieversorgung. In: Die Zeit, Nr. 10, 27. Februar 1987.

Bundesministerium für Wirtschaft: Energiebericht der Bundesregierung, Bonn, 1986.

Christ, P.: Der Stahl am Tropf des Staates/Mehr Schaden als Nutzen: Subventionen. In: Die Zeit, Nr. 15, 3. April 1987.

Christ, P.: Heiße Kohlen. In: Die Zeit, Nr. 19, 1. Mai 1987.

D'Alleux, H.-J.: Freiflächenplan Herne, Abschlußbericht, o.J.

Dietrich, S.: Altlasten lasten lange, Das Verursacherprinzip als Kollektivschuldvermutung bei der Schadensbekämpfung. In: FAZ, Nr. 42, 19. Februar 1986. S. 12.

Ewers, H.-J.: Strukturwandel und Wirtschaftsförderung in alten Industriestädten, Erweiterte Schriftfassung eines Vortrags vor der Landesgruppe Nordrhein-Westfalen der Deutschen Akademie für Städtebau und Landesplanung am 8. Februar 1985, Düsseldorf.

Finke, L.: Die Nordwanderung des Steinkohlenbergbaus, Probleme aus der Sicht einer häufig stärker ökologisch ausgerichteten Landes- und Regionalplanung. In: Natur- und Landschaftskunde, 21. Jg. (1985), H. 4, S. 79ff.

Gesamtverband des Deutschen Steinkohlenbergbaus: Steinkohle 1985/86, Essen 1986.

Gesamtverband des Deutschen Steinkohlenbergbaus: Statistik der Kohlenwirtschaft e.V.: Der Kohlenbergbau in der Energiewirtschaft der Bundesrepublik Deutschland im Jahre 1985, Essen u. Köln, 1986.

Gesamtverband des Deutschen Steinkohlenbergbaus: Statistik der Kohlenwirtschaft e.V.: Zahlen zur Kohlenwirtschaft, Essen u. Köln, 1986.

Gramke, J.: Naturschutzprogramm Ruhrgebiet/Emscherzone im Mittelpunkt (Sonderdruck).

Herne: 1. Umweltbericht 1980-1983 mit den Schwerpunkten: Stadtgrün, Luftreinhaltung, Abfallwirtschaft.

Herne: Landschaftsplan der Stadt Herne, Erläuterungsbericht, Stand: 19.1.1984.

Helmrich, W.: Wirtschaftskunde des Landes Nordrhein-Westfalen, Duisburg 1986.

Herlyn, W.: Wirtschaft in NRW beneidet Bayern um den billigen Strom. In: Die Welt, 19. September 1985.

Hesse, J.J.: Das Ruhrgebiet - Krise ohne Ende? Strukturprobleme eines altindustriellen Ballungsraums. In: Bauwelt, H. 24/Stadtbauwelt 74, 73. Jg. (1982), S. 152ff.

Hoffmann, W.: Ausgestoßen aus dem Bund? In: Die Zeit, Nr. 19, 1. Mai 1987.

Industrie- und Handelskammer Duisburg: Planungs- und umweltschutzrechtliche Hindernisse für einen Strukturwandel im Ruhrgebiet, Manuskript.

Industrie- und Handelskammer Duisburg: Berufliche Qualifikation - Chance für den Arbeitsmarkt, Manuskript.

Industrie- und Handelskammer Duisburg: Neue Wirtschaftspolitik für das Ruhrgebiet. Diskussion im Rahmen der Gemeinsamen Vollversammlung der Ruhrgebietskammern am 22. Januar 1985.

Institut für Landes- und Stadtentwicklungsforschung des Landes Nordrhein-Westfalen: Die Bedeutung ausgeglichener Funktionsräume für das Zielsystem der Landesentwicklung, (Dokumentation über eine Tagung am 8. Juli 1982 in Dortmund), Dortmund 1983.

Institut für Landes- und Stadtentwicklungsforschung des Landes Nordrhein-Westfalen: Staatsgrenzen überschreitende Zusammenabeit des Landes NRW, Dortmund 1984.

Institut für Landes- und Stadtentwicklungsforschung des Landes Nordrhein-Westfalen: Europäische Raumordnungscharta, (Sonderveröffentlichungen), Dortmund 1984.

Institut für Landes- und Stadtentwicklungsforschung des Landes Nordrhein-Westfalen: Die Oberbereiche des Landes Nordrhein-Westfalen, Dortmund 1986.

Institut für Landes- und Stadtentwicklungsforschung des Landes Nordrhein-Westfalen: Neue Arbeitsformen in alten Siedlungsstrukturen/Welche räumlichen Konsequenzen erzwingen die neuen Arbeitsmärkte? Dortmund 1986.

Jung, A.: Der Bergbau wandert nordwärts/Umweltschützer fürchten um die Landschaft im geplanten neuen Abbaugebiet nördlich der Lippe. In: SZ, Nr. 65, 19. März 1986, S. 13.

Kahlen, R.: Ein Revier mit ruiniertem Ruf, Castrop-Rauxel kann das Zechensterben nicht verkraften. In: Die Zeit, Nr. 20, 8. Mai 1987.

Kemmer, H.-G.: Kumpels als Geiseln. In: Die Zeit, Nr. 14, 27. März 1986.

Kemmer, H.-G.: Die Abwracker sind am Werk. In: Die Zeit, Nr. 13, 20. März 1987.

Kemmer, H.-G.: Wir verschenken keine Chancen/Ein Zeit-Gespräch mit Nordrhein-Westfalens Ministerpräsident Johannes Rau. In: Die Zeit, Nr. 16, 10. April 1987.

Kemmer, H.-G.: Bonn muß uns helfen/Ein Zeit-Interview über die Stahlkrise mit Detlev Rohwedder, Chef des Hoesch-Konzerns. In: Die Zeit, Nr. 15, 3. April 1987.

Kemmer, H.-G.: Noch nicht davongekommen/Vorstandschef Herbert Gienow muß wieder einen Ausweg aus der Krise finden. In: Die Zeit, Nr. 19, 1. Mai 1987.

Kirbach, R.: Eine Stadt wird arbeitslos/Durch Betriebsstillegungen treibt der Stahlkonzern Thyssen Hattingen in den Ruin. In: Die Zeit, Nr. 11, 6. März 1987.

Kohl, H.: Chancen und Zukunftsperspektiven der deutschen Stahlindustrie. In: Bulletin, Presse- und Informationsamt der Bundesregierung, Jg. 1987, Nr. 5, S. 29ff.

Kommunalverband Ruhrgebiet: Aktionsprogramm Ruhr, H. 2, September 1982.

Kommunalverband Ruhrgebiet: Bekanntmachung der Neufassung des Gesetzes über den Kommunalverband Ruhrgebiet, 27. August 1984.

Kommunalverband Ruhrgebiet: Bergeentsorgung und Umweltschutz, 2. Aufl., Essen, o.J.

Kommunalverband Ruhrgebiet: Die Arbeitsmarktsituation des Ruhrgebiets und der Bundesrepublik - Ein Vergleich - / Untersuchung von Entwicklung und Ursachen der Arbeitsmarktsituation im Ruhrgebiet in den Jahren 1982 und 1983, Essen, o.J.

Kommunalverband Ruhrgebiet: Fahrrad Wegenetz Herne, Stand Februar 1983.

Kommunalverband Ruhrgebiet: Nordwanderung des Ruhrbergbaus, Anhörung des Ministers für Umwelt, Raumordnung und Landwirtschaft am 5./6.9.1985.

Kommunalverband Ruhrgebiet: Rationelle Energieverwendung im Ruhrgebiet/Dokumentation eines Symposions des Kommunalverbandes Ruhrgebiet und des Innovationsförderungs- und Technologietransferzentrums der Hochschulen des Ruhrgebietes am 16. Oktober 1981 in Oberhausen.

Kommunalverband Ruhrgebiet: RFR'85, Regionales Freiraumsystem Ruhrgebiet, Teil I, Freiraumfunktion/Potentiale, Räumliches Leitbild/Ziele, Entwurf, Stand: Juli 1986.

Kommunalverband Ruhrgebiet: Regionale Wirtschaftspolitik am Scheideweg?/Aktuelle Entwicklung und kritische Bestandsaufnahme der Gemeinschaftsaufgabe "Verbesserung der regionalen Wirtschaftsstruktur", Essen 1981.

Kommunalverband Ruhrgebiet: Reiß-Schmidt, S.: Ruhrgebiet im Wandel, Vortrag am 27. Januar 1987 in Hamburg im Rahmen der Vortragsreihe Hamburgs Zukunft - Zwischen Metropole und Provinz des Instituts für Kontaktstudien der Fachhochschule Hamburg, Manuskript.

Kommunalverband Ruhrgebiet: Reiß-Schmidt, S.: Freiraumrückgewinnung als Chance alter Industrieregionen: Konzept und Praxis der KVR, Manuskript.

Kommunalverband Ruhrgebiet: Revier-Report 1984, Essen, Stand Juli 1984.

Kommunalverband Ruhrgebiet: Revier-Report, Essen, Stand März 1986.

Kommunalverband Ruhrgebiet: Schilling, K.J.: Anlage 6 zur Niederschrift der Sitzung der Verbandsversammlung am 10.6.1985.

Kommunalverband Ruhrgebiet: Siedlungsverband Ruhrkohlenbezirk, Gründung und Wirkung in den 20er Jahren, Essen 1985.

Kommunalverband Ruhrgebiet: Statistische Rundschau Ruhrgebiet 1986, Essen 1987.

Kommunalverband Ruhrgebiet: Städte- und Kreisstatistik Ruhrgebiet 1986, Essen 1987.

Kommunalverband Ruhrgebiet: Strukturanalyse Ruhrgebiet/Wirtschaft im Ruhrgebiet zwischen Strukturwandel und Politik (Kurzfassung), Essen.

Kommunalverband Ruhrgebiet: "Bergbaunarbe Poertinsiepen wurde Naturlandschaft", Essen, 1985.

Kommunalverband Ruhrgebiet: Waldschäden im Ruhrgebiet, Beispiel "Die Haard" (Arbeitsheft).

Kommunalverband Ruhrgebiet: Wechsel auf die Zukunft, Essen, Stand: März 1986.

Kommunalverband Ruhrgebiet: Wieland, J.: Anlage 3 zur Niederschrift der Sitzung der Verbandsversammlung am 10.6.1985.

Kröncke, G.: Fragwürdige Demonstration für eine Giftschleuder. In: SZ, 2.12.1985.

Krupinski, H.-D.: Aktuelle Fragen der Stadterneuerungspolitik in Nordrhein-Westfalen, ISL Kurzberichte 1985.

Küffner, G.: Die Amerikaner setzen wieder auf die Kohle. In: FAZ, Nr. 4, 6. Januar 1986, S. 10.

Kuhlmann, A.: Wollen wir industrielle Hinterhöfe? In: FAZ, Nr. 30, 5. Februar 1985, S. 13.

Kurbjuweit, D.: Nachts ist man am Grübeln. In: Die Zeit, Nr. 13, 20. März 1987.

Landesamt für Wasser und Abfall Nordrhein-Westfalen: Grundlagen zur Bewertung von Umweltverträglichkeitsprüfungen (UVP), Düsseldorf 1986.

Landesamt für Wasser und Abfall Nordrhein-Wesfalen: Imhoff, K. u. K.R.: Taschenbuch der Stadtentwässerung, Oldenburg, 26. Aufl.

Landesamt für Wasser und Abfall Nordrhein-Westfalen: Wasserwirtschaft Nordrhein-Westfalen - Fließgewässer -, Düsseldorf 1984, 3. Aufl.

Landesamt für Wasser und Abfall Nordrhein-Westfalen: Wasserwirtschaft Nordrhein-Westfalen, Weitergehende Anforderungen an Abwassereinleitungen in Fließgewässer, Entscheidungshilfe für die Wasserbehörden in wasserrechtlichen Erlaubnisverfahren, Düsseldorf 1984.

Landesamt für Wasser und Abfall Nordrhein-Westfalen: Jahresbericht 1985, Düsseldorf 1986.

Landesamt für Wasser und Abfall Nordrhein-Westfalen: Gewässergütebericht 1984, Düsseldorf 1985.

Landesanstalt für Immissionsschutz des Landes Nordrhein-Westfalen: Prognose der Schadstoffemissionen aus Verbrennungsanlagen im Belastungsgebiet Rheinschiene-Süd, LIS-Berichte, Nr. 48, Essen 1984.

Landesanstalt für Immissionsschutz des Landes Nordrhein-Westfalen: Untersuchungen zum Einfluß von Luftverunreinigungen auf die Häufigkeit von Pseudokrupperkrankungen im Stadtgebiet Essen, LIS-Berichte, Nr. 59, Essen 1986.

Landesanstalt für Ökologie; Landschaftsentwicklung und Forstplanung Nordrhein-Westfalen: Rote Liste der in Nordrhein-Westfalen gefährdeten Pflanzen und Tiere, Bd. 4, Recklinghausen 1986.

Landesanstalt für Ökologie; Landschaftsentwicklung und Forstplanung Nordrhein-Westfalen: Schwermetallbelastung von Böden und Kulturpflanzen in Nordrhein-Westfalen, Bd. 10, Recklinghausen 1985.

Landesgemeinschaft Naturschutz und Umwelt: Stellungnahme des Arbeitskreises Bergbau der anerkannten Naturschutzverbände in Nordrhein-Westfalen, Essen 1986.

Landesregierung Nordrhein-Westfalen: Politik für das Ruhrgebiet/Leistungen des Landes, Düsseldorf 1979.

Landesregierung Nordrhein-Westfalen: Landesentwicklungsbericht Nordrhein-Westfalen 1985, H. 45, Düsseldorf 1983.

Leyn, M.: Bergehalden im Ruhrgebiet. In: Bauwelt, H. 24/Stadtbauwelt 74, 73. Jg. (1983), S. 193ff.

Lowinski, H.: Entwicklungstendenzen der räumlichen Ordnung und der Landesplanung in Nordrhein-Westfalen, Beiträge der Akademie für Raumforschung und Landesplanung, Hannover 1987, Bd. 99.

Maier, J., Flemming, M., Kreuzter, C.: Das Image eines Raumes als Gegenstand der Raumordnungspolitik, Arbeitsmaterial der Akademie für Raumforschung und Landesplanung, Hannover 1986, Nr. 123.

Martens, E.: Leben in einem Teufelskreis/Manche wollen nicht, andere können nicht mehr zurück in die Arbeitsgesellschaft. In: Die Zeit, 7. Juni 1985, Nr. 24.

Minister für Arbeit, Gesundheit und Soziales des Landes NRW: Luftreinhalteplan Ruhrgebiet West - 1. Fortschreibung - 1984-1988, Düsseldorf 1985.

Minister für Landes- und Stadtentwicklung des Landes NRW: Gesetz- und Verordnungsblatt für das Land NRW, Ausgabe A, 28. Jg. (1974), Nr. 15.

Minister für Landes- und Stadtentwicklung des Landes NRW: Grundstücksfonds Ruhr/Rechenschaftsbericht zwei Jahre nach der Verabschiedung des Aktionsprogramms der Landesregierung "Politik für das Ruhrgebiet", Düsseldorf 1981.

Minister für Landes- und Stadtentwicklung des Landes NRW: Bergehalden/Rahmenvertrag zwischen dem Land NRW und der Ruhrkohle AG, Düsseldorf 1982.

Minister für Landes- und Stadtentwicklung des Landes NRW: Ministerialblatt für das Land NRW, 37. Jg. (1984), Nr. 79.

Minister für Landes- und Stadtentwicklung des Landes NRW: Zweiter Rechenschaftsbericht zum Grundstücksfonds Ruhr, Düsseldorf 1984.

Minister für Landes- und Stadtentwicklung des Landes NRW: Räumlicher Vollzug des Einsatzes raumwirksamer Mittel in Nordrhein-Westfalen 1970-1981, Düsseldorf 1984.

Minister für Landes- und Stadtentwicklung des Landes NRW: Konzeption einer Stadtökologie, Stand: 1. März 1985.

Minister für Landes- und Stadtentwicklung des Landes NRW: Dokumentation vorhandener Informationen über öffentliche Infrastruktureinrichtungen in Nordrhein-Westfalen, Stand: Januar 1985.

Minister für Landes- und Stadtentwicklung des Landes NRW: Rechenschaftsbericht zum Grundstücksfonds Ruhr und zum Grundstücksfonds Nordrhein-Westfalen, Stand: 31.5.1986.

Minister für Umwelt, Raumordnung und Landwirtschaft des Landes NRW: Ministerialblatt für das Land NRW, Ausgabe A, 31. Jg. (1978), Nr. 128.

Minister für Umwelt, Raumordnung und Landwirtschaft des Landes NRW: Ministerialblatt für das Land NRW, 33. Jg. (1980), Nr. 66.

Minister für Umwelt, Raumordnung und Landwirtschaft des Landes NRW: Landesentwicklungsplan V/Gebiete für die Sicherung von Lagerstätten, Entwurf, Stand: 24. Januar 1984.

Minister für Umwelt, Raumordnung und Landwirtschaft des Landes NRW: Landesentwicklungsplan III, Umweltschutz durch Sicherung von natürlichen Lebensgrundlagen, Zwischenbericht, Entwurf, Stand: April 1985.

Minister für Umwelt, Raumordnung und Landwirtschaft des Landes NRW: Nordwanderung des Steinkohlenbergbaus an der Ruhr, - Wortprotokoll -, Düsseldorf, Oktober 1985.

Minister für Umwelt, Raumordnung und Landwirtschaft des Landes NRW: Umweltschutz und Landwirtschaft, Programm zum Schutz der Feuchtwiesen, Schriftenreihe 5., Düsseldorf 1986.

Minister für Umwelt, Raumordnung und Landwirtschaft des Landes NRW: Entwurf zur 3. Änderung des Landesentwicklungsplans VI, Stand: Juli 1986.

NN: Fast eine Milliarde Mark für ein bißchen Staub, Umwelt-Auflagen treiben die Stahlpreise hoch/Thyssen Stahl klagt über "krasse Fehlinvestitionen". IN: FAZ v. 31.10.1985.

NN: Industrieansiedlung auf dem Universitäts-Campus, In Dortmund gehen Wirtschaft und Hochschule eine enge Verbindung ein. In: FAZ v. 3.9.1985.

NN: Absatzprobleme des deutschen Steinkohlebergbaus, Geringere Bezüge der Stahlindustrie - Bedeutend höherer Subventionsbedarf. In: Neue Zürcher Zeitung v. 26./27.10.1986.

NN: Viele Städte des "Reviers" finanziell am Ende, Duisburg, Oberhausen und Gelsenkirchen nehmen direkte Zuschüsse des Landes an. In: FAZ v. 4.2.1987.

NN: Beitrag zur Lösung der Stahlkrise zugesagt, Die Bundesregierung sichert auch gegenüber der DAG Unterstützung zu. In: SZ v. 10.9.1987.

NN: Reaktor-Export. In: FAZ v. 4.4.1987.

NN: Welt-Stahlkapazität viel zu groß, RWI fordert Ausgleichsabgaben zur Überwindung der Subventionen. In: SZ v. 10.4.1987.

NN: EG-Kommissar Narjes zeichnet ein düsteres Stahlszenario. In: SZ v. 27.11.1987.

NN: Düstere Aussichten für die deutsche Kohle, Der Absatz geht zurück, der Subventionsbedarf steigt/Bonner Entscheidungen lassen auf sich warten. In: SZ v. 5.5.1987.

NN: 10 000 Stahlkocher sollen in Pension, Vier Konzerne und IG-Metall einigen sich auf Positionspapier. In: SZ v. 4.11.1987.

Radzio, H.: Leben können an der Ruhr, 50 Jahre Kleinkrieg für das Revier, Düsseldorf u. Wien 1970.

Regierungsbezirk Düsseldorf: Gebietsentwicklungsplan, Teilabschnitt, Bereiche für Aufschüttungen des Steinkohlenbergbaus - Bergewirtschaft -, Düsseldorf 1985.

Regierungsbezirk Münster: Gebietsentwicklungsplan, Teilabschnitt, Bergehalden im nördlichen Ruhrgebiet, Münster 1984.

Reiß-Schmidt, S.: Mit dem "städtebaulichen Mißstand" leben ...? Bauleitplanung für Gemengelagen zwischen Umweltschutz und Wirtschaftsförderung. In: Bauwelt, H. 24/Stadtbauwelt 74, 73. Jg. (1982), S. 83ff.

SPD-Unterbezirksvorstand Dortmund: Arbeit und Umwelt für Dortmund, Entwurf, vorgelegt von der Kommission Arbeit und Umwelt.

Schlieper, A.: 150 Jahre Ruhrgebiet, Düsseldorf 1986.

Scherf, H.: Produktivitätsentwicklung und Beschäftigung, Volkswirtschaftliche Korrespondenz der Adolf-Weber-Stiftung, 25. Jg. (1986), Nr. 7.

Spindler, E.A.: Die Bergbau-Nordwanderung im Lichte der EG-UVP, Sonderdruck aus Natur- und Landschaftskunde, 21. Jg. (1985), H. 4, S. 73ff.

Uebbing, H.: Beim Stahl ist nichts mehr wie früher, Werke und Standorte im Zeichen des Strukturwandels. In: FAZ v. 2.4.1987.

Zurheide J.: Das neue Kraftwerk Ibbenbüren macht Johannes Rau zu schaffen, Regierungschef im Kreuzfeuer der Umweltschützer. In: Hannoversche Allgemeine Zeitung v. 2.12.1985.

3. Saarland

Beckenkamp, H.W.: Luftqualität und Krebsverteilung in einer Großstadt, Argumente für den Autokatalysator (Vortrag bei der Evangelischen Akademie in Arnoldshain am 5.7.1985).

Beckenkamp, H.W.: Chronische Bronchitis und menschliche Umwelt. In: Umwelt-Saar 1972, Hrsg. v. Bund für Umweltschutz e.V., Saarbrücken, o.J., S. 84ff.

Beckenkamp, H.W.: Menschliche Populationen als ökologische Kriterien. In: Umwelt-Saar 1972, Hrsg. v. Bund für Umweltschutz e.V., Saarbrücken, o.J., S. 61ff.

Beckenkamp, H.W.: Zur Epidemiologie der Lungen- und Bronchialmalignome im Saarland/Auswertung von Daten des Saarländischen Krebsregisters 1970 bis 1974 (Sonderdruck aus "Saarländisches Ärzteblatt", SÄB, 1981, H. 8).

Braun, M.: Ist Neunkirchen ohne Hochöfen denkbar? Nicht nur das Eisenwerk liegt hier im Dunkeln. In: FAZ v. 31.12.1985, S. 4.

Bundesminister des Innern: Steinkohlekraftwerk Bexbach, Deutscher Bundestag, 10. Wahlperiode, Drucksache 10/5245.

Chef der Staatskanzlei (Hrsg.): Landesentwicklungsprogramm Saar, Teil 1: Bevölkerung und Erwerbspersonen 1990, Schriften zur Landesentwicklungsplanung, H. 2, Saarbrücken 1982.

Chef der Staatskanzlei(Hrsg.): Landesentwicklungsprogramm Saar, Teil 3: Verkehr 1990, Schriften zur Landesentwicklungsplanung, H. 3, Saarbrücken 1982.

Chef der Staatskanzlei (Hrsg.): Landesentwicklungsprogramm Saar, Teil 2: Wirtschaft 1990, Schriften zur Landesentwicklungsplanung, H. 4, Saarbrücken 1984.

Deutsche Akademie für Städtebau und Landesplanung: Arbeitswelt im Umbruch, Konsequenzen für Stadt und Region, Mitteilungen, 29. Jg. (1985), Bd. 2, S. 119ff.

Eisenbarth, M., Koch, M.: Chemismus und Metallgehalte in Böden sowie Trauf- und Bodenwasser verschiedener Waldgebiete im Saarland. In: Der Forst- und Holzwirt v. 10.6.1986, Nr. 11.

Giebel, E.: Wasserwirtschaft und Umweltschutz. In: Umwelt-Saar 1972, Hrsg. v. Bund für Umweltschutz e.V., Saarbrücken, o.J., S. 128ff.

Hofmann, U.: Aus Bergehalden und Schlammweihern, Wie das Saarland Steinkohle im Tagebau fördert. In: FAZ v. 6.12.1986, Nr. 283, S. 17.

Industrie- und Handelskammer des Saarlandes: Saarwirtschaft 1984, Teil II - Statistische Dokumentation.

Kauntz, E.: Saarländische Hoffnungen. In: FAZ v. 29.12.1984.

Kessel, H.: Environmental Awareness in the Federal Republic of Germany, England, and the United States (Papers from the International Institute für Environment and Society of the Science Center Berlin, Jg. 84, H. 4.

Leinen, J.: Initiativen für eine wirksame Umweltpolitik, Manuskript.

Leinen, J.: Ökologische Modernisierung der saarländischen Wirtschaft, Manuskript.

Leinen, J.: Rettung vor dem Umweltkollaps/Die Spätfolgen jahrzehntelanger Sorglosigkeit mit Natur und Umwelt beginnen sich jetzt erst richtig bemerkbar zu machen, Manuskript.

Leinen u. Töpfer: Altkraftwerke bald stillegen. In: SZ v. 5.12.1985.

Lafontaine, O.: Saarland, Regierungserklärung des saarländischen Ministerpräsidenten, Saarbrücken 1985.

Landtag des Saarlandes: Emissionsbegrenzung bei Kohlekraftwerken, Drucksache 8/974 (8938) v. 10.6.1982.

Liebschner, K.: Wassergüte und Umweltschutz. In: Umwelt-Saar 1972, Hrsg. v. Bund für Umweltschutz e.V., Saarbrücken, o.J., S. 123ff.

Meisch, H.-U., Keßler-Schmidt, M., Willems, M. u.a.: Elementverteilung in den Jahrringen der Rotbuche, Anzeichen für tiefgreifende Veränderungen in jüngerer Zeit, (Sonderdruck aus "Der Forst- und Holzwirt", 41. Jg. (1986), H. 11, S. 301ff.

Minister für Umwelt, Raumordnung und Bauwesen: Raumordnung im Saarland, Landesentwicklungsplan Siedlung/Wohnen, Saarbrücken 1979.

Minister für Umwelt, Raumordnung und Bauwesen: Raumordnung im Saarland, Bericht zur Landesentwicklung 1979, Saarbrücken 1979.

Minisiter für Umwelt, Raumordnung und Bauwesen: Raumordnung im Saarland, Landesentwicklungsplan Umwelt, Saarbrücken 1981.

Minister für Umwelt, Raumordnung und Bauwesen: Raumordnung im Saarland, Bericht zur Landesentwicklung 1982, Saarbrücken 1982.

Minister für Umwelt, Raumordnung und Bauwesen: Raumordnung im Saarland, Rechtliche Grundlage und Leitansätze für die Raum- und Umweltplanung, Saarbrücken 1982.

Minister für Umwelt, Raumordnung und Bauwesen: Bericht 1983 zum Umweltprogramm Saarland, 4. Umweltbericht der Regierung des Saarlandes, Saarbrücken 1984.

Minister für Umwelt, Raumordnung und Bauwesen: Bekanntmachung des Landesentwicklungsplans "Umwelt (Flächenvorsorge für Freiraumfunktionen, Industrie und Gewerbe)", Erste Änderung. In: Amtsblatt des Saarlandes v. 23.8.1984.

Minister für Umwelt, Raumordnung und Bauwesen: Naturschutz im Saarland, Vorschriften zum Schutze der Natur und zur Pflege der Landschaft sowie zum Artenschutz, Saarbrücken 1984.

Minister für Wirtschaft: Die Waldschäden haben im Saarland 1985 um 6,8 % der Waldfläche zugenommen, Saarbrücken 1985.

Moll, P.: Umweltvorsorge mit den Instrumenten der raumwirksamen Planung auf Landesebene, Ein Überblick über Aufgaben und Stand der Umweltplanung im Saarland, Saarbrücken, o.J.

Monstadt, H.: Umweltschutz und Technische Überwachung. In: Umwelt-Saar 1972, Hrsg. v. Bund für Umweltschutz e.V., Saarbrücken, o.J., S. 113ff.

Müller, P.: Die Bedeutung biogeographischer Methoden für die Bearbeitung saarländischer Umweltprobleme. In: Umwelt-Saar 1972, Hrsg. v. Bund für Umweltschutz e.V., Saarbrücken, o.J., S. 19ff.

Müller, J.H.: Probleme der Wirtschaftsstruktur des Saarlandes, Luxemburg 1967.

NN: Nach verpesteter Luft kommen Gipshalden, Ungelöste, schwierige Probleme beim Saubermachen der Kraftwerke. In: SZ v. 24.11.1984.

NN.: Grüne im Saarland stellen Strafanzeige gegen Arbed. In: FAZ v. 4.6.1985.

NN.: Zeichen des Umbruchs an der Saar. In: FAZ v. 22.6.1985.

NN.: Lehrgeld, Josef Leinen, der legendäre "Jo" hat es nicht leicht. In: FAZ v. 6.11.1985.

NN.: Saarstahl will von Bonn 200 Millionen DM für Sozialplan zum Abbau der Belegschaft um über 2000 Mitarbeiter. In: SZ v. 27.11.1986.

NN.: Leinen und die Müllverbrennung, Das Saarbrücker Abfallwirtschaftskonzept vorgelegt. In: FAZ v. 20.2.1986, Nr. 43, S. 5.

NN.: "Verwertungsmodell Saar für Kraftwerks-Gips attraktiv", (aus den von den Saarbergwerken übergebenen Unterlagen, o.O., o.J.).

NN.: Saarberg sieht sich vor einem "sehr schweren Jahr 1987", Wird eines der sechs Bergwerke geschlossen?/Schwacher Absatz bei Stahlhütten. In: FAZ v. 4.2.1987, Nr. 29, S. 15.

NN.: Ermittlungen wegen Fischsterbens gegen Dellinger Hüttenwerke. In: SZ v. 8.4.1987.

NN.: Rauchgas-Entschwefelung für Japan, Saarberg-Hölter Umwelttechnik GmbH, Saarbrücken. In: FAZ v. 5.5.1987.

NN.: Saarland sperrt sich gegen Grubenschließung. In: FAZ v. 21.5.1987, Nr. 11, S. 15.

NN.: Nach dem Fischsterben fordert die CDU den Rücktritt Leinens, "Eine Serie schwerer Versäumnisse"/Lafontaine schweigt/Töpfer zieht Bilanz. In: FAZ v. 2.7.1986.

Quasten, H., Soyez, D.: Völklingen-Fenne: Probleme industrieller Expansion in Wohnsiedlungsnähe. In: Berichte zur deutschen Landeskunde, Bd. 50, Meisenheim/Glan 1976, S. 245ff.

Schäfer, T.: Modellvorhaben zur Regional-Analyse von Gesundheits- und Umweltdaten im Saarland, Bd. 1-3, Texte 7/86, Hrsg. v. Umweltbundesamt, Berlin 1986.

Robine, B.: Ohne weitere Hilfe ist Arbed Saarstahl verloren. In: SZ v. 7.11.1985.

Saarbergwerke Aktiengesellschaft: Bericht über die Geschäftsjahre 1983 und 1984 sowie diverse Unterlagen.

Saarbrücker Stadtwerke: Das Saarbrücker Zukunftskonzept, 2. Aufl., Saarbrücken 1985.

Sauer, E.: Botanik als Umweltforschung. In: Umwelt-Saar 1972, Hrsg. v. Bund für Umweltschutz e.V., Saarbrücken, o.J., S. 50ff.

Seitz, W.: Luftverunreinigung und Flechtenwuchs. In: Umwelt-Saar 1972, Hrsg. v. Bund für Umweltschutz e.V., Saarbrücken, o.J., S. 41ff.

Schneider, S.: Fernerkundungsverfahren im Dienste der Umweltforschung, Beispiele von der mittleren Saar. In: Umwelt-Saar 1972, Hrsg. v. Bund für Umweltschutz e.V., Saarbrücken, o.J., S. 19ff.

Stamer, S. (Hrsg.): Von der Machbarkeit des Unmöglichen, Politische Gespräche über grüne Praxis und grüne Perspektiven, Hamburg 1985, S. 39ff.

Tatge, Schulte, DIE GRÜNEN: Steinkohlekraftwerk Bexbach, Deutscher Bundestag, 10. Wahlperiode, Drucksache 10/5134 v. 28.2.1986.

Wagner, A.: Auch 1985 gleichmäßige Zunahme der Waldschäden im Saarland. In: AFZ H. 51/52, 1985.

Wagner, A.: Waldbodenschutz durch Kompensationskalkung, (Sonderdruck aus "Der Forst- und Holzwirt", 40. Jg. (1985), H. 19.

Wirschaftsministerium des Saarlandes, Landesforstverwaltung: Waldbaurichtlinien für den Staatswald des Saarlandes, 1. Teil: Standortökologische Grundlagen, Saarbrücken 1986.

Wirtschaftsministerium des Saarlandes, Landesforstverwaltung: Waldschadenserhebung, Waldschadenskataster '86.

Literatur zu Kapitel IV und V

ARL: Umweltverträglichkeitsprüfung im Raumordnungsverfahren/Verfahrensrechtliche und inhaltliche Anforderungen (Sitzung der Sektion III der Akademie am 1./2.7.1986 in Köln), Arbeitsmaterial, Nr. 122, Hannover 1986.

Barth, H.-G.: Ökologische Orientierung in der Regionalpolitik (Raumordnungspolitik). In: Regionalpolitik zwischen Ökonomie und Ökologie/Jahrbuch der Geographischen Gesellschaft zu Hannover, Hrsg. v. Eriksen, W., (Sonderheft 11), Hannover 1984.

Bartlsperger, R.: Verwirklichung der gemeinschaftsrechtlichen Umweltverträglichkeitsprüfung im Raumordnungsverfahren. In: Umweltverträglichkeitsprüfung im Raumordnungsverfahren nach Europäischem Gemeinschaftsrecht, Hrsg. v. ARL, FUS, Bd. 166, Hannover 1986, S. 87ff.

Battre, M. u. Masuhr, J.: Praktische Ansätze zur Umweltverträglichkeitsprüfung im Rahmen von Raumordnungsverfahren in Niederachsen. In: Umweltverträglichkeitsprüfung im Raumordnungsverfahren nach Europäischem Gemeinschaftsrecht, Hrsg. v. ARL, FUS, Bd. 166, Hannover 1986, S. 43ff.

Bayerisches Staatsministerium für Landesentwicklung und Umweltfragen: Durchführung von Raumordnungsverfahren und landesplanerische Abstimmung auf andere Weise, Bekanntmachung v. 27.3.1984 (LUMBI, S. 29). In: LEP Bayern, Stand: 1.5.1984, S. 338ff.

Bechmann, A., Rijn, M. v.u. Winter, G.: Gesetz zur Durchführung der Umweltverträglichkeitsprüfung (Entwurf, September 1986), Dortmund 1986.

Beck, G.: Vorherrschende wissenschaftliche Sichtweisen der Regionalpolitik in der Bundesrepublik Deutschland. Analyse und Kritik weltfremden Betrachtens der Realität. In: Regionalpolitik zwischen Ökonomie und Ökologie/Jahrbuch der Geographischen Gesellschaft zu Hannover, hrsg. v. Eriksen, W. (Sonderheft 11) , S. 25ff.

Benkert, W.: Die Bedeutung des Gemeinlastprinzips in der Umweltpolitik. In: ZfU, Jg. 1986, Nr. 3, S. 213ff.

Bittig, B.: Zielkonflikte zwischen Ökologie und Ökonomie. In: Ökologie in der Raumplanung, DISP, Jg. 1980, Nr. 59/60, S. 13ff.

Bleckmann, A.: Das Verhältnis von Vorhabenzulassung und Raumordnungsverfahren in bezug auf die gemeinschaftsrechtliche Umweltverträglichkeitsprüfung. In: Umweltverträglichkeitsprüfung im Raumordnungsverfahren nach Europäischem Gemeinschaftsrecht, hrsg. v. ARL, FUS, Bd. 166, Hannover 1986, S. 73ff.

Brenken, G.: Die Bedeutung des "raumplanerischen Verfahrens" in Rheinland-Pfalz, insbesondere für die Planung von Straßen. In: Umweltverträglichkeitsprüfung im Raumordnungsverfahren nach Europäischem Gemeinschaftsrecht, hrsg. v. ARL, FUS, Bd.166, Hannover 1986, S. 49ff.

Brenken, G.: Erfassung und Wertung der Raum- und Umweltfaktoren im Raumordnungsverfahren/Arbeitsschritte, Prüfungsmatrix, hrsg. v. ARL, Arbeitsmaterial, Nr. 115, Hannover 1986.

Brösse, U.: Raumordnungspolitik, 2. Aufl., (de Gruyter Lehrbuch), Berlin, New York 1982.

Bombach, G.: Nach den Grenzen des Wachstums ein Wachstum ohne Grenzen? In: Volkswirtschaftliche Korrespondenz der Adolf-Weber-Stiftung, 23. Jg. (1984), Nr. 10.

Bundesforschungsanstalt für Landeskunde und Raumforschung: Kurzfassungen des Forschungskolloquiums "Stadt und Umwelt - Umweltstrategien im Städtebau", Bonn 1984.

Bundesminister für Ernährung, Landwirtschaft und Forsten: Umweltverträglichkeitsprüfung für raumbezogene Planungen und Vorhaben, Schriftenreihe, Angewandte Wissenschaft, Münster-Hiltrup 1985, H. 313.

Bunge, Th.: Defizite im deutschen Recht in bezug auf die Umweltverträglichkeitsprüfung, Vortrag vom 2.2.1987 auf dem Seminar "Umsetzung der EG-Richtlinie zur Umweltverträglichkeitsprüfung" des Fortbildungszentrums Gesundheits und Umweltschutz Berlin e.V., Manuskript.

Bunge, Th.: Forschungsvorhaben "Analyse behördeninterner Voraussetzungen für die Durchführung der geplanten EG-Richtlinie zur Umweltverträglichkeitsprüfung", Manuskript.

Bunge, Th.: Stellungnahme des Umweltbundesamtes zur Umweltverträglichkeit einer Luftkissenboot-Verbindung zwischen der Insel Borkum und dem deutschen Festland, Manuskript.

Bunge, Th.: Die Umweltverträglichkeitsprüfung im Verwaltungsverfahren/Zur Umsetzung der Richtlinie der Europäischen Gemeinschaften vom 27.6.1985 (85/337/EWG) in der Bundesrepublik Deutschland, Bundesanzeiger, Köln 1986.

Cupei, J.: Die Richtlinie der EG zur Umweltverträglichkeitsprüfung/Entwicklung und Stand der Verhandlungen. In: Wirtschaft und Verwaltung, Vierteljahresbeilage Gewerbearchiv Umwelt- und Planungsrecht, Hrsg. v. Fröhler, L., Bonn 1985, H. 2, S. 63ff.

Cupei, J.: Die Richtlinie des Rates über die Umweltverträglichkeitsprüfung (UVP) bei bestimmten öffentlichen und privaten Projekten, in Natur + Recht, Zeitschrift für das gesamte Recht zum Schutze der natürlichen Lebensgrundlagen und der Umwelt, Hrsg. v. Carlsen, C., Engelhardt, D. u. Pielow, D., Hamburg u. Berlin, 7. Jg. (1985), H. 8, S. 297ff.

Cupei, J.: Umweltverträglichkeitsprüfung (UVP)/Ein Beitrag zur Strukturierung der Diskussion, zugleich eine Erläuterung der EG-Richtlinie, Köln, Berlin, Bonn, München 1986.

Deutscher Bundestag: Beschlußempfehlung des Innenausschusses (4. Ausschuß) zu der Unterrichtung durch die Bundesregierung/Vorschlag einer Richtlinie des Rates über die Umweltverträglichkeitsprüfung bei bestimmten öffentlichen und privaten Vorhaben, "EG-Dol.-Nr. 7972/80", Drucksache 10/613 v. 15.11.1983.

Deutscher Bundestag: Unterrichtung durch die Bundesregierung/Umwelt 85, Bericht der Bundesregierung über Maßnahmen auf allen Gebieten des Umweltschutzes, Drucksache 10/4614 v. 2.1.1986.

Dickert, Th.G. u. Domeny, K.R. (Hrsg.): Environmental Impact Assessment: Guidelines and Commentary, Berkeley 1974.

Dickert, Th. G. u. Sorensen, J.C.: Some Suggestions on the Content and Organization of Environmental Impact Statements. In: Environmental Impact Assessment: Guidelines and Commentary, Berkeley 1974, S. 39ff.

Dietrichs, B.: Konzeptionen und Instrumente der Raumplanung/Eine Systematisierung, Hrsg. v. ARL, Abhandlungen, Bd. 89, Hannover 1986.

Eberle, D.: Probleme und Möglichkeiten der Durchführung von Umweltverträglichkeitsprüfungen für einen Regionalplan. In: Werkstattbericht, Hrsg. v. Kistenmacher, H., Kaiserslautern 1986, Nr. 12.

Erbguth, W. u. Reschke, K.: Überlegungen und Forderungen zur Umweltverträglichkeit des Städtebaues, Münster 1985, Manuskript.

Erbgut, W.: Standort und Charakter des Raumordnungsverfahrens (ROV) - de constitutione und de lege lata -, Münster, o.J., Manuskript.

Ernst, W.: Aufgabeninhalte und Kompetenzen des Bundes im Bereich der Raumordnung/Eine kritische Durchsicht für die Bundesrepublik Deutschland. In: DISP, Jg. 1974, Nr. 75, S. 5ff.

Finke, L.: Regionalplanung zwischen Ökonomie und Ökologie - dargestellt an Beispielen aus dem Bereich des Gebietsentwicklungsplanes Dortmund-Unna-Hamm. In: Regionalpolitik zwischen Ökonomie und Ökologie/Jahrbuch der Geographischen Gesellschaft zu Hannover, Hrsg. v. Eriksen, W., (Sonderheft 11), Hannover 1984, S. 91ff.

Folk, M.M.: A Review of Environmental Impact Assessment Methodologies in the United States, Berichte zur Orts-, Regional- und Landesplanung, Nr. 42, Zürich 1982.

Franz u. Loew (SPD): Schriftliche Anfrage u. Antwort, Grenzwert der Nitratkonzentrationen im Trinkwasser, Bayerischer Landtag, Dr. 10/6818 v. 8.5.1985/14.5.1985.

Fürst, D.: Ökologisch orientierte Raumplanung/Vortragsveranstaltung der Akademie am 13.12.1984 in Hannover, Hrsg. v. ARL, Arbeitsmaterial, Nr. 98, Hannover 1985, S. 9ff.

Höhnberg, U.: Prüfung der Umweltverträglichkeit raumbedeutsamer Vorhaben im Raumordnungsverfahren nach bayerischem Landesplanungsrecht. In: Umweltverträglichkeitsprüfung im Raumordnungsverfahren nach Europäischem Gemeinschaftsrecht, Hrsg. v. ARL, FUS, Bd. 166, Hannover 1986, S. 17ff.

Hucke, J.: Das Modell einer zweistufigen Umweltverträglichkeitsprüfung/Beitrag zum Seminar "Umsetzung der EG-Richtlinie zur Umweltverträglichkeitsprüfung" des Fortbildungszentrums Gesundheits- und Umweltschutz Berlin e.V. am 2./3.2.1987, Manuskript.

Hucke, J., Seidel, G., Zimmermann, M.: Analyse behördeninterner Voraussetzungen für die Durchführung der geplanen EG-Richtlinie zur Umweltverträglichkeitsprüfung, Forschungsbericht 10102049, UBA-FB 83/052, Berlin 1984.

Hucke, J., Bartel, G., Müller, H.: Untersuchungen zur Eignung des Raumordnungsverfahrens für Zwecke der Umweltverträglichkeitsprüfung, Forschungsbericht 101 02 066, UBA-FB, Berlin 1985.

Hübler, K.H.: Umweltpolitik in der Bundesrepublik Deutschland. In: DISP, Nr. 78, Zürich 1985, S. 32ff.

Industrieanlagen-Betriebsgesellschaft mbH: Umsetzung der Umweltverträglichkeitsprüfung in praktisches Verwaltungshandeln - am Beispiel der raumwirksamen Aufgaben des Verteidigungsbereiches, Endbericht, B - SZ 1369/02, Ottobrunn 1985.

Kampe, D.: Orientierungs- und Richtwerte als Entscheidungsgrundlage für eine ökologisch orientierte Raumentwicklung. In: Wechselseitige Beeinflussung von Umweltvorsorge und Raumordnung, Hrsg. v. ARL, FUS, Bd. 165, Hannover 1987, S. 311.

Kestermann, R.: Leitfaden zur Durchführung der Raumverträglichkeitsprüfung (RVP) - Vorschläge und Erläuterungen -, Dortmund 1985, Manuskript.

Kias, U. u. Schreiber, K.F.: Ein Konzept zur Umweltverträglichkeitsprüfung von Straßenbaumaßnahmen. In: Landschaft und Stadt, 13. Jg. (1981), H. 3, S. 102ff.

Klaus, J.: Zur Reformbedürftigkeit der Regionalpolitik. In: List Forum, Bd. 13, Jg. 1985/86, H. 3. S. 146ff.

Kommunale Gemeinschaftsstelle für Verwaltungsvereinfachung: Organisation des Umweltschutzes: Umweltverträglichkeitsprüfungen (UVP), Köln 1986.

Michel, D.: Anforderungen der Raumbeobachtung an aussagefähigen Daten und Indikatoren der Umweltqualität auf der Ebene der Regionalplanung. In: Wechselseitige Beeinflussung von Umweltvorsorge und Raumordnung, Hrsg. v. ARL, FUS, Bd. 165, Hannover 1987, S. 359ff.

Ministerkonferenz für Raumordnung: "Berücksichtigung des Umweltschutzes in der Raumordnung", Entschließung v. 21.3.1985.

Niedersächsischer Minister des Innern: Raumordnungsverfahren/Materialzusammenstellung für die Berücksichtigung von Umweltbelangen, Bd. 1, Stand: 07/86, Hannover, o.J..

Niedersächsischer Minister des Innern: Raumordnungsverfahren/Prüfkatalog für die Berücksichtigung von Umweltbelangen, Bd. 2, Stand: 07/86, Hannover, o.J.

OECD: Environment Monographs/Improving the Enforcement of Environmental Policies, No. 8, o.O.,1987.

OECD: Report of the Workshop on Practical Approaches to the Assessment of Environmental Exposure, Paris 1987.

Pietsch, J.: Bewertungssystem für Umwelteinflüsse, Nutzungs- und Wirkungsorientierte Belastungsermittlungen auf ökologischer Grundlage, Köln, Stuttgart, Berlin 1983.

Pohle, H.: Ökonomische Ziele in Plänen und Programmen von Raumordnung und Landesplanung, 1. Entwurf v. 30.9.1986, Manuskript, o.O.

Rat der Europäischen Gemeinschaften: Richtlinie des Rates v. 27.6.1985 über die Umweltverträglichkeitsprüfung bei bestimmten öffentlichen und privaten Projekten, Nr. L 175/40.

Schemel, H.-J.: Umweltverträglichkeitsprüfung bei Großprojekten am Beispiel von Stauhaltungen. In: Naturnahe Gestaltung von Stauhaltungen, (Sonderdruck Landschaftswasserbau), Wien 1986, H. 7, S. 125ff.

Schemel, H.-J.: Die Umweltverträglichkeitsprüfung (UVP) von Großprojekten/ Grundlagen und Methoden sowie deren Anwendung am Beispiel der Fernstraßenplanung, Beiträge zur Umweltgestaltung, Bd. A 97, Dortmund u. München-Weihenstephan 1985.

Schmid, W.A.: Ist der ländliche Raum ein ökologischer Ausgleichsraum? In: DISP, Nr. 59/60, Ökologie in der Raumplanung, Zürich 1980, S. 62ff.

Schmidt, A.: Einführungsreferat anläßlich des EBAG-Kolloquiums zur Umsetzung der EG-Richtlinie zur Umweltverträglichkeitsprüfung in Praxis und Wissenschaft v. 27.6.-29.6.1986 in Bonn-Röttgen, o.O., o.J., Manuskript.

Schoeneberg, J.: Beteiligungsregelungen in den Ländern, Thesenpapier zur 2. Sitzung des Arbeitskreises "Verfahrensmäßige Instrumente der Raumplanung zur Berücksichtigung von Umwelterfordernissen", Münster, o.J., Manuskript.

Schoeneberg, J.: Die Beteiligungsregelungen in den Raumordnungsverfahren der Länder. In: Umweltverträglichkeitsprüfung in Raumordnungsverfahren nach Europäischem Gemeinschaftsrecht, Hrsg. v. ARL, FUS, Bd. 166, Hannover 1986, S. 63ff.

Simonis, U.E.: Abkehr von der umweltbelastenden Wirtschaftspolitik/Anleihen bei der Ökologie, IIUG pre 85-22, Forschungsschwerpunkt Umweltpolitik, Berlin 1986.

Sträter, D.: Disparitätenförderung durch großräumige Vorrangfunktionen oder Disparitätenausgleich durch endogene Entwicklungsstrategien? In: Raumforschung und Raumordnung, 42. Jg. (1984), H. 4 - 5, S. 238ff.

Summerer, S.: Verfahren und Inhalte der Umweltverträglichkeitsprüfung, Vortrag im Rahmen des Internen Kolloquiums "Umweltverträglichkeitsprüfung" des Deutschen Rates für Landespflege, Berlin 1987, Manuskript.

Woll, A.: Wirtschaftspolitik, München 1984.

Zoubek, G.: Das Raumordnungsverfahren, Eine rechtsvergleichende Untersuchung des förmlichen landesplanerischen Abstimmungsinstrumentes/Beiträge zum Siedlungs- und Wohnungswesen und zur Raumplanung, Bd. 45, Hrsg. v. Ernst, W. u. Thoss, R., Münster 1978.

FORSCHUNGS- UND SITZUNGSBERICHTE
DER AKADEMIE FÜR RAUMFORSCHUNG UND LANDESPLANUNG

Band 165

WECHSELSEITIGE BEEINFLUSSUNG VON UMWELTVORSORGE UND RAUMORDNUNG

Inhalt

Der Band umfaßt 502 Seiten; Format DIN B5; 1987; Preis 68,- DM
Best.-Nr. 768

Auslieferung

CURT R. VINCENTZ VERLAG HANNOVER

FORSCHUNGS- UND SITZUNGSBERICHTE
DER AKADEMIE FÜR RAUMFORSCHUNG UND LANDESPLANUNG

Band 166

UMWELTVERTRÄGLICHKEITSPRÜFUNG IM RAUMORDNUNGSVERFAHREN NACH EUROPÄISCHEM GEMEINSCHAFTSRECHT

Inhalt

Der Band umfaßt 135 Seiten; Format DIN B5; 1986; Preis 24,- DM
Best.-Nr. 769

Auslieferung

CURT R. VINCENTZ VERLAG HANNOVER